高等学校公共基础课系列教材

大学计算机应用基础

（微课版）

(Windows 10 + Office 2010)

主　编　邓　强　王　超

副主编　肖建英　金士玲

西安电子科技大学出版社

内容简介

本书根据教育部计算机基础教学指导委员会"大学计算机基础课程教学基本要求"的精神，以提高大学生的计算机应用能力和信息素养为目的而编写。

本书共分为 7 章，以 Windows 10 为平台，以应用技能为导向，紧扣最新的全国计算机等级考试二级 MS Office 高级应用考试大纲。本书主要介绍了计算机基础知识、Windows 10 操作系统、Office 2010 自动化软件应用、计算机网络安全与信息安全、计算机公共基础知识等内容。本书内容层次清晰、通俗易懂，突出了实用性和操作性，适合分级教学，以满足不同学时、不同基础读者的学习需求。

本书可作为高等院校和大、中专院校计算机应用相关专业的教材或教学参考书，也可作为计算机爱好者的自学用书。

图书在版编目(CIP)数据

大学计算机应用基础：微课版：Windows 10 + Office 2010 / 邓强，王超主编.
—西安：西安电子科技大学出版社，2020.8
ISBN 978-7-5606-5796-7

Ⅰ. ①大… Ⅱ. ①邓… ②王… Ⅲ. ① Windows 操作系统—职业高中—教材
②办公自动化—应用软件—高等学校—教材 Ⅳ. ①TP316.7 ②TP317.1

中国版本图书馆 CIP 数据核字(2020)第 135142 号

策划编辑	万晶晶
责任编辑	万晶晶
出版发行	西安电子科技大学出版社(西安市太白南路 2 号)
电　话	(029)88242885　88201467　　　邮　编　710071
网　址	www.xduph.com　　　　　　电子邮箱　xdupfxb001@163.com
经　销	新华书店
印刷单位	咸阳华盛印务有限责任公司
版　次	2020 年 8 月第 1 版　　2020 年 8 月第 1 次印刷
开　本	787 毫米×1092 毫米　1/16　印　张　19.25
字　数	487 千字
印　数	1~3000 册
定　价	45.00 元

ISBN 978-7-5606-5796-7 / TP

XDUP 6098001-1

＊＊＊如有印装问题可调换＊＊＊

前　言

在进入信息时代的今天，大数据、云计算、物联网、人工智能等技术改变了我们的学习、工作和生活环境。信息技术的发展对人们学习知识、掌握知识、运用知识的能力提出了新的挑战。计算机已成为信息社会必不可少的工具，掌握以计算机为核心的信息技术基础知识和应用技能，是当代大学生必备的基本素质。

大学计算机基础是大学生进入大学的第一门计算机课程，其目的是使当代大学生全面、系统地了解计算机基础知识，具备计算机实际应用能力，同时具备一定的计算思维能力和信息素养，进而提高学生的创新意识以及分析问题和解决问题的能力，并能在各自的专业领域自如地应用计算机进行学习与研究，为后续课程学习、职业生涯发展和终生学习奠定基础。我们根据教育部计算机基础教学指导委员会《关于进一步加强高等学校计算机基础教学的意见》和《中国高等院校计算机基础教育课程体系》报告，结合多年教学经验，紧扣最新的全国计算机等级考试二级 MS Office 高级应用考试大纲编写了本书。

本书以 Windows 10 为平台，以应用技能为导向，共分为 7 章，主要介绍了计算机基础知识、Windows 10 操作系统、Office 2010 自动化软件应用、计算机网络安全与信息安全、计算机公共基础知识等内容。

参加本书编写的作者都是多年从事一线教学的教师，具有较为丰富的教学经验。编写内容注重理论与实践紧密结合，突出实用性和可操作性，旨在培养学生的计算机应用能力。本书内容层次清晰、通俗易懂，适合分级教学，以满足不同学时、不同基础读者的学习需求。

本书由邓强、王超担任主编，肖建英、金士玲担任副主编，安勇林、黄辉、宣继涛等参与了本书的编写。其中：第 1、7 章由邓强、宣继涛编写，第 2 章由黄辉编写，第 3 章由王超编写，第 4 章由肖建英编写，第 5 章由金士玲编写，第 6 章由安勇林编写，全书由邓强策划、统稿。

在本书的编写过程中，编者参考了大量文献资料，在此特向其作者表示衷心的感谢！

由于作者水平有限，加之时间仓促，书中不足与疏漏之处在所难免，恳请专家、教师及读者批评指正，并通过 E-Mail:editor@ccswust.edu.cn 取得联系。

编　者
2020 年 4 月

目　录

第1章

计算机基础知识

 本章导读

　　计算机已成为信息社会必不可少的工具，掌握和使用计算机已成为人们必备的技能。本章介绍计算机的基础知识，包括计算机的起源与发展，计算机的特点、分类、应用及发展趋势，计算机系统组成、计算机硬件与软件系统、计算机工作原理，计算机内信息的表示方法、常用数制及其数制之间的转换、字符编码等，使读者对计算机有一个基本的了解。

学习目标

　　(1) 了解计算机的发展、特点、分类及应用。

　　(2) 理解计算机系统的组成及工作原理。

　　(3) 熟悉计算机内的信息表示与字符编码。

1.1　计算机概述

　　电子计算机简称计算机(Computer)，俗称电脑，是一种用于高速计算的电子计算机器，是20世纪人类最伟大的发明之一，它的出现对人类的生产活动和社会活动产生了极其重要的影响。计算机的应用从最初的军事科研领域扩展到社会的各个领域，已形成了规模巨大的计算机产业，从而带动了全球范围的技术进步，引发了深刻的社会变革。计算机已遍及一般学校、企事业单位，进入寻常百姓家，成为信息社会中必不可少的工具。

1.1.1　计算机的诞生与发展

　　世界第一台计算机 "ENIAC" (Electronic Numerical Integrator And Computer)于1946年2月在美国加州的宾夕法尼亚大学诞生，如图1.1所示。它由宾州大学莫克利(John Mauchly)教授和他的学生埃克特(J.P.Eckert)博士研制。

ENIAC 以电子管作为元器件，所以又被称为电子管计算机。它使用了 18 000 多个电子管，6 000 个开关，7 000 只电阻，10 000 只电容，50 万条线，重达 30 多吨，占地 170 平方米，耗电量 140 千瓦，造价 48 万美元，每秒可执行 5 000 次加法或 400 次乘法运算。ENIAC 的问世具有划时代的意义，标志着信息处理技术进入了一个崭新的时代。

图 1.1 第一台计算机 ENIAC

自从第一台电子计算机诞生以来，计算机的发展依赖于构建计算机硬件的元器件的发展，而元器件的发展与电子技术的发展紧密相关。每当电子技术有突破性的进展时，就会带来计算机硬件的一次重大变革。因此，根据计算机所采用的电子元器件不同，人们将现代计算机的发展划分为四代。

1. 第一代：电子管计算机(1946—1957 年)

第一代计算机逻辑元件采用电子管，其内存储器(以下简称内存)采用汞延迟线、阴极射线，容量仅为几千字节，外存储器(以下简称外存)采用磁鼓；运算速度为每秒几千次；无操作系统，使用简单的机器语言或汇编语言编写程序；体积大、存储容量小、功耗高、可靠性差；运行速度慢、价格昂贵。其主要应用于科学计算和军事领域。

2. 第二代：晶体管计算机(1958—1964 年)

1958 年，晶体管开始在计算机中使用，晶体管和磁芯存储器的使用促使第二代计算机产生。第二代计算机的逻辑元件采用晶体管，与第一代计算机相比，第二代计算机体积小，速度快，性能更加稳定。其内存采用磁芯存储器，容量为几兆字节，外存采用磁带和磁盘；运算速度为每秒几万次到几十万次；在软件方面出现了批处理操作系统、高级语言和编译程序。第二代计算机除了应用于科学计算外，还应用于数据处理。

3. 第三代：中小规模集成电路计算机(1965—1970 年)

第三代计算机的逻辑元件主要采用中小规模集成电路，可以在几平方毫米的单晶硅片上集成由十几个甚至上百个电子元件组成的逻辑电路。其内存采用半导体芯片；外存体积越来越小，容量越来越大；运算速度为每秒几十万次到几百万次；在软件方面出现了功能较强的操作系统和结构化、模块化的程序设计语言；计算机的体积进一步减小，价格下降，运算速度、运算精度、存储容量及可靠性等主要指标大为改善。第三代计算机的应用范围更加广泛，主要用于数据处理、工业自动控制等领域。

4. 第四代：大规模和超大规模集成电路计算机(1970 年至今)

第四代计算机的逻辑元件主要采用大规模、超大规模集成电路，内存采用半导体存储器，外存的容量大大增加，并开始使用光盘；计算机的体积、质量、成本大幅度降低，运算速度达到每秒上千万次甚至上万亿次；软件方面操作系统进一步优化，面向对象、可视化的程序设计出现并实用化，各种实用软件层出不穷，数据库管理系统、网络软件等应用广泛；多媒体技术崛起，计算机技术与通信技术相结合，进入以计算机网络为主的互联网时代。

20 世纪 80 年代，在日本东京召开了第五代计算机研讨会，随后制订出研制第五代计算机的长期计划。第五代计算机发展的主要方向之一是智能化，智能计算机的主要特征是具备人工智能，能像人一样思考，并且运算速度极快，其硬件系统支持高度并行和推理，其软件系统能够处理知识信息。神经网络计算机(也称神经元计算机)是智能计算机的重要代表。

1.1.2　计算机的特点

计算机作为一种信息处理工具，与其他工具和人类自身相比，具有以下特点。

1. 运算速度快

计算机的运算部件采用的是电子器件，可以高速准确地完成各种算术运算。目前，巨型计算机的运算速度已达到每秒千万亿次(例如，我国 2013 年推出的超级计算机"天河二号"，运算速度为每秒 33.86 千万亿次)，微机也可达每秒亿次以上，能够在极短的时间内解决极其复杂的问题，例如卫星轨道的计算、天气预报等。

2. 计算精度高

计算机用于科学计算时的精度很高，能够计算几十位有效数字，也能够精确到百万分之几。计算机的计算精度取决于机器的字长，字长越长，精度越高。不同型号计算机的字长不同，有 8 位、16 位、32 位和 64 位等。

3. 存储容量大

计算机的存储器具有类似"记忆"的功能，它能够把原始数据、中间结果、计算结果、程序等信息存储起来以备使用，存储器不但能够存储大量的信息，而且能够快速准确地存入或取出这些信息。存储器容量的大小决定了计算机记忆能力的强弱。目前计算机的存储容量越来越大，已高达千兆数量级。

4. 具有逻辑判断能力

计算机不但具有运算能力，而且具有逻辑判断能力，能对信息进行比较和判断。利用计算机的逻辑判断进行逻辑推理，使其能够代替人类更多的脑力劳动，并逐步实现计算机的智能化。

5. 自动化程度高

由于计算机具有存储记忆能力和逻辑判断能力，因此能够按照人们事先编制的程序自动执行命令。只要把包含一连串指令的处理程序输入计算机，它便会依次读取指令，逐条执行，完成各种操作，而不需要人为干预。

除了上述特点外，计算机还具有可靠性高、通用性强、性价比高、支持人机交互等特点。

1.1.3　计算机的分类

计算机的种类繁多，分类的方法也较多。根据计算机的处理对象、用途、性能、规模和处理能力等不同角度，进行如下分类。

1. 根据计算机的处理对象划分

计算机按处理的对象可分为模拟计算机、数字计算机和混合计算机。

(1) 模拟计算机。模拟计算机是指专用于处理模拟信号如工业控制中的电压、温度、速度等的计算机。其特点是参与运算的数值由不间断的连续量表示，其运算过程是连续的，但由于受元器件质量影响，其计算精度较低，应用范围较窄。模拟计算机目前已很少生产。

(2) 数字计算机。数字计算机指用于处理数字信号的计算机，数字信号是不连续的数字量，即用"0"和"1"来表示信息。其特点是输入、处理、输出和存储的都是离散的数字信息，数字计算机计算精度高、存储容量大、通用性强，既能进行科学计算、信息处理，又能进行过程控制等。人们通常说的计算机就是指数字计算机。

(3) 混合计算机。混合计算机是指模拟技术与数字计算灵活结合的电子计算机，其既能进行高速运算、信息存储，又能处理模拟信号，兼有模拟计算机和数字计算机的功能和优点，但造价昂贵。

2. 根据计算机的用途划分

根据计算机的用途不同可分为通用计算机和专用计算机两种。

(1) 通用计算机。通用计算机用于解决一般问题，具有功能多、配置全、用途广、通用性强等特点，但其运行效率、速度和经济性依据不同的应用对象会受到不同程度的影响。其主要适用于科学计算、数据处理和过程控制等，现在市面上销售的基本都是通用计算机。

(2) 专用计算机。专用计算机一般用于解决某一特定方面的问题，配备为解决某一特定问题而专门开发的软件和硬件，具有结构简单、运算速度快、精度高，但功能单一、使用面窄、专机专用等特点。其主要应用于如自动化控制、工业仪表、军事等领域。

3. 根据计算机的性能、规模和处理能力划分

按计算机的性能、规模和处理能力，可以将计算机分为巨型机、大型机、小型机、工作站、服务器和微型机 6 类。

(1) 巨型机。巨型机又称超级计算机，如图 1.2 所示。巨型机具有功能强、运算速度快、存储容量大、体积大、造价高、结构复杂等特点。其一般用于国防尖端技术和现代科学计算等领域，如用于天气预报、宇宙飞船、地质勘探等。目前，世界上只有少数国家能生产巨型机，研制巨型机是一个国家的科技实力和综合国力的重要标志。例如，我国研制的"银河""天河"系列计算机均属于巨型机。

图 1.2 天河二号超级计算机

(2) 大型机。大型机也有很高的运算速度、很大的存储容量，但是在量级上不及巨型机。大型机一般用于大型企业、科研机构、高等院校或大型数据库管理机构，也可用作计算机网络的服务器。目前，生产大型主机的公司主要有 IBM 等。

(3) 小型机。与大型机相比，小型机规模较小，结构简单，成本较低，操作、维护比较容易，价格相对便宜。小型机一般用于工业生产的自动控制和数据的采集、分析等。例如，美国 DEC 公司的 PDP 系列计算机、IBM 公司的 AS/400 系列计算机都属于小型机。

(4) 工作站。工作站是介于个人计算机和小型计算机之间的一种高档微型机，如图 1.3 所示。它是以个人计算环境和分布式网络环境为前提的高性能计算机，通常配有高档 CPU、高分辨率的大屏幕显示器及容量很大的内存储器和外部存储器，并具有较强的信息处理功能和图形、图像处理功能以及联网功能。工作站主要用于图形、图像的处理和计算机辅助设计(Computer Aided Design，CAD)等方面。

(5) 服务器。服务器是在网络环境中为多个用户提供服务的共享设备，如图 1.4 所示。根据提供服

务类型的不同，可将服务器分为文件服务器、数据库服务器、应用服务器和通信服务器等。

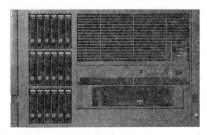

图 1.3　工作站　　　　　　　　　　　　　图 1.4　服务器

(6) 微型机。微型机简称微机，又称个人计算机(PC)，它的主要特点是小巧、灵活、软件丰富、功能齐全、价格便宜、使用方便。微型机是当前应用最广泛的计算机，人们日常办公、学习和家庭生活都离不开它。微型计算机分为台式计算机、一体计算机、笔记本电脑、平板电脑等，常见的微型计算机如图 1.5 所示。目前，微机使用的微处理芯片主要有 Intel 公司的 Pentium 系列、AMD 公司的 Athlon 系列，还有 IBM 公司 Power PC 等。

(a)　台式计算机　　　　　(b)　笔记本电脑　　　　(c)　一体计算机　　(d)　平板电脑

图 1.5　常见微型计算机

1.1.4　计算机的应用

随着计算机技术和互联网技术的不断发展，计算机已渗透到人们生活的各个领域，正改变着人们工作、学习和生活方式，推动着人类社会不断发展。计算机的应用归纳起来主要有以下几个方面。

1．科学计算

科学计算也称数值计算，是指利用计算机完成科学研究和工程技术中提出的数学问题的计算，它是计算机最早的应用领域。随着现代科技的迅速发展，各种科学研究日趋复杂，利用计算机的运算速度快、计算精度高、存储容量大和具有逻辑判断能力的特点，不仅可以解决人工无法完成的各种科学计算问题，也能大大提高工作效率。例如，工程设计、蛋白质分解、气象预报、火箭发射等都需要由计算机承担庞大而复杂的计算。

2．信息管理

信息管理也称数据处理，是以数据库管理系统为基础，辅助管理者提高决策水平，改善运营策略的计算机技术。数据处理是指对大量的数据进行加工、处理，主要涉及数据的收集、存储、分类、整理、加工、使用等一系列操作。数据处理已成为当代计算机的主要任务，主要应用于图书管理、财务管理、信息检索、人口普查、统计分析等方面。

3．辅助技术

计算机辅助技术是指利用计算机帮助人们完成各种工程设计、制造及管理等工作，可以缩短工作周期，提高工作效率。计算机辅助工程主要包括：

(1) 计算机辅助设计(Computer Aided Design，CAD)是指利用计算机来帮助设计人员进行工程设计或产品设计，从而提高工作效率和工作质量、节省人力和物力。CAD 技术已广泛应用于飞机设计、建筑设计、机械设计、大规模集成电路设计等。

(2) 计算机辅助制造(Computer Aided Manufacturing，CAM)是指利用计算机来进行生产设备的管理、控制和操作，从而提高产品质量、降低成本和缩短生产周期，并能大大改善制造人员的工作条件。

(3) 计算机辅助教学(Computer Assisted Instruction，CAI)是指利用计算机来帮助教师进行课堂教学。CAI 不仅能减轻教师的负担，还能使教学内容生动、形象逼真，并激发学生的学习兴趣，从而提高教学质量和教学效率。

(4) 计算机辅助测试(Computer Aided Testing，CAT)是指利用计算机进行大量、复杂的测试工作，CAT可以应用于不同领域，如教学领域学生学习效果和能力的测试，软件测试领域软件的测试等。

4．自动控制

自动控制又称实时控制，是指利用计算机自动实时采集数据、分析数据，按最佳的效果迅速对控制对象进行自动控制和自动调节，不仅可以大大提高控制的自动化水平，而且可以提高控制的时效性和准确性。自动控制主要应用于航天、军事领域及工业生产系统，如无人驾驶技术、核电站的运行、导弹控制、炼钢过程等。

5．人工智能

人工智能(Artificial Intelligence，AI)是指利用计算机来模拟人的感觉和思维活动，进行逻辑判断和推理，如图像识别和问题求解等，使计算机像人一样具有识别文字、声音、语言的能力，能够进行推理、学习等活动。在人工智能方面，最具有代表性的两个领域是专家系统和机器人。

6．网络应用

计算机网络是计算机技术与通信技术相结合以实现资源共享和相互通信的系统。计算机在网络方面的应用使人类之间的交流跨越了时间和空间障碍。计算机已广泛应用于因特网(Internet)，人们可以方便地在网上进行全球信息检索、资源下载、邮件收发、聊天、购物等。

7．办公自动化

办公自动化(Office Automation，OA)是指利用现代通信技术、办公自动化设备和计算机系统帮助人们处理日常事务，是办公自动化技术和网络技术相结合的新型办公方式。随着 OA 设备的完善，OA 在邮件系统、远程会议系统、多媒体综合处理等方面都有许多新的进展。

8. 多媒体应用

多媒体(Multimedia)是由文字、数据、图形、图像、动画和声音等多种媒体相结合的产物，用户可以通过多种感官与计算机进行实时信息交互。多媒体发展很快，已广泛应用于各行各业，如家庭、娱乐、教育、广播等。

1.1.5　计算机的发展趋势

随着计算机应用的广泛和深入，其类型也在不断分化与发展。计算机的发展方向表现为巨型化、微型化、网络化、智能化和多媒体化。

1．巨型化

巨型化是指为了适应尖端科学技术的需要，高速度、大存储容量和功能强大的超级计算机被不断开发出来。随着人们对计算机的依赖性越来越强，特别是在军事和科研教育方面对计算机的存储空间和运行速度等要求会越来越高。此外计算机的功能需要更加多元化。

2．微型化

随着微型处理器(CPU)的出现，计算机中开始使用微型处理器，从而使计算机体积缩小，成本降低。另一方面，软件行业的飞速发展提高了计算机内部操作系统的性能，计算机外部设备也趋于完善。计算机技术上的不断完善促使其快速渗透到全社会的各个行业和部门中，并成为人们生活和学习的必需品。随着时间推移，计算机的体积不断缩小，从台式电脑、笔记本电脑、掌上电脑到平板电脑，体积逐步微型化，为人们提供了更加便捷的服务。因此，未来计算机仍会不断趋于微型化，体积将越来越小。

3．网络化

互联网将世界各地的计算机连接在一起，进入了互联网时代。计算机网络化彻底改变了人类世界，人们通过互联网进行沟通与交流(OICQ、微博、微信等)、教育资源共享(文献查阅、远程教育等)、信息查阅共享(百度、谷歌)等，特别是无线网络的出现，极大地提高了人们使用网络的便捷性，未来计算机将会进一步向网络化方面发展。

4．智能化

智能化是计算机未来发展的必然趋势。现代计算机具有强大的功能和运行速度，但与人脑相比，其智能化和逻辑能力仍有待提高。人类在不断探索如何让计算机更好地反映人类思维，使计算机能够具有人类的逻辑思维判断能力，可以通过思考与人类沟通交流，摒弃依靠编码程序来运行计算机的方法，直接对计算机发出指令。

5．多媒体化

传统的计算机处理的信息主要是字符和数字。事实上，人们更习惯的是图片、文字、声音、图像等多种形式的多媒体信息。多媒体技术可以集图形、图像、音频、视频、文字为一体，使信息处理的对象和内容更加接近真实世界。

1.2　计算机系统

微型计算机是目前使用最广泛的计算机系统，为了更好地使用计算机，了解和掌握计算机系统的基本组成和工作原理等基础知识是非常必要的。

1.2.1 计算机系统的组成

计算机系统是由硬件系统和软件系统两大部分组成的。硬件系统是构成计算机系统各功能部件的集合,是计算机的物质基础;软件系统是指计算机上运行的程序及与程序相关的文档和数据的集合,是对硬件系统的扩充和完善,相当于计算机的灵魂。没有硬件对软件的物质支撑,软件的功能无法发挥作用;没有安装软件,计算机无法正常工作。所以硬件和软件两者相辅相成,缺一不可,共同协调工作,构成了一个完整的计算机系统,如图1.6所示。

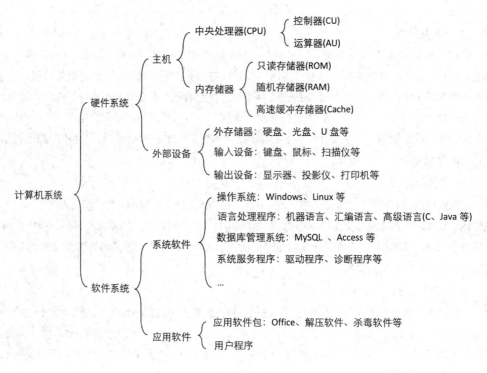

图 1.6　计算机系统的组成

1.2.2 计算机硬件系统

计算机硬件系统是组成计算机的各种设备的总称,主要由运算器、控制器、存储器、输入设备和输出设备5个部分组成。运算器和控制器合称为中央处理器(Central Processing Unit,CPU)。输入设备和输出设备合称I/O设备,各部件通过总线连接在一起。

从外观看,台式计算机主要由主机、显示器、键盘和鼠标等设备组成,而主机箱内包括CPU、主板、内存、硬盘等设备,如图1.7所示。

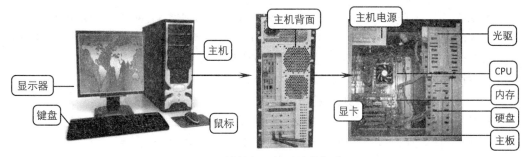

图 1.7　计算机硬件系统的组成

1．中央处理器

中央处理器(CPU)是计算机系统运算和控制的核心，是信息处理、程序运行的最终执行单元，某 CPU 的外形如图 1.8 所示。它主要包括运算器和控制器两大部件。目前，微型计算机使用的 CPU 主要有 Intel、AMD、Cyrix 等公司的产品。

图 1.8　某 CPU 的外形

1) 运算器

运算器(Arithmetic Unit，AU)又称算术逻辑单元(Arithmetic Logic Unit，ALU)，是计算机中执行各种算术运算和逻辑运算的部件。运算器的基本操作包括加、减、乘、除四则运算，与、或、非、异或等逻辑操作，以及移位、比较和传送等操作。运算器由算术逻辑单元(ALU)、累加器、状态寄存器、通用寄存器组等组成，其中算术逻辑单元是运算器的核心部分。运算器的性能主要由 MIPS (每秒执行百万指令)来衡量。

- ■ 算术逻辑单元。算术逻辑单元主要以计算机指令集中执行算术与逻辑操作。
- ■ 累加器。累加器用来保存参加运算的操作数和运算的结果。
- ■ 状态寄存器。状态寄存器用来记录算术、逻辑运算或测试操作的结果状态。
- ■ 通用寄存器。通用寄存器用来暂存运算操作的地址。

2) 控制器

控制器(Control Unit，CU)是计算机的神经中枢和指挥中心，是协调和控制计算机各部件自动工作的部件。在控制器的控制下，计算机能够自动按照程序设定的步骤进行一系列操作，以完成特定任务。控制器由指令寄存器、译码器、时序节拍发生器、操作控制部件和指令计数器组成。

- ■ 指令寄存器。指令寄存器用来存放由存储器取得的指令。
- ■ 译码器。译码器可将指令中的操作码翻译成控制信号。
- ■ 时序节拍发生器。时序节拍发生器可产生时序脉冲节拍信号，使计算机有节奏、有次序地工作。
- ■ 操作控制部件。操作控制部件可将控制信号组合起来，控制各个部件完成相应的操作。
- ■ 指令计数器。指令计数器可计算并指出下一条指令的地址。

3) CPU 主要性能指标

CPU 的性能直接决定了计算机的性能，衡量 CPU 的性能从以下几个方面考虑：

- ■ 主频。主频也叫时钟频率，是 CPU 的工作频率，即 CPU 运算、处理数据的速度，单位是 MHz(兆赫兹)或 GHz(吉赫兹)。一般来说，一个时钟周期完成的指令数是固定的，因此主频越高，CPU 的运算速度越快。如计算机使用的 CPU 是 Intel Core I5-2540M 2.6GHz，则表示 CPU 的主频是 2.6 GHz。

■ 字长。字长指 CPU 在单位时间内(同一时间)一次处理的二进制数的位数。字长是表示运算器性能的主要技术指标,运算器中的 ALU、累加器、通用寄存器决定了 CPU 的字长,通常等于 CPU 数据总线的宽度。CPU 字长越长,运算精度越高,信息处理速度越快,CPU 性能也就越高。字长的长度是不固定的,对于不同的 CPU,字长的长度也不一样,如 32 位 CPU 单位时间内一次能处理 32 位的二进制数,即 4 个字节;64 位 CPU 一次能处理 8 个字节。

■ 缓存。缓存是为 CPU 和内存进行数据交换时提供的一个高速的数据缓冲区。一般来讲,CPU 的缓存可以分为一级缓存、二级缓存和三级缓存。CPU 缓存容量越大,性能也就越高。

2. 存储器

存储器(Memory)是计算机的记忆单元,是用来存储程序和数据的记忆部件。根据用途,存储器可分为主存储器(内存)和辅助存储器(外存)。

1) 主存储器

主存储器也称内部存储器,简称内存,一般采用半导体存储单元,主要用于存储计算机运行时的各种数据。内存能直接与 CPU 进行信息交换,其容量虽小,但其读取速度快。目前常用的内存容量有 2GB、4GB、8GB、16GB 等,如图 1.9 所示为内存条。

按功能划分,主存储器分为只读存储器(Read Only Memory,ROM)和随机存储器(Random Access Memory,RAM)两类。

图 1.9　内存条

■ 只读存储器。只读存储器只能"读",不能"写",一般由厂家在生产时用特殊方式写入了一些固定的程序,如引导程序、监控程序等。计算机在运行过程中不能对其中的内容进行删除和修改,只能从中读取信息。断电后,ROM 中的内容不会丢失。

> **提示**
>
> 除只读存储器 ROM 外,还有能写的 ROM,如 PROM(可编程只读存储器):一次写入后不能修改;EPROM(可擦除可编程只读存储器):通过特殊的介质或设备写入;EEPROM(电可擦除可编程只读存储器):加上一定的电压后可编程。

■ 随机存储器。随机存储器既可"读",也可"写",用于存放计算机运行时需要的程序、数据等。计算机在运行过程中可以对随机存储器进行读、写操作,一旦断电,RAM 中所有信息都会丢失。通常我们所说的内存容量大小,就是指 RAM 的容量大小。

2) 辅助存储器

辅助存储器也称外部存储器,简称外存,是对内存的扩充。外存不能直接与 CPU 进行数据交换,运行时,必须将外存的信息调入内存才能被 CPU 处理,所以外存的读取速度比内存慢,但外存具有存储容量大、价格低、可永久保存信息等优点。

常见的外部存储器有硬盘、光盘、U 盘等。

■ 硬盘。硬盘是计算机最主要的存储设备,如图 1.10 所示。硬盘通常安装在主机箱内,主要用于存放操作系统、应用程序和用户数据等,具有存储容量大、存取速度快、可长期保存等优点。一般常用硬盘的容量为 320GB、500GB、1TB、

图 1.10　硬盘

2TB 等。硬盘的主要技术参数是存储容量、转速、访问时间、传输速率等。目前硬盘主要有机械硬盘(HDD)、固态硬盘(SSD)和混合硬盘(HHD)。

■ 光盘。光盘是指使用激光技术进行信息存储、读、写的设备，如图 1.11 所示。光盘常用来存储和备份数据，具有存储容量大、可长期保存等优点。一般 CD 光盘的容量为 650 MB，DVD 光盘的容量达 2 GB 以上，如蓝光 DVD 光盘的容量为 50 GB。根据光盘的使用特点，可分为只读光盘(CD-ROM、DVD-ROM)、一次性写入光盘(WORM)和可重复擦写光盘(CD-RW、DVD-RAM)。

图 1.11　光盘

■ U 盘。U 盘是 USB 盘的简称，也称"优盘"，是一种便携式的移动存储设备，如图 1.12 所示。U 盘具有体积小、重量轻、价格低、容量大、存取速度快、可靠性好、即插即用、可带电插拔等特点。一般 U 盘容量有 16GB、32GB、64GB、128GB 等。

图 1.12　U 盘

3．输入/输出设备

输入/输出设备又称 I/O 设备，是计算机系统的外部设备之一，如键盘、显示器等，用来交换计算机与外部的信息。

1) 输入设备

输入设备是向计算机输入信息的装置，是用户和计算机系统之间进行信息交换的主要装置之一，其功能是将数据、程序等信息转换为计算机可识别和处理的形式输入到计算机中。常用的输入设备有键盘、鼠标、扫描仪等。

■ 键盘。键盘是计算机最基本的输入设备，如图 1.13 所示。通过键盘，用户不仅可以向计算机输入英文字母、数字和标点符号等，还可以发送命令。微型计算机配置的标准键盘有 101 键或 104 键，主要包括字母键、数字键、符号键、控制键和功能键。通常键盘有 PS/2 和 USB 两种接口。

图 1.13　键盘

■ 鼠标。鼠标也是计算机常用的输入设备，如图 1.14 所示。鼠标使计算机操作更加简便快捷，它的方便性和灵活性使其成为计算机中使用最频繁的输入设备之一。根据工作原理，将鼠标分为机械鼠标、光电鼠标、光电机械鼠标。

图 1.14　鼠标

■ 扫描仪。扫描仪是计算机的一种输入设备，如图 1.15 所示，可以将图像、文字等信息直接以图片的形式输入到计算机中。常用的扫描仪有平板式扫描仪和手持式扫描仪两种。

图 1.15　扫描仪

2) 输出设备

输出设备是指可以将计算机运算处理的结果以用户熟悉的信息形式反馈给用户的装置。通常输出形式有数字、字符、图形、视频、声音等类型。常见的输出设备有显示器、打印机、投影仪等。

■ 显示器。显示器是微型计算机必不可少的输出设备，用于显示用户的操作、计算机内的信息和计算机处理的结果，是人机对话的主要工具。显示器的主要技术指标有屏幕分辨率、刷新频率、点距、尺寸等。根据采用的器件不同，显示器分为阴极射线显示器(CRT)、液晶显示器(LCD)、等离子显示器(PDP)等。图 1.16 所示为 CRT 显示器，图 1.17 所示为 LCD 显示器。

■ 打印机。打印机也是一种常用的输出设备，在办公中应用较普遍，主要负责将计算机中的文字和图片等信息打印到相关介质上。常用的打印机有针式打印机、喷墨打印机和激光打印机。图 1.18 所

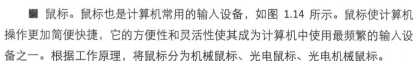

示为激光打印机。

图 1.16　CRT 显示器　　　　图 1.17　LCD 显示器　　　　图 1.18　激光打印机

4．总线

总线(Bus)是计算机各功能部件之间传送信息的公共通信干线，它是由导线组成的传输线束。总线是一种内部结构，它是 CPU、内存、I/O 设备传递信息的公用通道。主机的各个部件通过总线相连接，外部设备通过相应的接口电路再与总线相连接，从而形成了计算机硬件系统。

按照计算机所传输的信息种类，计算机的总线可以划分为数据总线、地址总线和控制总线，分别用来传输数据、数据地址和控制信号。

1) 数据总线

数据总线(Data Bus, DB)用于传输数据信息，是指 CPU 与存储器、CPU 与 I/O 设备接口之间的双向数据传输，即它可以把 CPU 的数据传送到存储器或 I/O 设备等其他部件，也可以将其他部件的数据传送给 CPU。数据总线的位数(宽度)是衡量计算机性能的一个重要指标，通常与 CPU 的字长一致。

2) 地址总线

地址总线(Address Bus, AB)用于传输地址信息，CPU 通过地址总线将信息传输给外部存储器或 I/O 设备接口等其他部件，因此，地址总线是单向的。地址总线的位数决定了 CPU 可寻址内存空间大小，如一台计算机是 16 位地址总线，则计算机的内存大小为 $2^{16}B = 64K$。一般来说，若地址总线为 n 位，则可寻址空间为 2^n 字节。

3) 控制总线

控制总线(Control Bus, CB)用于传输各种控制信号和时序信号。这些信号中，有的是 CPU 送往存储器或 I/O 设备接口电路的读/写信号、中断响应信号等；也有的是其他部件反馈给 CPU 中断请求信号、总线请求信号、时钟信号等。因此，控制总线的传送方向由具体控制信号而定，一般是双向的。控制总线的位数要根据系统的实际控制需要而定，实际上控制总线的具体情况主要取决于 CPU。

为便于计算机的扩充和新设备的添加，有了总线标准，不同厂商可以根据标准和规范来生产芯片、模块等；用户可以根据需求来选择不同厂家生产的、基于同种标准的模块和设备。常用的总线标准有 ISA 总线、PCI 总线、PCIE 总线、AGP 总线、EISA 总线、USB 总线等。

1.2.3　计算机软件系统

计算机软件是计算机的重要组成部分，是指在计算机上运行的程序及与程序相关的数据和文档的集合，是用户与计算机硬件之间的接口。没有安装任何软件的计算机称为"裸机"，只有安装了软件的计算机才能提供给用户使用，完成用户指定的操作。

计算机软件是计算机的灵魂，是计算机具体功能的体现，计算机软件分为系统软件和应用软件。

1．系统软件

系统软件是指控制和协调计算机及外部设备，支持应用软件开发和运行的系统，是无需用户干预的各种程序的集合，其主要功能是调度、监控和维护计算机系统；负责管理计算机系统中各种独立的硬件，使它们可以协调工作。系统软件可使计算机使用者将计算机当作一个整体而不需要顾及到底层每个硬件是如何工作的。

系统软件包括操作系统、语言处理程序、数据库管理系统及系统服务程序等。

1) 操作系统

操作系统(Operating System，OS)是控制和管理计算机硬件和软件资源、合理组织计算机工作流程，以及方便用户使用计算机的一个大型程序。操作系统具有处理机管理(进程管理)、作业管理、存储管理、设备管理和文件管理 5 大功能。

操作系统是计算机发展的产物，是计算机上加载的第一层软件，也是对硬件系统功能的首次扩充，并且是整个计算机系统的基础和核心。操作系统主要有三个方面的作用：一是用于管理计算机内部的硬件和软件资源，合理地组织计算机工作流程，提高计算机资源的利用率。二是支撑其他软件的运行，使它们最大限度地发挥作用。三是作为用户和计算机硬件之间的接口，提供给用户一个良好的操作界面，使得用户可以通过命令方式、系统调用方式和图形、窗口方式等使用计算机。

操作系统的种类繁多，根据功能和特性分为批处理操作系统(单道批处理和多道批处理)、实时操作系统、分时操作系统；按管理用户的多少分为单用户操作系统和多用户操作系统；按任务数量的多少分为单任务操作系统和多任务操作系统；按计算机的配置分为大型操作系统、微型操作系统、嵌入式操作系统、网络操作系统、分布式操作系统等。

目前，常见的操作系统有：Windows 系列(Windows 7、Windows 10 等)、UNIX、Linux、OS/2、Android 等。

2) 语言处理程序

计算机只能执行用机器语言编写的程序，不能直接识别和执行用高级语言(如 C、C++、JAVA 等)编写的程序。语言处理程序的作用就是将高级语言编写的源程序翻译成计算机可以识别的机器语言程序。语言处理程序一般由汇编程序、编译程序、解释程序组成，是为用户设计的编程服务软件。

■ 汇编程序。汇编程序是指把汇编语言书写的程序翻译成与之等价的机器语言程序。

■ 编译程序。编译程序是指把用高级程序设计语言书写的源程序翻译成等价的机器语言格式的目标程序。

■ 解释程序。解释程序是指把源程序的每条语句逐句解释并执行。

3) 数据库管理系统

数据库管理系统(Database Management System，DBMS)是数据库系统的核心，是位于用户和数据库之间的一个数据管理软件，在操作系统的支持下用于建立、使用和维护数据库。DBMS 具有数据定义、数据操纵、数据库的运行管理、数据库的建立和维护、数据通信等功能。

数据库管理系统对数据库的建立、运用和维护进行统一管理、统一控制，用户不能直接接触数据库，只能通过 DBMS 来操纵数据库中的数据。数据库管理员也只能通过 DBMS 来进行数据库管理和维护，以保证数据库的安全性和完整性。但 DBMS 又大大提高了用户使用"数据"的简明性和方便性，用户在数据库系统中的一切操作，包括数据定义、查询、更新及各种操作，都是通过 DBMS 完成的。

数据库管理系统主要用于财务管理、人事管理等方面。目前，常见的 DBMS 有 Access、Oracle、SQL Server、DB2、Sybase 和 FoxPro 等。

4）系统服务程序

系统服务程序是指能够提供系统运行所需各种服务的程序，它们为用户开发程序和使用计算机提供方便，如用于程序装入、链接、编辑和调试的程序，以及系统诊断程序、纠错程序、驱动程序、杀毒程序等。

2．应用软件

应用软件处于计算机系统最外层，它是为满足用户不同领域、不同问题的应用需求而提供的软件，是使用各种程序设计语言编制的应用程序的集合。应用软件使用非常广泛，覆盖了各行各业，如日常使用的 Office 办公软件、学校使用的教务管理程序等。它不仅可以拓宽计算机系统的应用领域，还能放大硬件的功能，方便用户使用。应用软件分为应用软件包和用户程序。

1）应用软件包

应用软件包是指为实现某些特殊功能而事先由计算机生产厂家或软件公司编制好的软件系统，它可以满足同类应用的许多用户，避免了重复劳动，提高了工作效率，如办公自动化软件 Office、网页制作软件 Dreamweaver、图形图像处理软件 Photoshop 等。

2）用户程序

用户程序是指用户为解决自己的问题，根据实际需求编写的程序，如为解决计算问题而编写的计算程序、为解决学生学籍管理而编写的学籍管理系统程序等。

1.2.4　计算机的工作原理及工作过程

1．计算机的工作原理——冯·诺依曼原理

1946 年，美籍匈牙利数学家冯·诺依曼提出了关于计算机组成和工作方式的基本设想，即将程序像数据一样存入到内部存储器中，计算机按照程序编排的顺序，逐条取出指令，自动地执行指令规定的操作。

冯·诺依曼对计算机界的最大贡献在于存储程序概念的提出和实现。存储程序原理不仅是计算机的基本工作原理，奠定了现代计算机的基本结构，而且开创了程序设计的新时代。冯·诺依曼原理可以概括为以下 3 点：

(1) 计算机的结构由运算器、控制器、存储器、输入设备和输出设备五大部件组成。这五大部件相互配合，协同工作。

(2) 计算机内部采用二进制来表示指令和程序，每条指令一般都具有一个操作码和一个地址码，操作码表示要完成的操作和性质，地址码指出操作数在内存的地址。

(3) 计算机采用"存储程序"和"程序控制"的工作方式，即将编好的程序和数据以二进制的形式送入存储器中，让计算机自动逐条取出指令并执行。

尽管现代计算机的外观、性能指标、运算速度、工作方式、应用领域等方面都发生了极大改变，但计算机的结构没有变化，其设计与制造仍然是基于冯·诺依曼体系结构，如图 1.19 所示。

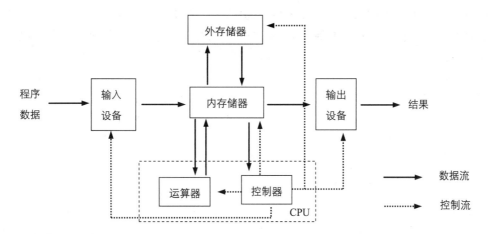

图 1.19　冯·诺依曼体系结构

2．计算机工作过程

计算机的基本工作原理是存储程序和控制程序，计算机的工作过程实质上就是执行程序的过程。计算机在工作时，CPU 按照预先编写的程序顺序，一步一步地取出指令、分析指令、执行指令，自动完成指令规定的操作。

计算机的工作过程可以简单概括为以下 6 步：

第 1 步：将编好的程序和原始数据输入并存储在计算机的存储器中。

第 2 步：计算机根据程序指针从内存的某个地址中取出一条程序指令送入到指令寄存器中。

第 3 步：计算机把指令寄存器中的指令送入指令译码器，由译码器把指令分解成操作码和操作数，并产生相应的各种控制信号。

第 4 步：控制器根据指令的含义向各个部件发出相应的控制信号，以完成指令所需要的操作，并将操作结果送入存储器指定的存储单元。

第 5 步：为执行下一条指令做准备，取出下一条指令地址，指令计数器指向存放下一条指令的地址。

第 6 步：运行完成后，计算机根据指令将结果在输出设备输出。

1.3　计算机内的信息表示

在计算机中，各种信息都是以数据形式出现的，如数值、字符、文字、图形、声音和视频等，数据在计算机中都是以二进制数表示和存储的。二进制数只有 0 和 1 两个数字，用来表示两个稳定的状态，如开和关等。二进制具有运算简单、实现方便等特点。

1.3.1　数制的概念

1．数制的概念

数制也称计数制，是用一种固定的符号和统一的规则来表示数值的方法。按进位方式计数的数制称为进位计数制。在日常生活中，人们习惯使用十进制计数；在计算机学科中，通常采用二进制进行数据存储和运算；在程序编写或数据描述时，又常常用到八进制或十六进制。数制有三个重要的概念：

■ 数码。数码是表示数制大小的数字符号，如二进制数的数码为 0、1，十进制数的数码为 0、1、2…9。

■ 基数。基数指数制中包含数码的个数，如二进制数的基数为 2，十进制数的基数为 10。

■ 位权。位权指每个数位上的数码所代表的数值的大小。以十进制数 123.4 为例，1 的位权是 100，即 10^2；2 的位权为 10，即 10^1；3 的位权为 1，即 10^0；4 的位权为 0.1，即 10^{-1}。

2. 常用数制及其表示方法

在计算机领域，常用的进位计数制有十进制、二进制、八进制和十六进制。

1) 十进制

十进制是人们日常生活中最常用的进位计数制。在十进制中，共有 0、1、2、3、4、5、6、7、8、9 十个不同的数码，基数是 10，计数规则是逢十进一，借一当十，每位数的位权是以 10 为底的幂。书写时在数值后跟大写字母 D 来表示十进制数，或将数字括起来，用下标 10 来表示，如十进制数 123.4 写成 123.4D 或 $(123.4)_{10}$，通常十进制的下标可以省略。例如，十进制数 123.4 可以表示为

$$123.4 = (123.4)_{10} = 1 \times 10^2 + 2 \times 10^1 + 3 \times 10^0 + 4 \times 10^{-1}$$

2) 二进制

二进制是计算机系统中常采用的进位计数制。在二进制中，只有 0 和 1 两个数码，基数是 2，计数规则是逢二进一，借一当二，每位数的位权是以 2 为底的幂。书写时在数值后跟大写字母 B 来表示二进制数，或将数字括起来，用下标 2 来表示，如二进制数 0101011 写成 0101011B 或 $(0101011)_2$。例如，二进制数 1011.01 可以表示为

$$(1011.01)_2 = 1 \times 2^3 + 0 \times 2^2 + 1 \times 2^1 + 1 \times 2^0 + 0 \times 2^{-1} + 1 \times 2^{-2}$$

3) 八进制

在八进制中，有 0、1、2、3、4、5、6、7 八个不同的数码，基数是 8，计数规则是逢八进一，借一当八，每位数的位权是以 8 为底的幂。书写时在数值后跟大写字母 O 来表示十进制数，或将数字括起来，用下标 8 来表示，如八进制数 234.5 写成 234.5O 或 $(234.5)_8$。例如，八进制数 234.5 可以表示为

$$(234.5)_8 = 2 \times 8^2 + 3 \times 8^1 + 4 \times 8^0 + 5 \times 8^{-1}$$

4) 十六进制

在十六进制中，有 0、1、2、3、4、5、6、7、8、9、A、B、C、D、E、F 共十六个不同的数码，基数是 16，计数规则是逢十六进一，借一当十六，每位数的位权是以 16 为底的幂。书写时在数值后跟大写字母 H 来表示十六进制数，或将数字括起来，用下标 16 来表示，如十六进制数 2A4.9 写成 2A4.9H 或 $(2A4.9)_{16}$。例如，十六进制数 2A4.9 可以表示为

$$(2A4.9)_{16} = 2 \times 16^2 + 10 \times 16^1 + 4 \times 16^0 + 9 \times 16^{-1}$$

1.3.2 数制之间的转换

1. 二进制数、八进制数、十六进制数转换为十进制数

将二进制数、八进制数和十六进制数转换为十进制数时，只需用该数制的各位数乘以各自位权数，然后将乘积相加。用按权展开的方法即可得到对应的结果。

【例 1-1】将二进制数 10101.101 转换成十进制数。

$(10101.101)_2 = 1 \times 2^4 + 0 \times 2^3 + 1 \times 2^2 + 0 \times 2^1 + 1 \times 2^0 + 1 \times 2^{-1} + 0 \times 2^{-2} + 1 \times 2^{-3}$

$= 16 + 0 + 4 + 0 + 1 + 0.5 + 0 + 0.125$

$= (21.625)_{10}$

【例 1-2】将八进制数 2021.4 转换成十进制数。

$(2021.4)_8 = 2 \times 8^3 + 0 \times 8^2 + 2 \times 8^1 + 1 \times 8^0 + 4 \times 8^{-1}$

$= 1024 + 0 + 16 + 1 + 0.5$

$= (1041.5)_{10}$

【例 1-3】将十六进制数 A12.3 转换成十进制数。

$(A10.3)_{16} = 10 \times 16^2 + 1 \times 16^1 + 0 \times 16^0 + 3 \times 16^{-1}$

$= 2560 + 16 + 0 + 0.1875$

$= (2576.1875)_{10}$

2．十进制数转换为二进制数、八进制数、十六进制数

将十进制数转换成二进制数、八进制数和十六进制数时，可将数值分成整数和小数分别转换，然后再拼接起来。整数部分和小数部分转换规则如下：

■ 整数部分。整数部分采用除以基数(2、8 或 16)取余的法则，转换方法是整数部分连续除以基数，直到商为 0 为止，然后将余数从下到上排列。

■ 小数部分。小数部分采用乘以基数取整法则，转换方法是将小数部分连续乘以基数，直到小数部分为 0 为止，然后将余数从上到下排列。

提示

在进行小数部分的转换时，有些十进制小数不能转换为有限位的二进制小数，此时只有用近似值表示。例如，$(0.57)_{10}$不能用有限位二进制表示，如果要求 5 位小数近似值，则得到$(0.57)_{10} \approx (0.10010)_2$。

【例 1-4】将十进制数 98.625 转换成二进制数。

将整数部分用除 2 取余法进行转换，再将小数部分用乘 2 取整法进行转换，具体转换过程如下：

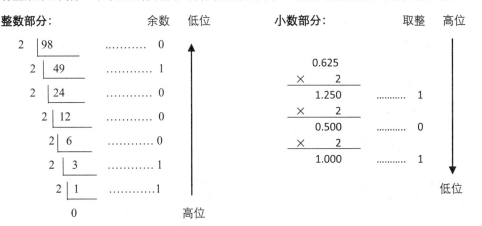

即转换得到 $(98.625)_{10}=(110001.101)_2$。

3．二进制数转换成八进制数、十六进制数及其逆转换

由二进制与八进制、十六进制的内在联系，即 $2^3=8$，$2^4=16$，可以看出每位八进制数可用 3 位二进制数表示，每位十六进制数可用 4 位二进制数表示。

1) 二进制数转换为八进制数、十六进制数

二进制数转换为八进制数采用"三位一组"的原则，以小数点为界，整数部分从右向左每 3 位为一组，若最后一组不足 3 位，则在最高位前面添 0 补足 3 位；小数部分从左向右每 3 位分为一组，最后一组不足 3 位时，尾部用 0 补足 3 位。然后将每组中的二进制数按权相加得到对应的八进制数。

同理，将二进制数转换为十六进制数采用"四位一组"的原则，即以小数点为界，整数部分从右向左、小数部分从左向右每 4 位一组，不足 4 位用 0 补齐即可。

【例1-5】将二进制数$(10110011.1111)_2$转换为八进制数。

  二进制数　010　110　011　.　111　100

  八进制数　　2　　6　　3　.　7　　4

转换结果为：$(10110011.1111)_2 = (263.74)_8$。

【例1-6】将二进制数$(1011101.01)_2$转换为十六进制数。

  二进制数　0101　1101　.　0100

  十六进制数　5　　D　.　4

转换结果为：$(1011101.01)_2=(5D.4)_{16}$。

2) 八进制数、十六进制数转换为二进制数

八进制数转二进制数采用"一分为三"的原则，将每位八进制数转换成 3 位二进制数，去掉整数前面的 0 和小数最后的 0。

同理，十六进制数转二进制数采用"一分为四"的原则，将每位十六进制数转换成 4 位二进制数，去掉整数前面的 0 和小数最后的 0。

【例1-7】将八进制数$(367.2)_8$转换为二进制数。

  八进制数　　3　　6　　7　.　2

  二进制数　011　110　111　.　010

转换结果为：$(367.5)_8 = (11110111.01)_2$。

【例1-8】将十六进制数$(27D.8)_8$转换为二进制数。

  十六进制数　2　　7　　D　.　8

  二进制数　0010　0111　1101　.　1000

转换结果为：$(27D.8)_{16} = (1001111101.1)_2$。

1.3.3　二进制数的运算

计算机内所有操作都是通过二进制来运算的，二进制数易于转换、运算规则简单。二进制的运算包括算术运算和逻辑运算两类。

1．算术运算

二进制的算术运算也就是通常所说的四则运算，包括加、减、乘、除，运算比较简单，其具体运算规则如下：

1）加法运算

加法运算是按"逢二进一"的原则，向高位进位，其运算规则为：$0+0=0$、$0+1=1$、$1+0=1$、$1+1=10$。例如，$(1011011)_2 + (1010.11)_2 = (1100101.11)_2$。

2）减法运算

减法运算实质上是加上一个负数，主要应用于补码运算，其运算规则为：$0-0=0$、$1-0=1$、$0-1=1$(向高位借位，即$10-1=1$)、$1-1=0$。例如，$(10110.01)_2 - (1100.10)_2 = (1001.11)_2$。

3）乘法运算

乘法运算与我们常见的十进制数对应的运算规则类似，其运算规则为：$0 \times 0=0$、$1 \times 0=0$、$0 \times 1=0$、$1 \times 1=1$。例如，$(1101.01)_2 \times (110.11)_2 = (1011001.0111)_2$。

4）除法运算

除法运算也与十进制数对应的运算规则类似，其运算规则为：$0 \div 1=0$、$1 \div 1=1$，而$0 \div 0$和$1 \div 0$是无意义的。例如，$(1101.1)_2 \div (110)_2 = (10.01)_2$。

2．逻辑运算

计算机采用的二进制数1和0可以代表逻辑运算中的"真"与"假"、"是"与"否"。二进制的逻辑运算包括"与""或""非""异或"4种。

1）与运算(AND)

与运算又称为逻辑乘运算，通常用符号"×""∧"和"•"来表示。其运算规则为：$0 \wedge 0=0$、$0 \wedge 1=0$、$1 \wedge 0=0$、$1 \wedge 1=1$。与运算中，当两个逻辑值都为1时，结果为1，否则为0。例如，$(10101111)_2 \wedge (10011101)_2 = (10001101)_2$。

2）或运算(OR)

或运算又称为逻辑加，通常用符号"+"或"∨"来表示。其运算规则为：$0 \vee 0=0$、$0 \vee 1=0$、$1 \vee 0=1$、$1 \vee 1=1$。或运算中，当两个逻辑值只要有一个为1时，结果为1，否则为0。例如，$(10101010)_2 \vee (01100110)_2 = (11101110)_2$。

3）非运算(NOT)

非运算又称为取反运算，是指对每位的逻辑值取反。通常是在逻辑变量上加上横线来表示。其运算规则为：$\overline{0}=1$、$\overline{1}=0$。例如，$\overline{(0101)}_2 = (01010)_2$。

4）异或运算(XOR)

异或运算通常用符号"⊕"表示，其运算规则为：$0 \oplus 0=0$、$0 \oplus 1=1$、$1 \oplus 0=1$、$1 \oplus 1=0$。异或运算中，当两个逻辑值不相同时，结果为1，否则为0。例如，$(10101010)_2 \oplus (00001111)_2 = (10100101)_2$。

1.3.4 数值在计算机中的表示与存储

1．数据的存储单位

在计算机内部，所有信息都是以二进制进行表示和存储的，每个二进制数码称为位(bit)，位是计算机中最小的数据单位。8 个二进制位称为字节(Byte，B)，字节是计算机中数据处理和存储的最基本的单位，如一个英文字母占 1 个字节存储空间，一个汉字占 2 个字节存储空间。

计算机中，常用的存储单位有 KB(千字节)、MB(兆字节)、GB(吉字节)、TB(太字节)，PB(拍字节)，它们之间的换算关系如下：

1B = 8 bit $1KB = 2^{10}B = 1024B$

$1MB = 1024KB = 1024 \times 2^{10}B = 2^{20}B$ $1GB = 1024MB = 1024 \times 2^{20}B = 2^{30}B$

$1TB = 1024GB = 1024 \times 2^{30}B = 2^{40}B$ $1PB = 1024TB = 1024 \times 2^{40}B = 2^{50}B$

计算机处理信息时，一般以一组二进制数作为一个整体，这组二进制数称为一个字(Word，W)。一个字通常由一个字节或多个字节组成。字长是指每个字包含的位数，不同计算机系统内部的字长不同，字长越长，运算精度越高，处理速度越快，因此字长是衡量计算机性能的一个重要指标。计算机中常用的字长有 8 位、16 位、32 位、64 位等。

2．数据在计算机中的表示

在计算机中，所有的数据都以二进制的形式来表示，数值的正、负号也分别用二进制代码来表示，在数值的最高位用 0 和 1 来表示数的正和负。一个数(包括符号)在计算机内的形式称为机器数，机器数有 3 种表示方法：原码、反码和补码。

1) 原码

原码是计算机中对数字的二进制表示的一种方法，在数字前面增加了一位符号位(即最高位为符号位)。正数的最高位为 0，负数的最高位为 1，其余位表示数字的绝对值大小。一个数的原码通常记作[X]$_{原}$。例如，假设计算机的字长为 8 位，则在 8 位二进制数中，十进制数 36 和-36 的原码表示为

$$[+36]_{原} = 00100100$$
$$[-36]_{原} = 10100100$$

2) 反码

对于一个带符号的数，正数的反码为这个数本身，负数的反码为其原码除符号位以外的各位逐位取反。一个数的反码通常记作[X]$_{反}$。例如，十进制数 36 和-36 的反码表示为

$$[+36]_{反} = 00100100$$
$$[-36]_{反} = 11011011$$

3) 补码

正数的补码为这个数本身，负数的补码是在原码的基础上，符号位不变，各位取反，最低位加 1，即负数的补码为其反码在最低位加 1。一个数的补码记作[X]$_{补}$。例如，十进制数 36 和-36 的补码表示为

$$[+36]_{补} = 00100100$$
$$[-36]_{补} = 11011100$$

1.3.5　字符的编码

计算机除了处理数值型数据外，还需要处理大量非数值型数据，如字母、汉字、标点、图像、音频、视频等。由于计算机是以二进制的形式存储和处理数据的，因此，处理这些非数值型数据时，首

先要对数据按一定的规则编码，将其转换成计算机能识别的二进制代码才能进入计算机。字符的编码有以下几类。

1. ASCII 码

ASCII 码(American Standard Code for Information Interchange，美国信息交换标准码)是由美国国家标准学会(American National Standard Institute，ANSI)制定的，是一种标准的单字节字符编码方案，主要用于显示现代英语和其他西欧语言，被国际标准化组织规定为国际标准码。

ASCII 码有 7 位码和 8 位码两种形式，7 位码称为标准 ASCII 码，8 位码称为扩展 ASCII 码。国际上通用的是 7 位码，用 7 位二进制数表示一个字符的编码，共有 2^7=128 个不同的编码，即可以相应表示 128 个不同的字符，其中包括 A~Z 共 26 个大写英文字母、a~z 共 26 个小写英文字母、0~9 共 10 个数字、34 个控制字符和 32 个专用字符(标点符号和运算符)，如表 1.1 所示。

表 1.1　标准 ASCII 码表

$b_6b_5b_4$(高三位) ＼ $b_3b_2b_1b_0$(低四位)	000	001	010	011	100	101	110	111
0000	NUL	DLE	SP	0	@	P	`	p
0001	SOH	DC1	!	1	A	Q	a	q
0010	STX	DC2	"	2	B	R	b	r
0011	ETX	DC3	#	3	C	S	c	s
0100	EOT	DC4	$	4	D	T	d	t
0101	ENQ	NAK	%	5	E	U	e	u
0110	ACK	SYN	&	6	F	V	f	v
0111	BEL	ETB	'	7	G	W	g	w
1000	BS	CAN	(	8	H	X	h	x
1001	HT	EM	)	9	I	Y	i	y
1010	LF	SUB	*	:	J	Z	j	z
1011	VT	ESC	+	;	K	[	k	{
1100	FF	FS	,	<	L	\	l		
1101	CR	GS	-	=	M	]	m	}
1110	SO	RS	.	>	N	^	n	~
1111	SI	US	/	?	O	_	o	DEL

由表 1.1 可以看出，每个字符对应表中行和列中的一个数字，将行和列的数字按高三位、低四位的顺序排列，则为字符的 ASCII 码。如字母"A"的 ASCII 码是 1000001，对应的十进制数是 65，则"A"ASCII 码值是 65。

2. Unicode 码

Unicode(Universal Multiple Octet Coded Character Set)是国际标准组织制定的可以容纳世界上所有文字和符号的字符编码方案。Unicode 码扩展自 ASCII 字元集，是为了解决传统的字符编码方案的局限而产生的。Unicode 码采用双字节 16 位来进行编码，可编 65536 个字符，基本上包含了世界上所有的语言字符，可以满足跨语言、跨平台进行文本转换、处理的要求，也就成为了全世界一种通用的编码。

目前，Unicode 编码在网络等方面得到广泛应用，如网页的编码 UTF-8。

3．汉字编码

ASCII 码只对英文字母、数字和标点符号等字符进行了编码，而汉字是象形文字，数量庞大、字形复杂，不能由西文键盘直接输入，计算机需要对汉字进行编码转换后才能存放。汉字编码是为汉字设计的一种便于输入计算机的代码，汉字编码根据应用目的不同分为输入码、交换码、机内码和字型码。

1) 汉字输入码

汉字输入码也称外码，是用键盘将汉字输入到计算机中的编码方式(即输入法的编码)。相同汉字输入方法不同，则输入码不同，常用的输入码有以下三类。

■ 拼音码：根据汉字的拼音进行编码，如全拼码、简拼码、微软拼音输入法等。

■ 数字码：根据汉字的顺序排列进行编码，如区位码、电报码等。

■ 字型码：根据汉字的字型进行编码，如五笔字型码、王码、郑码等。

2) 汉字交换码

汉字交换码是指计算机系统之间进行汉字信息交换时所使用的代码。1981 年我国颁布了《信息交换用汉字编码字符集——基本集》，标准号为 GB2312—80，简称国标码。该标准规定使用 16 位二进制表示一个汉字，即一个汉字用两个字节表示，每个字节编码为 7 位，最高位为 0。

国标码中收录了 7445 个汉字和图形符号，其中常用汉字 6763 个，包括一级汉字 3755 个，按汉语拼音排序；二级汉字 3008 个，按偏旁部首排序；常用符号 682 个，包括序号、数字、罗马数字、英文字母、俄文字母、日文字母及汉语拼音等。

3) 汉字机内码

汉字机内码简称内码，是汉字在计算机内部进行存储和处理的代码。英文字符的机内码是 7 位的 ASCII 码，用一个字节表示，最高位为 0；一个汉字的机内码占两个字节，分别称为高位字节和低位字节，为了与英文字符能够区别，汉字机内码两个字节的最高位均规定为 1。

4) 汉字字型码

汉字字型码又称输出码，是汉字的输出形式，指将计算机内二进制数(机内码)表示的汉字转换成汉字原型在显示器或打印机上输出。目前的汉字处理系统中，字型码通常用点阵和矢量表示，其中大多数字型库采用点阵的形式来表示字型。

根据汉字的输出要求，常用的字型码点阵有 16x16 点阵、24x24 点阵、48x48 点阵。点阵规模越大，字型越清晰，所占空间越大。根据点阵的大小，可以计算存储一个汉字字型所需的字节空间。如一个 16x16 点阵占用的存储空间为 16x16 位/8=32 字节。

第 2 章

Windows 10 操作系统

 本章导读

Windows 10 是由美国微软(Microsoft)公司开发的应用于计算机和平板电脑的操作系统,于 2015 年 7 月 29 日发布正式版,其核心版本号为 Windows NT 10.0。Windows 10 操作系统在易用性和安全性方面有了极大的提升,除了针对云服务、智能移动设备、自然人机交互等新技术进行融合外,还对固态硬盘、生物识别、高分辨率屏幕等硬件进行了优化、完善与支持,可供家庭及商业工作环境、笔记本电脑、平板电脑、多媒体中心等使用。本章介绍了 Windows 10 操作系统的基础知识,包括操作系统的基本操作、资源管理、个性化设置和系统优化等,使读者能对 Windows 10 操作系统的使用有一个基础的认识和了解。

学习目标

(1) 了解 Windows 10 系统的基本特性。

(2) 了解 Windows 10 系统的基本设置。

(3) 掌握文件和文件夹的创建和管理。

(4) 掌握程序安装与卸载。

(5) 了解系统性能优化配置。

2.1　Windows 10 基础及桌面管理

Windows 10 是微软公司研发的新一代操作系统,也是目前应用得比较广泛的一种系统。传统界面环境与之前 Windows 版本相比,变化不是很大,但更加简洁、现代。

2.1.1　Windows 10 基础

与以往的 Windows 操作系统不同,Windows 10 是一款能够同时运行在台式机、平板电脑、智能手机和 Xbox 等平台中的操作系统，为用户带来了统一的体验。

1. 安装 Windows 10 系统的要求

在计算机上安装 Windows 10 系统，计算机的硬件必须满足以下计算机硬件配置要求，否则不能流畅地使用 Windows10。

■ CPU：1GHz 及以上的 32 位或 64 位处理器。

■ 内存：1GB 以上内存(基于 32 位)或 2GB 及以上内存(基于 64 位)。

■ 硬盘：大于 16GB 可用硬盘存储空间(32 位操作系统)或大于 32GB 可用硬盘存储空间(64 位操作系统)。

■ 显卡：DirectX 9 或更高版本(包含 WDDM 1.0 驱动程序)。

■ 显示器：显示器分辨率不能低于 800x600 dpi。

2. Windows 10 系统的版本

Windows 10 共有家庭版、专业版、企业版、教育版、移动版、移动企业版和物联网核心版七个版本。

■ 家庭版(Home)：拥有 Windows 10 的主要功能，如 Cortana 语音助手、Edge 浏览器、面向触控屏设备的 Continuum 平板电脑模式、Windows Hello、串流 Xbox One 游戏的能力、微软开发的通用 Windows 应用。

■ 专业版(Professional)：以 Windows 10 家庭版为基础，增添了管理设备和应用，保护敏感的企业数据，支持远程和移动办公，使用云计算技术。

■ 企业版(Enterprise)：以 Windows 10 专业版为基础，增添了大中型企业用来防范针对设备、身份、应用和敏感企业信息的现代安全威胁的先进功能。

■ 教育版(Education)：以 Windows 10 企业版为基础，面向学校职员、管理人员、教师和学生。它将通过面向教育机构的批量许可计划提供给客户。

■ 移动版(Mobile)：面向尺寸较小、配置触控屏设备的移动设备，例如智能手机和小尺寸平板电脑，集成有与 Windows 10 家庭版相同的通用 Windows 应用和针对触控操作优化的 Office。部分新设备可以使用 Continuum 功能，因此连接外置大尺寸显示屏时，用户可以把智能手机用作 PC。

■ 移动企业版(Mobile Enterprise)：以 Window 10 移动版为基础，面向企业用户。它将提供给批量许可客户私用，增添了企业管理更新，以及及时获得更新和安全补丁软件的方式。

■ 物联网核心版(Windows 10 IoT Core)：面向小型低价设备，主要针对物联网设备。

3. Windows 10 系统的新功能

Windows 10 系统主要功能的更新和改进如下：

(1) 开始菜单的演变。微软在 Windows 10 中为用户带来了期待已久的"开始"菜单功能，并且将传统元素与 Windows 8 中的现代化元素相结合。

鼠标左键点击屏幕左下角的"开始"图标■或者使用【Windows】键打开"开始"菜单后，如图 2.1 所示，不仅可以在左侧看到系统设置和应用程序列表，还会看到右侧标志性的动态磁贴。

鼠标右键点击屏幕左下角"开始"图标■后，如图 2.2 所示，用户可以看到更多的系统设置以及设备管理入口。

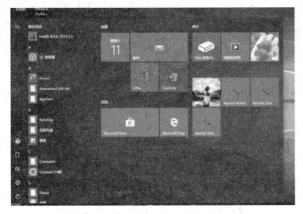

图 2.1　Windows 10 "开始" 菜单　　图 2.2　Windows 10 鼠标右键单击 "开始" 菜单

(2) 整合虚拟语音助手 Cortana。Windows 10 中引入了 Windows Phone 的小娜语音助手 Cortana。用户可以通过它搜索自己想要访问的文件、系统设置、已经安装的应用程序、从网页中搜索的结果以及一系列其他的信息。同时 Cortana 还能够为用户设置基于时间和地点的备忘提醒等。

(3) 增添全新的 Edge 浏览器。随着 Web 的应用越来越广泛，浏览器发展更加迅速，为了赶上快速发展的 Chrome 和 Firefox 等浏览器，微软重新撰写了浏览器代码，为用户带来了更加精益、快速的内置 Edge 浏览器。全新的 Edge 浏览器虽然尚未发展成熟，但是它的确提供了很多便捷的功能，如整合了 Cortana 及快速分享功能。

虽然微软的 Edge 在很多方面领先于 IE 浏览器，但是仍然存在缺陷，例如，需要运行 ActiveX 控制或者使用类似的插件，就需要依赖于 IE 浏览器。因此 IE11 依然存在于 Windows 10 系统中。

(4) 引入虚拟桌面。Windows 10 提供了一种新的桌面管理方式——虚拟桌面功能，在用户需要对大量的窗口进行重新排列，但是又没有多余显示器的场合下使用。虚拟桌面可以将不同类型的程序放在不同的桌面上，只需要切换桌面而无需重新安装程序，并且程序之间运行互不影响，大大提高了工作效率。

打开虚拟桌面十分简单，按住键盘上的【Windows】键，再按住【Tab】键就可以看到当前所有已经打开窗口的预览图，在桌面顶部有当前创建的虚拟桌面列表。Windows 10 系统虚拟桌面提供了每一个虚拟桌面打开应用的时间线，能够通过时间线更加准确地找到正在使用的应用程序以及应用程序的使用情况，如图 2.3 所示。

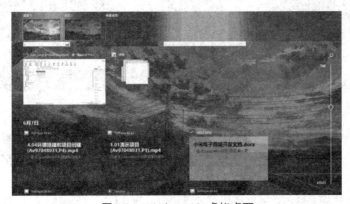

图 2.3　Windows 10 虚拟桌面

(5) 文件资源管理器升级。Windows 10 的文件资源管理器会在主页显示常用的文件和文件夹，如图 2.4 所示，从而使用户可以快速获取自己需要的内容。

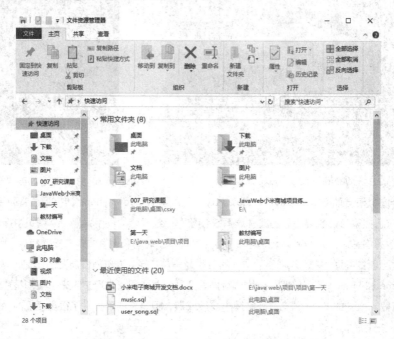

图 2.4　Windows 10 文件资源管理器

(6) 内置 Windows 应用商店。Windows 10 中包含一个全新的 Windows 应用商店，如图 2.5 所示。用户可以在这里下载桌面应用程序及 Modern Windows 应用。这些应用程序是通用的，能在 PC、手机、Xbox One 甚至 HoloLens 中运行，而用户界面则会根据设备的屏幕尺寸进行自动适配，使用户拥有良好的使用体验。

图 2.5　Windows 10 应用商店

(7) 自行安排系统更新后的启动时间。为了让用户拥有更好的使用体验和保证系统安全性，Windows 10 会将升级的安装程序或者安全补丁推送给系统，系统会自动下载并安装，重新启动后完成更新。之前的操作系统会通过弹窗通知用户系统会在多少分钟后进行重启，而在 Windows 10 中，系统会询问用户希望在多久之后系统重启。

（8）能够根据运行设备的状态对用户界面进行适配。这一功能很大程度上方便了变形设备的使用。用户可以在“设置”菜单中手动切换到新的平板模式，或者改变变形设备的使用状态，例如移除键盘来达到相同的效果。图 2.6 所示为平板模式设置。

图 2.6　平板模式设置

在平板模式下，系统界面将更加方便触控操作，原本的任务栏会变得更加简化，只剩【Windows】键、【后退】键、【Cortana】键和【任务视图】键，此外所有窗口也会在全屏模式中运行，不过用户也可以将两个窗口在屏幕上并排显示。

2.1.2　Windows 10 桌面管理

桌面是用户打开计算机并登录到 Windows 之后看到的主屏幕区域，桌面就像我们平时使用的桌面工作台一样，可以放置桌面背景、桌面图标等工具。在 Windows 中，桌面是操作系统初始化完成后的起点，也是各种应用程序和操作的起点。

可以将登录 Windows 系统后所见到的可视界面分为两部分，通常屏幕下方包含一栏水平长条的部分称为任务栏，以上区域称之为桌面。桌面包括桌面背景和桌面图标。打开的程序或者文件夹窗口会出现在桌面上，可以将这些窗口任意拖动与排布。此外，还可以将一些项目(例如程序、文件等)放在桌面上并且随意排列它们。

1．桌面背景

桌面背景也称壁纸，可以是一幅画，或者是纯色背景。Windows 10 中默认的桌面是一张图片，如图 2.7 所示。可以把自己的图片设置为桌面，也可以使用多张图片以幻灯片的方式设置为桌面背景，系统会根据设定的时间自动切换背景图片。

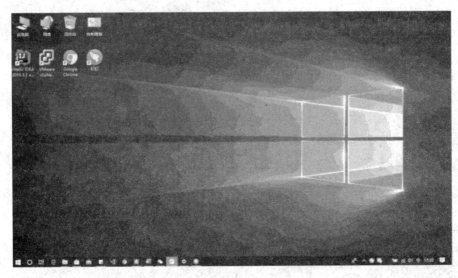

图 2.7　Windows 10 默认桌面背景

2. 桌面图标

桌面图标是代表文件、文件夹、程序和其他项目的小图片，用于在可视化环境中区分不同文件或程序，由图标和对应的名称组成。在全新的操作系统安装完成后，默认情况下桌面上只有"回收站"图标，用户可以根据自己的使用需求添加自己常用的图标。桌面图标可以分为两类图标——系统图标和快捷方式图标，如图 2.8 所示。

图 2.8　桌面图标分类

(1) 系统图标是指 Windows 启动后自带的图标，包括"回收站""此电脑""控制面板""网络"和"用户文件"五个。

(2) 快捷方式图标。快捷方式图标是用户自己创建的或应用程序自动创建的图标，图标的左下角有一个箭头。将鼠标放置在快捷方式图标上，会显示该快捷方式图标对应文件的位置。在操作系统中，桌面上的图标往往是关联系统中的某些程序或文件。当双击某个图标时，可以打开该程序或者文件，并在桌面上展现它们的操作界面。

3. 任务栏与"开始"按钮

"开始"按钮默认位于屏幕底部任务栏的左端，用鼠标单击"开始"按钮或者按键盘上的【Windows】键▦，"开始"菜单和"开始"屏幕将会呈现在桌面上。如图 2.9 所示。

图 2.9　"开始"菜单与"开始"屏幕

　　"开始"菜单可分为三列，左侧从上至下依次是用户头像、文档管理器、图片、系统设置和开关机按钮；中间为常用的应用程序列表以及快捷方式，在这里能够快速地找到所安装的应用程序；右侧则是"开始"屏幕，由多个磁贴组成，可以将中间应用程序列表中的程序添加到"开始"屏幕，此时会出现相应程序的磁贴。

　　如果要关闭"开始"菜单和"开始"屏幕，可用鼠标再次点击"开始"按钮，或者点击"开始"屏幕之外的区域，或者再次按【Windows】键，或者【Esc】键。

2.1.3　Windows 10 基本操作

　　用户打开计算机并登录到 Windows 10 后，默认情况下，用户首先在桌面上进行基本操作。本节将介绍 Windows 10 的一些基本操作和使用方法。

1. 睡眠、重启与关机

　　使用计算机应先学会启动计算机，登录 Windows 后才能进行操作。对于计算机的管理，除了日常使用之外，我们还能进行睡眠、重启和关机操作。在"开始"菜单的"电源"中包含 3 个选项：睡眠、重启和关机。

　　1）睡眠

　　睡眠是计算机处于待机状态下的一种模式。它可以节约电源和省去繁琐的开机过程，增加计算机的使用寿命。计算机在进入睡眠状态时，显示器将关闭，通常计算机的风扇也会停止运转。这时 Windows 会记住并保存正在运行的工作状态，因为在进入休眠状态之前不需要关闭程序和文件。若需要唤醒计算机，则可以通过短按计算机电源按钮或者按键盘上任意按键即可恢复到工作状态。如果是笔记本电脑，则翻开屏幕盖也会唤醒计算机。

　　2）重启

　　重启是指当计算机在使用过程中遇到某些故障、需改动设置、安装更新等时，再将其重新启动进入操作系统的方法。点击"重启"按钮后系统会关闭再重新启动。部分台式计算机可通过操作机箱上面的"复位"按钮重新启动计算机。

3)关机

进行关机操作后，计算机操作系统会关闭，电脑的各个硬件也会停止工作。计算机的关机分为两种：正常关闭计算机和强制关闭计算机。

正常关闭计算机之前，最好先关闭 Windows 桌面上打开的窗口，然后执行关机操作。可以在"开始"菜单栏中点击"电源"按钮进行关机操作。

当使用计算机时，会遇到开启某程序后电脑太卡、鼠标无法移动、不能进行正常操作的情况，即俗称的"死机"时，是无法通过正常关机方法关闭计算机的，此时就需要强制关闭计算机。

2. 管理桌面图标

桌面图标是桌面重要的组成部分。桌面图标分为系统图标和快捷方式图标。双击桌面图标可以打开应用程序或文件窗口。

管理桌面图标

1)添加系统图标到桌面上

系统图标是指 Windows 系统自带的图标，包括"回收站""此电脑""网络""控制面板"和"用户的文件"。Windows 10 桌面上只有"回收站"图标。可以根据需要添加其他系统图标到桌面上，具体操作如下：

(1) 鼠标右键单击桌面上的空白处，在弹出的菜单中单击"个性化"。

(2) 在弹出的"设置 – 个性化"菜单中，左侧窗格中单击"主题"，右侧窗格中单击"桌面图标设置"。

(3) 在弹出的"桌面图标设置"对话框中，如图 2.10 所示，勾选需要添加的系统图标，系统默认勾选"回收站"图标。再次点击已勾选的图标就会取消该选项。选择完成后，单击"确定"按钮，返回桌面即可看到新添加的桌面图标。

图 2.10　添加系统图标到桌面上

2)添加快捷方式图标到桌面上

桌面上的快捷方式图标关联系统中的某些程序或文件，当双击某个快捷方式图标时，其实是在系统中打开这个程序或者文件，并在桌面上展现它们的操作界面。将鼠标指针停靠在快捷方式图标上面，会显示出快捷方式所关联文件的详细路径。在桌面上添加快捷方式图标的方法有两种。

(1) 在桌面上创建快捷方式图标，再选择要关联的文件。操作步骤如图 2.11 所示。

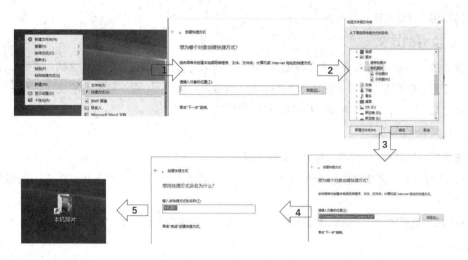

图 2.11　添加快捷方式图标到桌面上

(2) 在资源管理器中将快捷方式图标添加到桌面上。如果某个文件(应用程序或文件夹)经常使用，又想从桌面直接打开，则可以选中文件，点击鼠标右键，在弹出菜单中选择"发送到"，再选择"桌面快捷方式"，返回桌面即可看见创建的快捷方式图标。

用户在日常使用中可将经常编辑且相对重要的文件存储在某个盘中，然后创建其快捷方式到桌面上，这样既可以快速编辑文件，又能减少在桌面误操作删除文件的风险，同时也解决了文件存储在桌面上占用系统盘空间的问题。

提 示

(1) 无论是哪一种方式创建桌面快捷方式，都是将文件和快捷方式图标关联，类似于在桌面创建了一个图标链接到相应的文件。点击图标时，软件直接作用于文件，并不会对快捷图标产生任何影响。

(2) 删除桌面快捷方式图标不会对源文件产生任何影响；但如果删除源文件，双击快捷方式图标，系统则会提示错误。

2.2　Windows 10 资源管理

Windows 把计算机的所有软件和硬件资源都用文件或文件夹的形式来表示，也可以说是基于文件的操作系统，所以管理文件和文件夹资源就是管理整个计算机系统。通常可以通过"Windows 资源管理器"对计算机进行统一的资源管理和操作。

2.2.1　文件夹和文件的定义

计算机中的数据一般都是以文件的形式保存在存储介质(如磁盘、U 盘、光盘等)中的。为了方便管理，可以将文件保存在文件夹中。

1. 文件的定义

文件是 Windows 操作系统可管理的最小单位，所以计算机中的许多数据(如文档、图片、音乐、电影、应用程序等)都以文件的形式存储在存储介质(磁盘、光盘、U 盘、存储卡等)里面。文件可以包括一组记录、文档、音乐、视频、电子邮件或计算机应用程序。

1) 文件的类型

根据文件的用途，一般将文件分为三种类型：

(1) 系统文件。系统文件指用于运行操作系统所必需的文件，这些文件是操作系统安装完成后生成的文件。

(2) 应用程序文件。应用程序文件指运行应用程序所需要的一组文件，例如运行 PPT、QQ 等软件需要的文件。

(3) 数据文件。数据文件指使用应用程序创建的各种类型的一个或一组文件，在 Windows 中称为文档，例如 Word 文档、mp3 音乐文件、mp4 电影文件等。用户在使用计算机的过程中，主要是对这一类文件进行操作，包括创建、修改、复制、移动、删除等。

2) 文件名

文件一般由主要文件名、扩展名和文件图标组成。主文件名和扩展名中间用小数点隔开。其中主要文件名表示文件的名称，可以任意命名；扩展名表示文件的类型，相同的拓展名具有一样的文件图标，以方便用户识别。

(1) 主文件名。主文件名表示文件的名称，通过它大概知道文件的内容或含义。

Windows 操作系统中文件命名规则如下：

① 由英文字母、数字、汉字及一些符号组成，字符数不超过 256 个字符(包括盘符和路径)，一个汉字占两个英文字符的长度。

② 除了开头之外可以使用空格。

③ 文件名中不能使用符号： ？ " / 、 < > * | ： 等。

④ 不区分大小写，但是在显示时会保留大小写格式。

(2) 文件图标。在"文件资源管理器"中，文件的图标可直观地显示出文件的类型，以便于识别。文件的图标并不是固定不变的，大部分文件图标显示的是该文件默认打开程序的图标，但当默认打开程序改变时，该文件的图标也会相应改变。

2. 扩展名

文件扩展名是用半角句点与主机名分开的可选文件标识符。它用于区分文件的类型，可辨识文件格式及通过哪种应用程序打开。一般通过文件扩展名就能大概知道文件的内容。

Windows 系统对某些文件的扩展名有特殊的规定，不同的文件类型其拓展名不一样，表 2-1 中列出了一些常用的扩展名及其含义。如扩展名修改不当，则系统有可能无法识别该文件，或者无法打开该文件。因此，在默认情况下，为避免用户因修改扩展名导致文件无法打开，在资源管理器中查看文件时默认不会显示文件的扩展名。

表 2-1　常见文件扩展名及含义

拓展名	含义	拓展名	含义
.exe	可执行程序文件	.avi、.mp4 等	视频文件
.png、.bmp、.jpg	图像文件	.wav、.mp3 等	音频文件
.rar、.zip、.7z	压缩包文件	.doc、.docx	Word 文档
.txt	文本文档	.html	网页文件

用户可以设置文件扩展名显示，以便更直观地显示文件类型。可以在资源管理器顶部工具栏"查看"选项卡中"显示/隐藏"组中勾选 "文件扩展名"，如图 2.12 所示。

图 2.12　设置"显示/隐藏"文件扩展名

3. 文件夹的定义

为了便于管理大量的文件，通常把文件分类保存在不同的文件夹中，就像人们把纸质文件保存在文件柜内不同的文件夹中一样。文件夹中还可以包含文件夹，称为子文件夹。

Windows 系统为文件和文件夹提供了几种视图展示方式，如图 2.13 所示。切换不同视图的方法有两种：

(1) 点击资源管理器右上角的"视图选择"按钮上的倒三角形，打开下拉菜单选择相应的视图模式。

(2) 按住键盘左下角的【Ctrl】键滚动鼠标滚轮，文件夹图标大小会跟着变换，依次切换视图展示模式。

文件夹的命名规则和文件的命名规则相似，但文件夹名不需要有扩展名。

文件夹由文件夹名和文件夹图标组成。通过文件夹图标的显示，就可以预览文件夹中的内容，如图 2.14 所示。

图 2.13　文件和文件夹的
展示风格

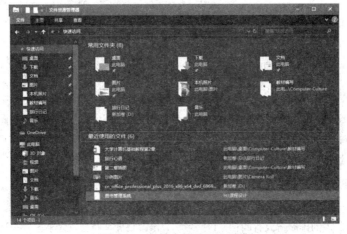

图 2.14　文件夹的外观和预览

Windows 10 中的文件夹分为系统文件夹和用户文件夹两种类型。系统文件夹是指安装好操作系统或应用程序后自己生成的文件夹，它通常位于 C 盘中，不能随意删除或更改名称。用户文件夹是指用户自己创建的文件夹，可以随意更改和删除。

2.2.2　资源管理器

在 Windows 10 中，资源管理器是管理计算机中文件和文件夹等资源的最重要的工具。而使用计算机最常用的工作是管理文件和文件夹。计算机操作或处理的对象是数据，而数据是以文件的形式存储在计算机的存储介质(硬盘、U 盘、光盘等)上的。通常将常用的文件分类放在 C 盘以外能方便找到的地方。从硬盘分区开始到每一个文件夹的建立，都要按照自己的需要命名不同的文件夹，建立合理的文件保存架构。

1. 使用资源管理器

Windows 10 桌面上的"此电脑"属于资源管理器，可以用它打开文件和文件夹，以及设置文件或文件夹的显示方式。通过"此电脑"窗口的导航窗格和内容区，可以直接访问硬盘上的文件和文件夹。除了使用桌面上的"此电脑"图标打开资源管理器外，还可以单击鼠标右键打开"开始"菜单栏，在弹出的窗口中点击"文件资源管理器"，打开资源管理器，如图 2.15 所示。

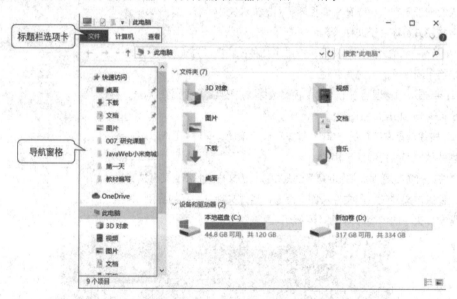

图 2.15　打开"文件资源管理器"

打开应用程序时，桌面上会出现一块显示程序和内容的矩形工作区域，这块区域被称为"窗口"。"窗口"是用户访问 Windows 资源和 Windows 展示信息的重要组件，Windows 的操作是在不同窗口中进行的。虽然每个窗口的内容和外观各不相同，但大多数窗口都具有相同的组成部分，旨在帮助用户围绕 Windows 进行导航，更轻松地使用文件、文件夹和库。

2. 文件和文件夹排序方式

为了方便文件和文件夹的管理，更加快速地找到需要的文件，可以对文件和文件夹进行排序。Windows 10 默认提供的排序方式有四种，包括名称、修改日期、类型、大小等。按照这四种类型又可以结合递增和递减的方式。此外还有"更多"选项，可添加更多的排序依据，如图 2.16 所示。

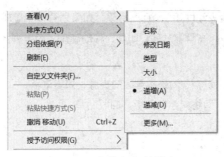

图 2.16　文件及文件排序

要对文件进行排序，可以鼠标右键单击资源管理器空白处，在弹出的窗口中，选择"排序方式"选项即可。

3. 分组显示文件夹内容

要对文件夹的内容进行分组显示，可在资源管理空白区单击鼠标右键，在弹出的快捷菜单中选择相应选项，或在"查看"选项卡"当前视图"组的"分组依据"下拉列表中选择相应选项，如图 2.17 所示。

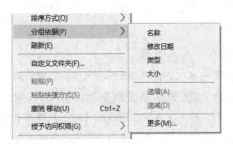

图 2.17　分组显示文件内容

4. 文件路径

1）路径

在对文件或文件夹进行操作时，为了确定文件或文件夹在存储介质(硬盘、U 盘等)中的位置，需要按照文件夹的层次顺序通过一系列的子文件夹找到指定的文件或文件夹。这种确定文件或文件夹在文件夹结构中位置的一组连续的、由路径分隔符"\"分隔的文件夹名叫路径。描述文件或文件夹的路径有两种方法：绝对路径和相对路径。

(1) 绝对路径。绝对路径是从目标文件或文件夹所在的根文件夹开始，到目标文件或文件夹所在文件夹为止的路径上的所有子文件夹名(各文件夹名之间用"\"分隔)。绝对路径总是以"\"作为路径的开始符号。例如，a.txt 存储在 C：盘的 Downloads 文件夹的 Temp 子文件夹中，则访问 a.txt 文件的绝对路径是："C：\Downloads\Temp\a.txt"。

(2) 相对路径。相对路径就是从当前文件夹开始，到目标文件或文件夹所在文件夹的路径上的所有子文件夹名(各文件夹名之间用"\"分隔)。一个目标文件的相对路径会随着当前文件夹的不同而不同。例如，如果当前文件夹是"C:\Windows"，则访问文件 a.txt 的相对路径是："..\Downloads\Temp\a.txt"，这里的".."代表父文件夹。

2）盘符

驱动器(包括硬盘驱动器、光盘驱动器、U 盘、移动硬盘、闪存卡等)都会分配相应的盘符(C:～Z：)，用于标识不同的驱动器。硬盘驱动器用字母 C: 标识,如果划分多个逻辑分区或安装多个硬盘驱动器,则依次标识为 D:、E:、F: 等。光盘驱动器、U 盘、移动硬盘、闪存卡的盘符排在硬盘驱动器之后。

　3) 项目

在 Windows 10 中,项目(或称对象)是指管理的资源,如驱动器、文件、文件夹、打印机、系统文件夹(库、用户文档、计算机、网络、控制面板、回收站)等。

2.2.3　文件夹和文件操作

在使用计算机的过程中,经常需要对文件或文件夹进行各种管理工作,如新建、重命名、选定、复制粘贴和移动文件和文件夹、删除与恢复及查找文件或文件夹、查看和设置文件及文件夹的属性等。

文件和文件夹

1. 新建文件或文件夹

新建文件或文件夹是指从无到有,新建一个空白的文件或空文件夹。尽量不要在系统分区中新建或保存用户文件或文件夹。可以在桌面、磁盘分区、已存在的文件夹等位置中新建文件或文件夹。

　1) 使用快捷菜单新建文件或文件夹

在资源管理器右侧的内容窗格中,右键单击文件和文件夹名之外的空白区域,在快捷菜单中选择"新建"项,在其子菜单中单击"文件夹"。系统会生成一个文件夹,光标会停留在文件夹图标下,提示用户对文件夹进行命名,此时,输入文件夹名称后按【Enter】键或者点击资源管理器内容区域空白处即可完成命令。如果未输入文件夹名称,则点击资源管理器内容区域空白处或者按【Enter】键,文件夹将会是系统给出的默认文件夹名称,即"新建文件夹"。如果同级目录下有相同的文件夹名称,则系统会提示已有相同文件夹存在,用户可根据提示进行操作。创建文件夹的方法如图 2.18 所示。

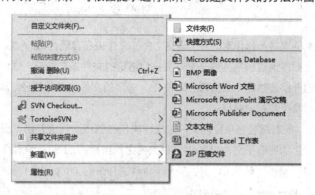

图 2.18　创建文件夹

创建文本文档的方法和创建文件夹方式类似,在资源管理器右侧的内容窗格空白区域单击鼠标右键,在弹出的窗格中选择"新建",再选择"文本文档",系统会生成一个文件,并提示对文件进行命名;如果点击空白区域,则这个文件将会是系统默认的文件名,建议在创建的时候将文件命名为辨识度高的文件名,以方便后期的管理。创建文本文档的方法如图 2.19 所示。

图 2.19　创建文本文档

提示

在 Windows 10 系统中，资源管理器空白处单击鼠标右键创建文件的类型有很多，这主要取决于用户在系统中安装文件软件的支持。

2）使用功能区新建文件或文件夹

在资源管理器资源区的"主页"选项卡的"新建"组中，单击"新建项目"，在弹窗中可以选择要创建的项目类型。

2. 重命名文件或文件夹

文件或文件夹的重命名方法是一样的，但是文件具有扩展名以区别文件类型。为了文件安全，Windows 10 系统默认关闭显示文件扩展名，用户重命名文件可直接输入文件名称。若显示文件名，则需要注意不能修改或者删除文件扩展名，否则将造成文件不能正常打开。

重命名文件或文件夹可采用以下任一方法进行操作。

(1) 选中要重命名的文件夹或文件，在"主页"选项卡的"组织"中，单击"重命名"，文件名或文件夹名即进入输入状态，如图 2.20 所示，这时输入新的文件名，然后按【Enter】键或者鼠标点击空白处即可完成重命名。

图 2.20　使用功能区重命名文件或文件夹

(2) 单击选中要重命名的文件或文件夹，然后再单击该文件名，文件名进入输入状态，输入新的文件或文件夹名称，按【Enter】键或鼠标单击空白位置，完成重命名。

(3) 鼠标右键单击要更改名称的文件或文件夹，在快捷菜单中单击"重命名"，输入新的文件或文件夹名称，然后按【Enter】键或者鼠标点击空白位置，完成重命名。

3. 选定文件或文件夹

在 Windows 10 操作系统中，总是遵循"先选定，后操作"的原则。对文件和文件夹进行操作之前，首先要选定文件和文件夹，一次可选定一个或多个对象，选定的文件和文件夹突出显示。常用以下几种选定方法。

(1) 选定一个文件或文件夹。单击要选定的文件或文件夹。

(2) 框选文件和文件夹。在内容窗格中，单击鼠标左键并拖动，将会出现一个框，框选需要的文件和文件夹，如图 2.21 所示，然后释放鼠标。

图 2.21　鼠标框选文件和文件夹

(3) 选定多个连续文件和文件夹。先单击选定第一个对象，按住【Shift】键不放，然后单击最后一个要选定的对象。

(4) 选定多个不连续文件和文件夹。单击选定第一个对象，按住【Ctrl】键不放，然后分别单击需要选定的文件或文件夹。

(5) 反向选择。反向选择是将文件的选中状态反转，选中的文件变为未选中，未选中的文件变为选中。在"主页"选项卡的"选择"组中，单击"反向选择"，如图 2.22 所示。

图 2.22　反向选择

(6) 选定文件夹中的所有文件和文件夹。在"主页"选项卡的"选择"组中，单击"全部选择"或"反向选择"，或者按【Ctrl + A】组合键。

(7) 利用项目复选框。如果在"查看"选项卡的"显示/隐藏"组中，勾选 "项目复选框"，则文件或文件夹前显示复选框，可以通过单击文件或文件夹前的复选框来选中多个文件和文件夹，如图 2.23 所示。

图 2.23　利用项目复选框选中文件或文件夹

(8) 撤销选定。如果要取消某一选定的文件或文件夹，则需要按住【Ctrl】键，然后单击要取消的文件或文件夹。如果要撤销所有选定项，则可以单击窗口其他区域，或者单击"主页"选项卡"选择"组中的"全部取消"。

4．复制和粘贴文件或文件夹

复制就是把一个文件夹中的文件和文件夹复制一份到另一个文件夹中，原文件夹中的内容仍然存在，新文件夹中的内容与原文件夹中的内容完全相同。

"复制"命令和"粘贴"命令是一对配合使用的操作命令。"复制"命令是把文件或文件夹在系统缓存(称为剪贴板)中保存副本，而"粘贴"命令是把剪贴板中的副本复制到目标文件夹中。对任何文件操作，均要遵循"先选定，后操作"的原则。

(1) 使用功能区复制。使用功能区复制文件或文件夹步骤如下：

① 选定要复制的文件和文件夹(单选或多选)，在"主页"选项卡的"剪贴板"组中，单击"复制"，如图 2.24 所示。这时"粘贴"图标按钮将被点亮变为可用。

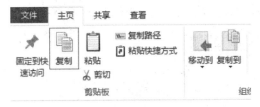

图 2.24　使用功能区复制

② 浏览到目标驱动器或文件夹，在"剪贴板"组中单击"粘贴"，则副本出现在目标文件夹中。

③ 如果没有改变文件夹，而是在原来的文件夹中执行"粘贴"，那么出现的副本名称中会加上尾缀"副本"，如图 2.25 所示。

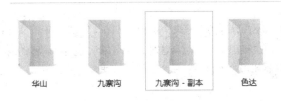

图 2.25　使用功能区复制

> 💡 **提　示**
>
> 由于执行复制操作后，文件或者文件夹保存在系统剪贴板中，因此可以进行多次粘贴。不仅是当前目录，还可以是其他目录。

(2) 使用鼠标右键快捷菜单复制。使用鼠标快捷菜单复制文件或文件夹的操作步骤为：

① 选定要复制的文件或文件夹(单选或多选)。

② 鼠标右键单击选定的文件或文件夹，单击快捷菜单中"复制"选项。

③ 浏览到目标驱动器或文件夹。

④ 鼠标右键单击空白区域，在快捷菜单中单击"粘贴"。

(3) 使用快捷键复制。选定要复制的文件和文件夹(单选或多选)，按【Ctrl + C】组合键执行复制，浏览到目标驱动器或文件夹，按【Ctrl + V】组合键执行粘贴。

在复制过程中，如果复制的文件或文件夹与目标文件夹中的文件或文件夹同名，将显示"替换或跳过文件"窗口，可以选择"替换目标中的文件""跳过这些文件"或"让我决定每个文件"。如果选择"替换目标中的文件"，系统将会放弃目标文件夹中的文件，使用粘贴板中的文件替代；如果选择"跳过该文件"，系统将会放弃粘贴板中的文件，保存目标文件夹中的文件；如果选择"让我决定每个文件"，则将会弹出文件冲突界面。其中列出了同名文件的相关信息，提供给用户进行对比，等待用户操作。

5. 移动文件或文件夹

移动是指将所选定文件或文件夹移动并保存到目标位置，在原来的位置不保留被移动的文件或文件夹。移动文件或文件夹的操作和复制的操作类似。

(1) 使用功能区"剪切"功能移动。使用功能区"剪切"功能移动文件或文件夹步骤如下：

① 选定要移动的文件和文件夹(单选或多选)，在"主页"选项卡的"剪贴板"组中，单击"剪切"，如图 2.26 所示，选中的文件图标颜色将会变得半透明，这时"粘贴"图标按钮将被点亮变为可用。

图 2.26 使用功能区移动

② 浏览到目标驱动器或文件夹，在"剪贴板"组中单击"粘贴"，则要移动的文件或文件夹出现在目标文件夹中。

如果没有改变文件夹，还在原来的文件夹中执行"粘贴"，那么选中的文件或文件夹将保存在当前目录中，同时文件图标颜色也不再是半透明。这种方法可以认为是取消移动或者剪切的方法。按住键盘【Esc】键也可以取消剪切当前选中的文件或文件夹；或者使用鼠标右键，在弹出的快捷菜单中选择"刷新"，亦可取消剪切的文件。

(2) 使用鼠标右键打开的快捷菜单移动。使用鼠标右键打开的快捷菜单移动文件或文件夹的操作步骤为：

① 选定要移动的文件或文件夹(单选或多选)。

② 鼠标右键单击选定的文件或文件夹，在快捷菜单中单击"剪切"。

③ 浏览到目标驱动器或文件夹。

④ 右键单击空白区域，在快捷菜单中单击"粘贴"。

(3) 使用快捷键移动。选定要移动的文件或文件夹(单选或多选)，按【Ctrl + X】组合键执行剪切，浏览到目标驱动器或文件夹，按【Ctrl + V】组合键执行粘贴。

在移动过程中，如果移动的文件或文件夹与目标文件夹中的文件或文件夹同名，处理的方法和复制操作中遇到的同名文件或文件夹的处理方法相同。

提示

移动、复制文件和文件夹的方法有很多种，一是利用快捷键；二是利用鼠标右键快捷菜单；三是利用功能区"主页"选项卡中的功能按钮，这几种方法在系统中亦可混合使用。

6. 删除与恢复文件或文件夹

1) 删除文件或文件夹

对于不再需要的文件或文件夹，可以将其删除，以节省磁盘空间。默认情况

图 2.27　回收站

下，在资源管理器中常规删除的文件将会被移到"回收站"。若发现文件被误删除，则可进入"回收站"恢复误删除的文件或文件夹。回收站位于桌面，图标如图 2.27 所示。

删除选中文件或文件夹的方法有如下几种。

(1) 使用功能区"删除"按钮删除。选中要删除的文件或文件夹后，点击功能区"主页"选项卡中的"删除"按钮，即可删除文件。

(2) 使用鼠标右键快捷菜单删除。

(3) 使用【Delete】快捷键删除。

2) 恢复误删除文件或文件夹

如果在进行一次删除操作后，发现误删除了文件或文件夹，则在没有进行其他文件操作的情况下，可以在资源管理器空白处点击鼠标右键，在快捷菜单中选择"撤销删除"，即可恢复删除的文件。或者使用组合键【Ctrl + Z】撤销最近一次的文件操作。

提示

(1) 撤销删除的方法只能撤销最近一次系统进行的删除操作。

(2)【Ctrl + Z】撤销操作不仅仅用于撤销最近一次的文件删除操作，还能用于撤销最近一次的文件移动或者复制操作。

如果被删除的文件不能使用撤销操作恢复，则可以回到桌面，进入"回收站"进行恢复。在回收站没有被清空的情况下，删除的文件均保存在"回收站"里面。选中需要恢复的文件或文件夹，在鼠标右键的快捷菜单中选择"还原"，被删除的文件会被还原到文件的原始路径中。

回收站中的文件仍然会占用磁盘空间，因此，用户可以定期检查回收站，如果确定没有需要保留的内容，可以及时清空回收站。

在资源管理器中，用户确认当前选中的文件不再需要，也不想放到"回收站"中，则可以选中文件，按住【Shift】键，再点击鼠标右键，在快捷菜单中选择"删除"，系统会弹出永久性删除文件提示框，如图 2.28 所示。确认删除后，文件将会直接从硬盘中删除。

图 2.28　永久删除文件

7. 查找文件或文件夹

使用计算机时会出现需要查找到某个文件或文件夹的情况,此时可借助 Windows 10 的搜索功能进行查找。查找文件或文件夹的步骤如下:

① 打开"此电脑"窗口,在窗口右上角的搜索框中输入要查找的文件或文件名称,例如"旅行心语"(如果记不清文件或文件夹全名,可输入部分名称)。

② 此时系统自动开始搜索,等待一段时间即可显示搜索的结果,如图 2.29 所示。

③ 对于搜索到的文件或文件夹,用户可对其进行复制、移动或打开操作。

设置合适的搜索范围很重要。由于现在的硬盘容量都很大,若把所有硬盘都搜索一遍将会耗费很长的时间。因此,若能确定文件存放的大致位置,则可首先进入相应目录,再进行搜索。

图 2.29　搜索文件

提示

在输入文件名时可使用通配符。常用的通配符号"*"代表一个或多个任意字符,"?"只能代表一个字符。例如,*.*表示所有文件和文件夹;*.jpg 表示扩展名为.jpg 的所有文件。

8. 查看和设置文件及文件夹的属性

属性是每个文件或文件夹所特有的,除了创建时有的日期、大小、所有者等属性之外,用户也可以根据需要为其添加只读、隐藏、共享和安全等属性。

将文件的属性设置为只读,操作方法如下:

① 选中要设置属性的文件并点击鼠标右键,在弹出的快捷菜单中选择"属性"选项,或单击功能区"主页"选项卡"打开"组中的"属性"选项,如图 2.30 所示。

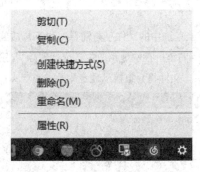

图 2.30　选择"属性"选项

② 打开"文件属性"对话框,在"常规"选项卡中可查看文件的大小、创建时间、文件类型等属性,勾选"只读"复选框,单击"确定"按钮,如图 2.31 所示。

图 2.31　文件属性对话框

文件或文件夹有"只读"和"隐藏"两种属性。将文件属性设置为"只读"后，将不能更改文件内容；将文件或文件夹设置为"隐藏"后，将不会显示在资源管理器中。若要将其显示，可在"功能区"窗口"查看"选项卡的"显示/隐藏"组中勾选 "隐藏的项目"复选框，此时隐藏的文件会显示出来，若单击"隐藏所选项目"按钮，则可取消文件或文件夹的隐藏属性，如图 2.32 所示。

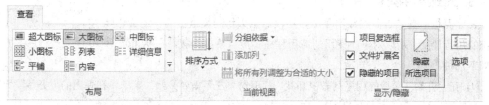

图 2.32　设置显示被隐藏的文件和文件夹

2.2.4　应用程序管理

应用程序是指在操作系统中运行，为了解决用户的各种实际问题而编制的程序及相关资源的集合。虽然 Windows 10 系统默认提供了一些应用程序帮助用户完成某些操作，如"记事本""写字板""画图"等程序，但这些程序无法满足用户的实际需要。为了扩展计算机的功能，用户必须为计算机安装相应的应用软件。例如，要使用计算机进行办公，需要安装 Office 或者 WPS 等办公软件；要保护计算机安全，需要安装一些安全软件等。

在 Windows 10 中可以运行两种应用程序，一种是 UWP 应用程序，需要从应用商店联网下载安装；一种是传统应用程序，下载安装包安装后即可使用。

1. UWP 应用程序的安装

点击任务栏图标打开应用商店，再点击"搜索"按钮，输入需要安装的软件名称，例如：QQ。输入完成，点击【Enter】键，即可返回搜索结果。在搜索结果页面会看到搜索关键词相关的应用，点击需要安装的应用列表，将会跳转到软件详情页面，点击"获取"按钮。系统将会查询用户的账户是否安装过此软件，若没有安装，则点击"安装"按钮，下载并安装选择的软件即可，如图 2.33 所示。

UWP 应用程序管理

图 2.33　安装 UWP 应用

2. 传统应用程序的安装与卸载

大部分传统应用程序必须安装(而不是复制)到 Windows 10 中才能使用。一般软件都配置了自动安装程序，打开软件安装包目录，在文件夹中找到 Setup.exe 或 Install.exe(也可能是软件名称)等安装程序图标，双击即可进行安装操作。

传统应用程序管理

3. 卸载应用程序

在计算机中安装过多的应用程序，不仅占据大量的硬盘空间，还会影响系统的运行速度，所以对于不使用的应用程序，应该将其卸载。在 Windows 10 中卸载程序的方法有如下几种。

(1) 在"开始"菜单的程序列表中卸载。打开屏幕左下角"开始"菜单，在弹出的"开始"界面中，左侧显示系统已安装的程序列表，找到需要卸载的应用程序，点击鼠标右键，在弹出的窗口中，点击"卸载"即可完成应用程序卸载，如图 2.34 所示。

图 2.34　"开始"菜单栏卸载程序

(2) 在应用和功能管理中卸载程序。点击屏幕左下角"开始"菜单按钮，在开始屏幕左下角点击"设置"按钮图标⚙，在弹窗中选择"应用"，在"应用和功能"窗口中，搜索需要卸载的程序，点击对应的程序列表，如图 2.35 所示，在展开的窗口中点击"卸载"即可。

图 2.35　应用和功能管理中卸载程序

除采用以上方法管理软件之外，还可以在"控制面板"中进行软件管理。Windows 10 系统逐渐将控制面板的管理功能转移到"设置"中。

2.2.5　字体管理

字体是指文字的风格式样，如汉字手写的楷书、行书、草书等。计算机字体是包含一套字形与字符的电子数据文件。在文本处理或与外界沟通时，美观的字体可以使页面更加赏心悦目或者使文件更加标准、规范。

字体管理

Windows 10 自带了一些字体，其安装路径一般在"C:\Windows\Fonts"中。用户可以根据需要安装和卸载字体。Windows 10 支持 TrueType(.TFT) 和 OpenType(.TTC) 两种字体格式。

1. 字体的下载

安装字体之前，需要先下载字体集文件。可以打开浏览器，通过搜索引擎(百度)，搜索想要的字体，并下载到电脑中。

2. 字体的安装

字体文件下载后，需要安装或者拷贝到系统字体文件夹中才能使用。Windows 10 中安装字体的方法有如下两种。

(1) 通过拷贝字体文件到字体文件夹安装。默认情况下，Windows 10 字体文件存放的目录位置为"C:\Windows\Fonts"，用户只需将要安装的字体文件复制到该目录下，即可完成字体的安装。

(2) 通过右键快捷方式安装。在资源管理器中找到要安装的字体文件后，选中要安装的字体文件，点击鼠标右键，在弹出的快捷菜单中点击"安装"，系统即可进行字体的安装。

3. 字体的删除

当用户不再需要某种字体时，可以将其删除。用户可以按照以下方法删除字体。

(1) 进入字体存放目录删除。用户可以打开"此电脑"，进入 Windows 10 字体文件存放的目录 "C:\Windows\Fonts"，选中需要删除的字体，点击鼠标右键，在弹出的快捷菜单中选择"删除"。

(2) 使用字体管理卸载字体。点击"开始"菜单按钮，在开始屏幕左下角点击"设置"按钮图标 ，在弹窗中选择"个性化"，在"个性化"设置页面左侧列表中，点击"字体"，即出现字体管理页面，用户可以在搜索框中搜索需要卸载的字体名称，或者直接在列表中找到需要卸载的字体，点击字体，进入字体详细页面，在窗口中点击"卸载"按钮，进行字体卸载，如图 2.36 所示。

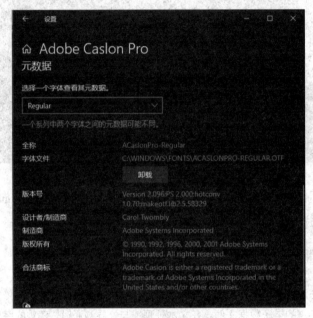

图 2.36　使用字体管理卸载字体

2.2.6　硬件设备管理

计算机是由许多硬件组成的，不同的硬件扩展为计算机提供了不同的功能，从而提升计算机在不同场合下的工作能力。管理好相应的硬件，可以提高计算机的运行能力。Windows 10 提供了自动检测硬件的驱动程序和使用情况，让计算机更好地为用户服务。

1. 安装硬件设备

当为计算机添加外置硬件设备时，将硬件设备连接到计算机后，一般还需要安装驱动程序后才能使用。计算机的拓展硬件，可以分为免驱动程序硬件(部分无线键盘、无线鼠标)和需要驱动程序硬件。

一般情况下，Windows 10 会默认自动检查新增设备并下载安装新增设备使用的驱动文件。但是，在没有联网或者当安装驱动失败的情况下，就需要用户手动安装驱动程序。对于大多数硬件设备，用户在购买时，会同时附有一张包含了驱动程序的光盘或者提供驱动下载的网站，用户获得驱动程序后，安装驱动程序即可。

驱动程序(Device Driver)全称为设备驱动程序，是一种可以使用计算机和设备通信的特殊程序，可以说相当于硬件的接口，操作系统只有通过这个接口，才能控制硬件设备的工作。若某设备的驱动程序未能正确安装，那么设备便不能正常工作。大多数情况下，我们并不需要安装所有硬件设备的驱动程序，例如硬盘、显示器、光驱等就不需要安装驱动程序，而显卡、声卡、扫描仪、摄像头等就需要安装驱动程序。

2. 利用设备管理器管理硬件设备

设备管理器是管理计算机设备的工具程序，使用设备管理器可以查看和更改设备属性、安装和更新设备驱动程序、修改设备的配置，以及卸载设备。它使用户可查看所有设置连接到计算机的硬件设备(包括鼠标、键盘、显卡、显示器等)，并将其生成一个列表。当任何一个设备无法使用时，设备管理器就会做出提示。一般来说，不需要使用设备管理器更改资源设置，因为在硬件安装过程中系统会自动为其配置资源。

图 2.37　右键点击 "开始" 菜单打开设备管理器

1) 打开设备管理器

鼠标右键点击 "开始" 菜单按钮，在弹窗中选择 "设备管理器" 选项，系统会打开 "设备管理器"，如图 2.37 所示。或者在桌面鼠标右键点击 "此电脑"，在快捷菜单中选择 "管理" 选项，在 "计算机管理" 窗口中，选择 "系统工具" 组下面的 "设备管理器" 选项，打开设备管理器，如图 2.38 所示。

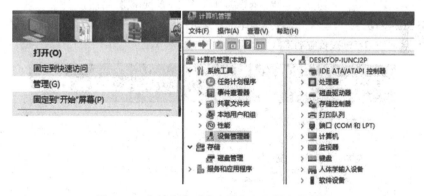

图 2.38　右键点击 "此电脑" 打开设备管理器

2) 查看硬件属性

设备管理器将安装的硬件分类排列成一个列表，点击分类方向的灰色箭头，可以展开该分类并显示其中所有硬件。双击某一项目，或者点击鼠标右键选择 "属性"，可以查看硬件的属性。

提示

> 设备管理器会用一些图标表示该设备的状态：白底黑色箭头表示已经停用；黄色问号表示设备不能识别；感叹号表示未安装驱动程序或驱动程序安装不正确。

3) 在设备管理器中更新驱动程序

驱动程序的更新一般由系统自动完成，但想要让 Windows 立刻检查更新，或者想要安装指定的驱动程序时，就需要利用设备管理器。更新驱动程序的方法如下：

(1) 在设备管理器中，单击选中想要更新驱动的设备，点击鼠标右键，在弹出的菜单中选择"更新驱动程序"，如图 2.39 所示。

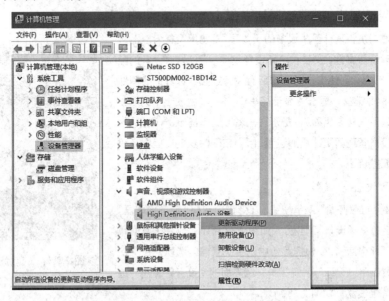

图 2.39　右键管理设备驱动快捷菜单

(2) 在更新驱动界面，系统提示用户选择搜索驱动的方式。用户可以选择"自动搜索更新的驱动程序软件"或者使用手动查找驱动程序，如图 2.40 所示。

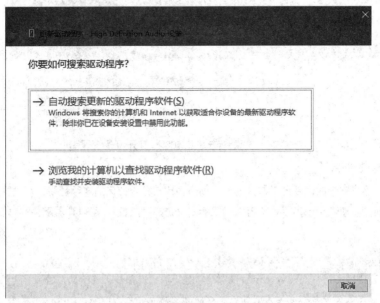

图 2.40　驱动更新方式的选择

如果选择"自动搜索更新的驱动程序软件",则 Windows 10 会自动联网搜索驱动并下载更新;如果选择"浏览我的计算机以查找驱动程序软件",则不需要联网,但是需要用户提前下载驱动程序并保存在计算机中,然后手动找到驱动程序所在位置,点击"下一步"进行安装。

4) 在设备管理器中卸载驱动程序

如果想要卸载某个设备的驱动程序,可以在右键的快捷菜单中选择"卸载设备",也可以双击设备,在弹出的"设备属性"弹窗中,选择"驱动程序"选项卡,再点击"卸载设备"。

卸载设备驱动程序后,设备将不可用。如需使用,用户可以手动安装程序或者在重新启动 Windows 系统后选择未安装驱动程序的设备自动进行安装。

2.3　个性化设置

2.3.1　Windows 账户设置

在 Windows 10 系统中,拥有超级管理员权限的用户可以创建和管理用户账户。从 Windows 98 系统开始,系统开始支持多用户多任务,即当多人使用同一台计算机时,可以在系统中分别给这些用户设置自己的用户账户,每个用户可以用自己的账号登录 Windows 10 系统,并且这些用户之间的设置是相互独立且互不影响的。

在 Windows 10 系统中,有两种用户类型可以选择——本地账户和 Microsoft 账户。Microsoft 账户可以供用户选择漫游当前用户的一些个性化设置。使用账号登录另外一台计算机的 Windows 10 系统后,用户可选择同步个性化设置,之后系统就会同步账户保存的个性化设置。

1. 添加 Windows 本地账户

在 Windows 系统中,本地账户分为管理员账户和标准账户。管理员账户拥有计算机的完全控制权,可以对计算机做任何更改;而标准账户是系统默认的常用本地账户,对一些影响其他用户使用和系统安全性的设置,标准账户是没有权限修改的。

添加本地账户

在 Windows 10 中,要添加本地账户,需要打开"控制面板",在"用户账户"里面添加。微软公司把对 Windows 的外观设置、硬件和软件的安装配置及安全性等功能的程序集中整合到"控制面板"中,通过"控制面板"中的程序对 Windows 进行设置。

1) "控制面板"简介

在"开始"菜单中,在程序列表中选择"Windows 系统"选项,在展开的列表中点击"控制面板",进入"控制面板"主页,如图 2.41 所示。"控制面板"默认以"类别"分类显示。用户可以根据需要,点击右上角"查看方式",选择"大图标"或"小图标"的展示方式。

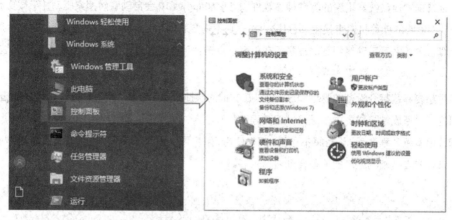

图 2.41 "控制面板"打开方式及默认主页

2) 添加本地账户

打开"控制面板",点击"用户账户"组中的"更改账户类型";在弹出的"选择要更改的用户"窗口中,点击下方"在电脑设置中添加新用户";在弹出的页面中,选择左侧"家庭和其他用户"选项,在其页面中点击"将其他人添加到这台电脑",如图 2.42 所示。

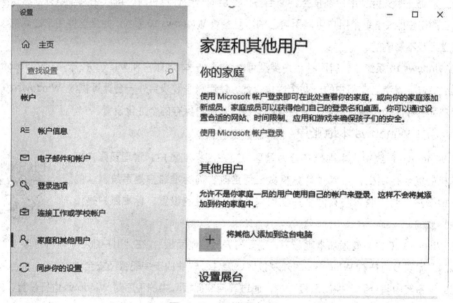

图 2.42 添加账户窗口

默认情况下,系统会让用户添加 Microsoft 账户,要添加本地账户,在"此人将如何登录?"界面,点击"我没有这个人的登录信息",如图 2.43 所示。

图 2.43　点击"我没有这个人的登录信息"

在"创建账户"页面中，点击"添加一个没有 Microsoft 账户的用户"，在接下来的页面中，根据页面提示，输入用户信息，点击"下一步"，即可完成用户添加。此时，可在"账户"窗口中"其他用户"选项卡看到新添加的本地账户。

2. 添加 Microsoft 账户

Windows 10 提供了在线账户功能，使用 Microsoft 账户的所有设备(Windows PC、平板电脑、手机、Xbox 主机、Mac、iPhone、Android 设备)均可登录并使用 Microsoft 应用程序和服务，例如 Windows、Office、Outlook、OneDrive、Skype、Xbox 等。

添加微软账户

当使用 Microsoft 账户登录 Windows 10 系统后，登录同样的 Microsoft 账户的微软网站或应用程序时，不再需要重新输入账户和密码，操作系统会自动登录。

注册 Microsoft 账户有两种途径，一是通过浏览器打开微软官网的注册网站来注册；二是通过 Windows 10 中的 Microsoft 账户注册功能来注册。

(1) 通过微软官方网站注册 Microsoft 账户。使用本地账户登录 Windows 10 系统后，打开浏览器输入网址"https://account.microsoft.com/"，进入微软账户首页，点击"创建 Microsoft 账户"。

(2) 在 Windows 10 中添加 Microsoft 账户。点击屏幕左下角"开始"按钮，在开始菜单中选择"账户"，在展开菜单中选择"更改账户设置"。在账户信息页面中点击左侧"电子邮件和账户"选项，在"电子邮件和账户"页面中，选择"添加账户"，如图 2.44 所示。

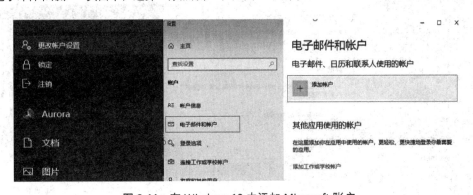

图 2.44　在 Windows 10 中添加 Microsoft 账户

在接下来的"添加账户"页面中，选择"添加账户邮箱类型"，此处以"Outlook.com"为例。在接下来的弹窗中点击"创建一个"，如图 2.45 所示。后续操作与(1)相似。

图 2.45　选择"添加账户邮箱类型"

3. 管理用户账户

在 Windows 10 系统中，用户不仅可以创建新的账户，还可以对账户进行管理，如更改用户账户类型、重命名用户账户、更改用户账户的图片、更改用户账户的密码等。

1) 更改用户类型

Windows 10 提供的用户类型有两种，一是标准用户；二是管理员。管理员账户拥有较高的权限，能够更改用户账户类型、重命名用户账户、更改用户账户的图片、添加用户账户的密码等。更改用户类型是指可以将标准账户更改为管理员账户，也可将管理员账户更改为标准账户。

更改用户类型操作方法如下：点击屏幕左下角"开始"按钮，在"开始"菜单中单击"账户"，在展开菜单中点击"更改账户设置"。在账户信息页面中单击左侧"家庭和其他用户"选项，在"家庭和其他用户"选项页面中，可以看见添加的其他用户列表，点击需要更改用户类型的用户名，在展开的菜单中点击"更改账户类型"按钮，在弹出的页面中选择要更改的账户类型，点击"确定"即可，如图 2.46 所示。

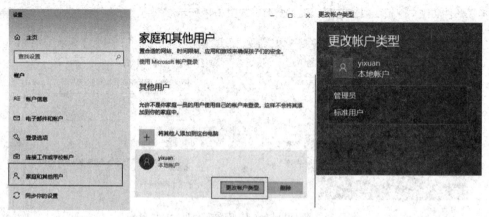

图 2.46　更改账户类型

2) 更改用户账户的密码

为用户账户添加密码，可以增加用户账户的安全性。在 Windows 10 系统中，更改账户密码操作如下：

打开"控制面板"，在"管理账户"窗口中，点击要更改密码的账户，在"更改账户"页面中，点击"更改密码"(如果账户设置了密码，则点击"更改密码"；若未创建密码，则点击"创建密码")，在后续弹窗中，输入相应信息保存即可。

2.3.2　外观个性化设置

1. 主题设置

在"开始"屏幕中点击"设置"按钮，进入设置主页，点击"个性化"，再点击"个性化"设置页面左侧列表中"主题"选项；也可以在桌面空白处点击鼠标右键，在快捷菜单中点击"个性化"，进入"主题"设置页面，如图 2.47 所示。

外观个性化

图 2.47　"主题"设置页面

主题是计算机上的图片、颜色和声音的组合。它包括桌面背景、屏幕保护程序、窗口边框颜色和声音方案。某些主题也可能包括桌面图标和鼠标指针。

Windows 10 提供了多个主题供用户选择。除了系统内置的主题外，用户还可以点击页面中"从 Microsoft Store 中获得更多主题"下载更多主题。

2. 桌面背景设置

点击"个性化"设置页面中的"背景"，进入背景设置窗口，如图 2.48 所示。在背景下拉框中，可以选择以"图片""纯色""幻灯片放映"等展现方式。选择"图片"指用户可选择单张图片设置为桌面背景；选择"纯色"指用户可以选择一种颜色作为桌面背景；选择"幻灯片放映"指用户可以选择多张图片作为桌面背景，在设置好的时间内进行自动切换。

当选择"图片"或者"幻灯片"时，页面会有"选择契合度"选项，默认为"填充"。这个选项是让用户选择不同分辨率的图片作为桌面背景。

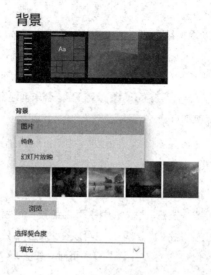

图 2.48　设置桌面背景

3. 显示器分辨率设置

　　显示器分辨率单位是像素，是指屏幕上显示的像素个数，表示为横向像素数×纵向像素数。分辨率越高，显示越清晰(并不是设置的分辨率越高越好，要根据显卡支持的分辨率和显示器支持的最大分辨率进行设置，才会有更好的显示效果)。

　　Windows 10 系统在联网搜索到驱动安装后自动设置最佳显示分辨率，若未能自动设置，那么用户可以进行手动设置。在桌面空白处点击鼠标右键，在快捷菜单中点击"显示"，在"显示"设置页面"分辨率"下拉框中选择需要的分辨率，如图 2.49 所示。在"显示"设置页面，除了设置"分辨率"以外，还能设置显示器"方向"。

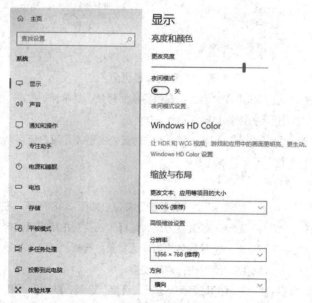

图 2.49　设置分辨率

4. 锁屏设置

锁屏界面是当注销当前账户、锁定账户、启动屏幕保护程序时显示的界面，锁屏是一种既可以保护用户计算机的隐私安全，又可在不关机的情况下显示省电的待机方式。

1) 进入锁屏界面

在"开始"屏幕中，点击账户名称，在弹出的列表中点击"锁定"选项，进入锁屏界面，如图 2.50 所示；或者使用快捷键【Windows + L】进行锁屏。

图 2.50　进入锁屏界面

2) 设置锁屏界面

在桌面空白区域点击鼠标右键，在快捷菜单选项中点击"个性化"，在"个性化"窗口中，点击"锁屏界面"选项，进入锁屏设置，如图 2.51 所示。

用户可以在"背景"下拉框中选择"Windows 聚焦""图片""幻灯片"等展现形式。"Windows 聚焦"图片主要来自于微软公司"必应图片"提供的图片。其他两项和设置桌面背景的一样。

锁屏界面

预览

背景

Windows 聚焦

图 2.51　设置"锁屏界面"

5. 屏幕超时设置

在"锁屏界面"设置中，点击"屏幕超时设置"，进入"电源和睡眠"设置页面。在"屏幕"下拉选项框中选择时长，可以设置在多长时间内不操作计算机，显示器将关闭；在"睡眠"下拉选项框中可以选择在多长时间内不操作计算机，它将进入睡眠状态。

2.3.3　区域和时间设置

不同的国家和地区使用不同的日期、时间和语言，并且使用的数字、货币和日期的书写格式也会有很大的差异。为了满足世界各地的用户的不同需要，Windows 允许用户选择自己所在的区域，并启用该区域的标准时间、标准语言和标准格式。

1. 区域设置

在"设置"主页点击"时间和语言"，点击左侧"区域"选项，进入"区域"设置页面，可以在"国家或地区"下拉选项框中设置所在国家,在"区域格式"下拉选项中设置该国家区域显示的格式,在下面的"区域格式数据"中可以预览区域设置中一些数据的展示格式,如图 2.52 所示。

一般在系统安装后第一次初始化启动时,系统会提示用户进行区域设置,用户也可以在此处进行区域设置。

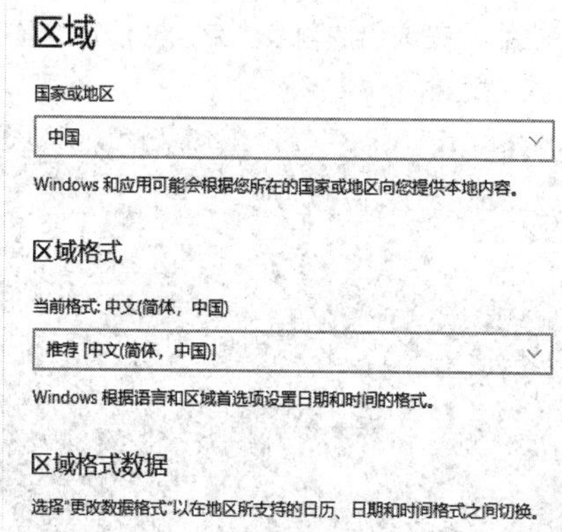

区域

国家或地区

中国

Windows 和应用可能会根据您所在的国家或地区向您提供本地内容。

区域格式

当前格式: 中文(简体, 中国)

推荐 [中文(简体, 中国)]

Windows 根据语言和区域首选项设置日期和时间的格式。

区域格式数据

选择"更改数据格式"以在地区所支持的日历、日期和时间格式之间切换。

图 2.52　区域设置

2. 日期和时间设置

在"时间和语言"设置主页,点击左侧"日期和时间"选项,可设置 Windows 的系统时间。日期和时间的显示格式取决于"区域"设置中的"区域格式"设置。Windows 支持自动校准时间和用户手动调整时间。默认情况下,系统会打开"自动设置时间",意味着在联网情况下,系统会主动与互联网上的时间服务器同步时间。关闭"自动设置时间",则系统将不再与互联网时间服务器进行时间同步。若计算机未联网,则可以点击页面"更改"按钮,设置系统时间,如图 2.53 所示。

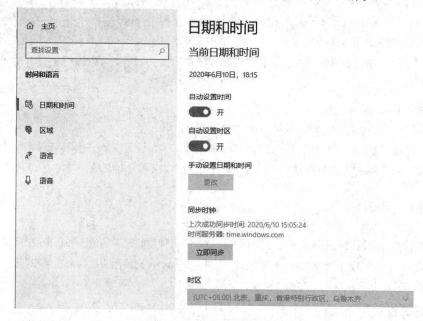

图 2.53　日期和时间设置

2.4　系统优化

Windows 10 增强了系统的智能化特性，系统能够自动对自身的工作性能进行必要的管理和维护。同时 Windows 10 提供了多种系统工具，用户可以根据自己的需要优化系统性能，使系统更加安全、稳定和高效地运行。

无论是存储、读取或删除文件，还是安装或者卸载应用程序，都是对磁盘中的数据进行操作，磁盘的性能决定了系统的整体性能。因此，优化磁盘性能是优化系统性能最常用的方法。Windows 提供了多种工具供用户对磁盘进行管理与维护，这些工具不仅功能强大，而且简单易用。

1. 查看磁盘空间

掌握计算机的磁盘空间信息在计算机的使用中是非常必要的。在安装软件或者拷贝文件进入计算机磁盘前，应检查各磁盘的使用情况。

要查看磁盘空间，可双击桌面"此电脑"，在"此电脑"页面导航窗口中，点击"计算机"，在右侧文件夹列表区域中会显示出系统拥有的磁盘和每个磁盘的空间大小及可用空间。

2. 格式化磁盘

格式化磁盘的目的是为了使磁盘按Windows系统指定的格式来保存文件、删除磁盘中的所有数据、回收所有可用的存储空间，而且还可以检查磁盘是否存在坏的磁道，提高磁盘的读写速度。磁盘在进行格式化之前，一定要对其中重要的数据进行备份，因为进行格式化操作后会删除当前操作的磁盘中的所有数据。

格式化磁盘的操作方法如下：在资源管理器主页(双击桌面"此电脑"打开的页面)中选定要格式化的驱动器(如果是 U 盘，则需要将 U 盘插到电脑 USB 端口中连接到电脑)，然后点击鼠标右键，在快捷菜单中选择"格式化"；或者选定驱动器后，点击页面顶部导航窗格中的"驱动器工具"，再点击"格式化"按钮，即可出现"格式化"对话框，如图 2.54 所示。

在"容量"下拉列表框中，系统会自动识别并显示要格式化的磁盘容量。在"文件系统"下拉列表框中，系统会根据所选磁盘提供不同的选项，如"FAT""FAT32""NTFS"等。"FAT"和"FAT32"文件系统格式不支持单个文件大于 4G 的文件，而"NTFS"格式支持。用户可以根据自己的需求来进行选择，一般情况下，使用系统默认选项即可。在"分配单元大小"下拉列表框中，系统会采用默认配置大小。在"卷标"文本输入框中，可输入便于识别磁盘的别名，也可以不用输入。在"格式化选项"中，由于格式化磁盘的类型和"文件系统"的不同，该选项也会不同，用户可根据实际需求进行选择。勾选"快速格式化"选项后系统会对磁盘进行快速格式化，但不会扫描磁盘上是否有损坏的地方。

图 2.54　"格式化"对话框

3. 检查磁盘

磁盘检查程序可以扫描并修复磁盘中的文件系统错误，用户应该经常对安装操作系统的驱动器进行检查(通常为 C 盘)，以保证 Windows 能够正常运行并保持良好的系统性能。在"资源管理器"主页中，选中需要操作的驱动器，点击鼠标右键，在快捷菜单中点击"属性"选项，在"磁盘属性"对话框中，选择"工具"选项卡，点击"检查"，根据提示进行操作，即可对磁盘驱动器进行检查。

4. 整理磁盘碎片

磁盘经过长时间使用，会出现很多零散的空间和磁盘碎片(磁盘上很小的、零散的存储空间)。一个文件可能会被分别存放在不同的磁盘空间中，这样在访问文件时系统就需要在不同的磁盘空间中去寻找该文件的不同部分，极大影响了计算机运行速度。Windows 提供的"磁盘碎片整理"程序可以重新组织文件在磁盘中的存储位置，将文件的存储空间整合在一起，同时合并可用空间，从而提高磁盘的访问速度。

在屏幕"开始"程序列表中，找到并点击"Windows 管理工具"文件夹，在展开的列表中点击"碎片整理和优化驱动器"选项，打开"优化驱动器"窗口，如图 2.55 所示。

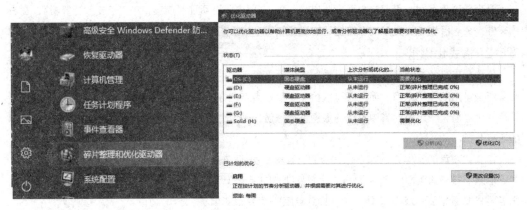

图 2.55　磁盘碎片整理

5. 清理磁盘

磁盘使用久了，会累积大量的垃圾文件，占用大量的磁盘空间(也就是通常说的 C 盘空间不够)，如浏览网页累积的各种临时文件、系统漏洞修复时下载的文件、系统更新的安装文件等。使用磁盘清理工具可以帮助用户释放更多的磁盘空间，提升系统性能。

在屏幕"开始"程序列表中，找到并点击"Windows 管理工具"文件夹，在展开的列表中点击"磁盘清理"选项，在"磁盘清理：驱动器选择"窗口中选择需要清理的驱动器，单击"确定"按钮，系统将进行磁盘清理的计算，计算完成后出现"XXX 的磁盘清理"对话框。若是系统所在磁盘，则可点击"清理系统文件"按钮进行进一步清理操作。选定要删除的文件，点击"确定"按钮执行操作。

第 3 章

文字处理软件 Word 2010

本章导读

　　Word 2010 是 Microsoft 公司开发的 Office 2010 办公组件之一，主要用于文字处理工作。Microsoft Word 2010 提供了出色的文档编辑和排版设置工具，包括文字编辑、表格制作、图文混排、Web 文档等功能，利用它可以轻松、高效地编排各种文档。

学习目标

　　(1) 熟悉 Word 2010 工作环境。
　　(2) 掌握文档的基本操作。
　　(3) 掌握文本输入与格式化。
　　(4) 掌握表格的创建与编辑。
　　(5) 掌握对文档进行图文混排。
　　(6) 掌握文档的高级应用。
　　(7) 熟悉文档的页面设置与打印。

3.1　Word 2010 的基本操作

3.1.1　Word 2010 功能与界面

　　文字处理软件是办公自动化中最常用的一类应用软件，它能支持用户生成并打印含有文字、图像、数据表格的各种文档。Word 2010 是目前最受用户欢迎的文字处理软件之一，它具有强大的文字处理和排版功能，被广泛应用于需要进行图文编排的各种办公领域。

1．启动 Word 2010

启动 Word2010 通常有三种方法。

(1) 从"开始"菜单启动。打开"开始"菜单，依次选择"Microsoft Office"
→ "Microsoft Word 2010"命令，即可启动 Word。

(2) 从桌面快捷方式启动。双击 Word 快捷方式，或右击打开快捷方式菜单，
再选择"打开"命令，即可启动 Word。

(3) 从关联文档启动。若在计算机中已经创建并保存有 Word 文档(文档图标为

启动、退出 Word

),则双击该文档即可启动 Word。

2．Word 2010 操作界面

Word 2010 启动后，其操作界面如图 3.1 所示。

1) 标题栏

标题栏位于 Word 2010 窗口的最上方，用于显示正在编辑文档的文件名以及当前使用的应用程序
名"Microsoft Word"，默认的文档名是"文档 1""文档 2"等。标题栏还包括"快速访问工具栏""最
小化"按钮 ━ 、"最大化"按钮 ▢ ("向下还原"按钮 ▢)和"关闭"按钮 。

2) 快速访问工具栏

快速访问工具栏位于标题栏左侧，集成了最常用的命令，以实现快速操作的目的。快速访问工具
栏包括控制按钮 、"保存"按钮 、"撤销"按钮 ↺ 、"重复"按钮 ↻ ("恢复"按钮)以及"自
定义快速访问工具栏"下拉菜单。

图 3.1　Word 2010 操作界面

3) 选项卡

选项卡中集成了与工作关联的常用命令按钮，单击选项卡即可显示该选项卡集成的命令按钮。
Word 2010 包括"文件""开始""插入""页面布局""引用""邮件""审阅""视图"等选项卡。

4) 功能区

Word 从 2007 版本开始使用功能区替代低版本中传统的菜单和工具栏。功能区按完成的任务将命令
分组集成于选项卡内，更为直观，且方便查找。若移动鼠标指针指向某个命令，悬停片刻，会弹出浮动标
签，对该命令的功能作提示。选项卡与功能区的设计，使 Word 提高了用户友好性，更加易于操作。

5) 导航窗格

导航窗格提供了基于标题、页面缩略图、搜索结果和特定对象四种导航模式,能够清晰显示文档结构层次,快速定位到相关内容,便于用户浏览、编辑长文档。在"视图"选项卡的"显示"组中选中或取消选中"导航窗格"复选框,可以打开或关闭"导航窗格"。

6) 标尺

标尺用于设置段落缩进、页边距、制表位、栏宽、表格的行高列宽等,分为垂直标尺和水平标尺。垂直标尺位于文档编辑区左部,用于调整上下页边距、表格的行高、页眉页脚的高度和位置等。水平标尺位于文档编辑区上部,用于调整左右页边距、表格的列宽、制表位、段落缩进、栏宽等。

7) 文档编辑区

文档编辑区位于垂直标尺、水平标尺、状态栏和垂直滚动条之间,用以输入和编辑文本内容。文档编辑区内有一条不停闪烁的黑色竖直光标 |,被称为"插入点"。文档编辑区还有一个编辑标记 ↵,被称为"段落标记",指示自然段的结束位置,在打印时不出现。

8) 状态栏

状态栏位于 Word 窗口底部,用于显示正在编辑的文档的相关信息,点击其中的功能按钮,可以进行与之关联的操作,如图 3.2 所示。

图 3.2 状态栏

3. 退出 Word 2010

可以采用以下任意方法退出 Word 2010。

(1) 执行"文件"→"退出"命令。

(2) 单击 Word 窗口右上角的"关闭"按钮 ✖

(3) 单击 Word 窗口左上角的"控制"按钮 ☒,或右击 Word 窗口顶部标题栏,在弹出的菜单中选择"关闭"命令。

(4) 双击 Word 窗口左上角的"控制"按钮 ☒。

(5) 鼠标指针指向桌面任务栏中的"Word 文档"按钮或按钮组 ☒,在展开的相应文档缩略图中单击右上角的"关闭"按钮 ✖。

(6) 当 Word 窗口是当前活动窗口时,按【Alt + F4】组合键。

3.1.2 Word 文档的基本操作

Word 文档的基本操作包括文档的创建、保存、打开、关闭等。

1. 创建文档

当启动 Word 软件时,系统会自动创建一个基于 Normal 模板的空白文档,默认以"文档 1""文档 2"等作为文件名。用户可以采用以下几种方法创建文档。

(1) 在快速访问工具栏中单击"自定义快速访问工具栏"下拉菜单,选择"新建"选项,此时在快速访问工具栏中会出现"新建"按钮 ▯,单击"新建"按钮即可新建空白文档。

文档基本操作

(2) 在"文件"选项卡界面,单击"新建"命令,此时系统默认选择"空白文档"选项,单击右侧"创建"按钮即可新建空白文档。

(3) 当 Word 窗口是当前活动窗口时,按【Ctrl + N】组合键,可新建空白文档。

2. 保存文档

在新建 Word 文档或对已有文档进行编辑后,文档编辑内容存放于随机存储器中,应及时进行保存,将其转存于外存储器中,避免丢失。

1) 文档的保存方法

可采用以下方法保存文档。

(1) 手动保存文档。可以通过以下三种方式手动保存文档。

① 单击"快速访问工具栏"的"保存"按钮 📁 。

② 在"文件"选项卡界面,选择左上角的"保存"命令。

③ 当 Word 窗口是当前活动窗口时,按【Ctrl + S】组合键。

若是第一次对新文档进行保存,或是对以只读方式打开的文档进行保存,将会弹出"另存为"对话框,提示用户选择保存路径、文档命名、保存类型等,如图 3.3 所示。设置好相关内容后,按"保存"按钮,即可保存文档。

(2) 自动保存文档。为避免因断电等意外情况造成文档内容丢失,可使用 Word 2010 提供的自动保存功能。在"文件"选项卡界面单击"选项"命令,打开"Word 选项"对话框,单击对话框左侧"保存"选项,进入"自定义文档保存方式"页面,在页面中即可根据需要进行相关选项的设置,如图 3.4 所示。

图 3.3 "另存为"对话框

图 3.4 自动保存设置

2) 文档的保存类型

在 Word 2010 中,文档默认的保存类型为"Word 文档(*.docx)"。Microsoft Office 系列软件的发展经历了多个版本,其中 Word 97-2003 版本文档使用".doc"扩展名,从 Word 2007 开始使用".docx"扩展名。Microsoft Office 系列软件具有"向下兼容"的特性,即高版本软件可以打开并编辑低版本软件创建的文档,但低版本软件不一定能打开并编辑高版本软件创建的文档。有时需要把 Word 文档保存为一些其他格式方能打开。可在"文件"选项卡界面,单击"另存为"命令,在弹出的"另存为"对话框中,选择保存类型进行保存即可。

3．打开文档

当需要查看或编辑已有 Word 文档时，需要先将其打开。可采用以下 4 种方法打开已有 Word 文档。

(1) 双击已有 Word 文档(图标为 )。

(2) 在"文件"选项卡界面单击"打开"命令，在弹出的"打开"对话框中选择相应文档打开，如图 3.5 所示。

图 3.5　"打开"对话框

(3) 当 Word 窗口是当前活动窗口时，按【Ctrl + O】组合键，在弹出的"打开"对话框中选择相应文档打开。

(4) 在"文件"选项卡界面单击"最近所用文件"选项，在"最近使用的文档"列表中单击要打开的文档，如图 3.6 所示。

图 3.6　最近使用的文档

4．关闭文档

可以采用以下 5 种方法关闭 Word 文档。

(1) 单击菜单栏右部的"关闭"按钮 。

(2) 在"文件"选项卡界面单击"关闭"命令。

(3) 当 Word 是当前活动窗口时，按【Ctrl + W】组合键，文档窗口被关闭，但 Word 窗口仍然活动。

(4) 当 Word 是当前活动窗口时，按【Alt + F4】组合键，此时 Word 窗口与文档窗口均被关闭。

(5) 若要关闭打开的多个 Word 文档，可在"文件"选项卡界面单击"退出"命令，则退出 Word 程序，打开的多个 Word 文档也被关闭。

3.1.3 Word 文档视图和窗口

Word 通过视图和窗口提供了查看和显示文档的多种方式。

1. Word 文档视图方式

Word 2010 主要提供了页面视图、阅读版式视图、Web 版式视图、大纲视图、草稿视图等多种查看和显示文档的方式，不同的视图方式适用于不同的场合。

(1) 页面视图。页面视图是 Word 2010 的默认视图方式。在该视图下，文档或其他对象的显示效果与实际打印效果一致，即"所见即所得"的视图方式，特别适合普通行文活动，如图 3.7 所示。

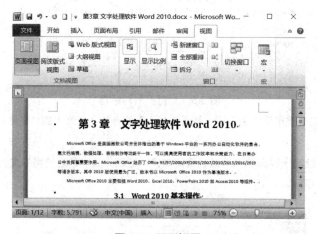

图 3.7　页面视图

(2) 阅读版式视图。阅读版式视图是为方便用户在 Word 2010 中进行文档的阅览而设计的，它以图书的分栏样式显示 Word 文档，选项卡等窗口元素被隐藏起来，模拟书本的阅读方式以满足用户传统的阅读习惯，如图 3.8 所示。

图 3.8　阅读版式视图

（3）Web 版式视图。Web 版式视图以网页的形式显示 Word 文档内容，以便于处理有着色背景、声音、视频剪辑和其他与 Web 网页内容相关的编辑和修饰处理，适用于处理网页类文档。在该视图中，可以看到背景和为适应窗口而自动换行显示的文本，图形位置与在 Web 浏览器中的一致，如图 3.9 所示。

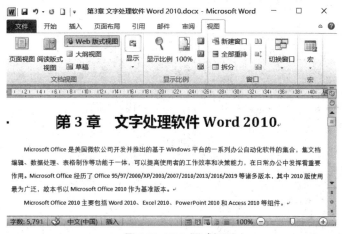

图 3.9　Web 版式视图

（4）大纲视图。大纲视图主要用于快速方便地查看和设置 Word 文档的结构。在该视图中，用户可以迅速了解文档的结构和内容梗概，并可快速修改大纲级别。大纲视图如图 3.10 所示。

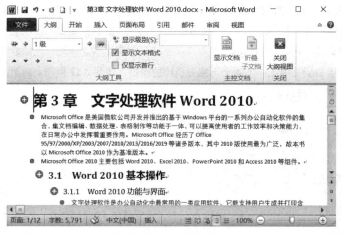

图 3.10　大纲视图

（5）草稿视图。草稿视图取消了页边距、分栏、页眉页脚和图片等信息，仅显示标题和正文，是节省计算机系统硬件资源的视图方式。

2．切换 Word 文档视图方式

可以采用以下两种方式切换 Word 2010 文档的视图方式。

（1）单击"视图"选项卡，然后单击"视图"按钮进行视图切换。

（2）单击视图栏视图按钮组 中相应的视图按钮进行视图切换。

3．调整 Word 文档视图显示比例

用户可以调整 Word 2010 文档的显示比例，以便于进行文档的查看和编辑。可以采用以下 3 种方法调整显示比例。

(1) 单击"视图"选项卡，在"显示比例"组中选择"显示比例"，在弹出的"显示比例"对话框中可以设置文档的显示比例，如图 3.11 所示。

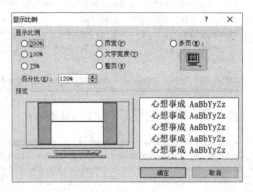

图 3.11 "显示比例"对话框

(2) 单击视图栏"显示比例"按钮 120%，将弹出"显示比例"对话框，可以设置文档的显示比例。

(3) 在视图栏的"显示比例"滑块按钮组 ⊖——●——⊕ 中，拖动滑块或单击"-""+"按钮，可调整文档的显示比例。

4．拆分 Word 文档窗口

在 Word 2010 中可以将窗口分割为上下两个子窗口，便于进行同一文档的上下文对照浏览。具体方法为：单击"视图"选项卡，在"窗口"组中单击"拆分"，此时在窗口中部出现一条深灰色水平线和一个垂直的双向箭头光标，移动鼠标时双向箭头光标和水平线随之移动。在需要进行窗口分割的位置单击鼠标，则将窗口拆分为上、下两个可独立操作的窗口，如图 3.12 所示。此时单击"窗口"组中的"取消拆分"，则取消窗口拆分。

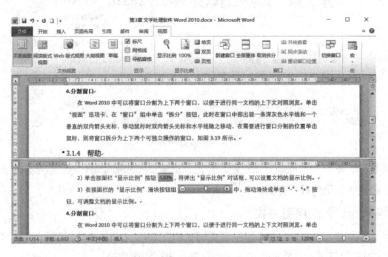

图 3.12 拆分窗口

3.1.4　帮助

若对 Word 2010 某功能有疑问，则可以采用以下方法打开"Word 帮助"对话框。

(1) 单击 Word 窗口右上角的"帮助"按钮 ❷。

(2) 在"文件"选项卡界面单击"帮助"命令，在"支持"列表中单击"Microsoft Office 帮助"。

(3) 按【F1】键。

3.2　文档编辑

使用 Word 2010 制作办公文档，需要输入文字、符号、数字、公式、日期时间等文档内容，并对其进行编辑修改。除文档内容外，文本、段落、页面的格式也需要进行设置，以使文档更加规范与美观。

3.2.1　文本编辑

文本是 Word 2010 文档的主体，首先要输入文本，然后才能对其进行各种编辑修改。文本编辑指在 Word 的文本编辑区插入、修改或删除文本。

1．定位光标

在输入文本前，首先应确定输入文本的位置，Word 2010 文档窗口中的光标即指示了文本的行文输入位置。在文档编辑区移动鼠标，光标会随之移动。将选择光标移动至要输入文本的位置，根据光标的不同形态，单击或双击鼠标，即可定位新的文本输入位置。

2．输入文本

(1) 输入模式。文本的输入有"插入"和"改写"两种模式。在"插入"模式下输入文本，插入点之后的字符依次往后移动；在"改写"模式下输入字符，则插入点之后一个字符被替换为新输入的一个字符，之后插入点后移一位。可单击状态栏" 插入 / 改写 "按钮，或在键盘上按【Insert】键，实现"插入"和"改写"状态的切换。

(2) 输入文本。当定位好插入点之后，用户即可进行输入。输入完成后按【Enter】键，Word 2010 将对文本分段，光标移动至下一行开头，另起一段；若不按【Enter】键，当文本超出一行宽度时，将自动进行换行，插入点也随之换行，此时 Word 2010 不进行分段。

输入文本

(3) 插入特殊符号。在编辑文档时，可能需要输入普通文本以外的特殊符号，如日文平假名、数学符号、商标标志等。这些特殊符号可利用 Word 2010 提供的"插入符号"功能进行输入。具体操作步骤如下：

① 定位光标，单击"插入"选项卡，在"符号"组中单击"符号"，弹出"符号"对话框。

② 在"符号"选项卡的"子集"下拉菜单中选择所需符号子集，如图 3.13 所示；若是想要插入特殊字符，则切换到"特殊字符"选项卡，如图 3.14 所示。

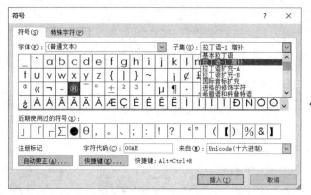

图 3.13 "符号"选项卡

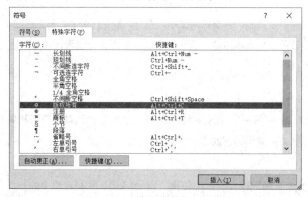

图 3.14 "特殊字符"选项卡

③ 选中所需字符,此时可采用三种方法插入字符:双击字符、选中字符后单击"插入"按钮、选中字符后按【Enter】键。

④ 插入字符后,按"关闭"按钮关闭"符号"对话框。

(4) 插入公式。在编辑文档时,有时需要输入一些数学公式,可利用 Word 2010 提供的"插入公式"功能进行输入。具体操作步骤如下:

① 定位光标,单击"插入"选项卡,在"符号"组中单击"公式",此时在原插入点处出现"在此处键入公式"下拉列表框,文档窗口顶部出现"公式工具"的"设计"选项卡,如图 3.15 所示。

图 3.15 公式"设计"功能区

② 在"结构"组中单击选择所需公式结构，如选择"积分"下拉列表下的"积分"结构，此时"在此处键入公式"下拉列表框被替换为"积分"结构的公式下拉列表框，如图 3.16 所示。

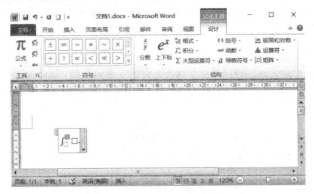

图 3.16　插入"积分"结构的公式

③ 选中公式中的输入框，输入对应公式内容，完成公式的输入。

(5) 插入日期和时间。若需要输入当前系统日期和时间，则可利用 Word 2010 提供的"插入日期和时间"功能进行输入。该功能使用的是当前计算机的系统日期和时间，故在使用此功能前，应确认当前计算机的系统日期和时间是正确的。可采用以下两种方法插入日期和时间。

① 定位光标，单击"插入"选项卡，在"文本"组中单击"日期和时间"，在弹出的"日期和时间"对话框的"语言(国家/地区)"下拉列表框中选择基准语言(国家/地区)，在"可用格式"列表框中选择所需日期和时间格式，单击"确定"按钮。若希望所插入的日期和时间始终与当前计算机系统的日期和时间一致，则可勾选"自动更新"复选框，如图 3.17 所示。

② 在文档编辑区输入当前年份(如"2020 年")，Word 2010 将弹出"(按 Enter 键插入)"的提示，此时按【Enter】键则插入当前计算机系统日期，如图 3.18 所示。

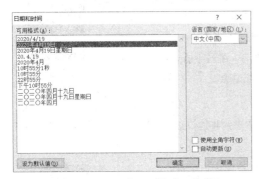

图 3.17　"日期和时间"对话框

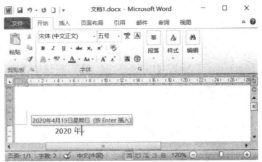

图 3.18　【Enter】键插入日期

3.选择文本

在 Word 2010 中，对文本、图片、表格等所有对象进行编辑，都遵循"先选定后操作"的原则。

(1) 选择任意文本。当鼠标指针呈 I 形光标时，按住鼠标左键并拖动，从按下鼠标左键的位置到当前光标所在位置之间的所有文本均以淡蓝色背景显示，松开鼠标，即可选中这部分文本。

选择文本

(2) 选中单行文本。将鼠标指针移动到所需选中单行文本的左侧空白区域,当鼠标指针变为⌐时,单击鼠标,即可选中该行文本。

(3) 选中连续多行文本。将鼠标指针移动到所需选中连续多行文本的第一行或最后一行的左侧空白区域,当鼠标指针变为⌐时,按下鼠标左键并向上或向下拖动,此时相应行文本以淡蓝色背景显示,松开鼠标,即可选中这部分连续多行文本。

(4) 选择段落文本。将鼠标指针移动到所需选中段落文本的内部,当鼠标指针呈Ⅰ形光标时,三击鼠标,即可选中该自然段的文本;或是将鼠标指针移动到所需选中段落文本的左侧空白区域,当鼠标指针变为⌐时,双击鼠标,也可选中该自然段的文本。

(5) 选择整篇文档。以下几种方式均可选择整篇文档。

① 将鼠标指针移动到文档左侧空白区域,当鼠标指针变为⌐时,三击鼠标。

② 当鼠标指针变为⌐时,先按住【Ctrl】键,再单击鼠标。

③ 按【Ctrl + A】组合键。

④ 在"开始"功能区的"编辑"组中单击"选择"下拉列表按钮,选择"全选"命令。

(6) 选择连续文本。先定位光标,然后移动鼠标至另一个位置,此时按住【Shift】键,并单击鼠标,则从初始光标位置到鼠标单击位置之间的连续文本均被选中。

(7) 选择不连续文本。先选中第一处文本,再按住【Ctrl】键,继续选择其他文本,即可选中不连续的若干文本。

(8) 选择文本块。按住【Alt】键,然后按住鼠标左键进行拖动,当松开鼠标时,即可选中一个矩形区域内的文本块。

4. 编辑文本

1) 修改文本

若需添加文本,可将光标定位到需插入文本的位置,直接输入文本即可;若需改写文本,可选中需改写的文本,然后输入新文本即可;若需删除文本,可先定位光标,按【Backspace】键删除插入点前一个字符,或按【Delete】键删除插入点后一个字符;若需删除的文本内容较多,则可先选中需删除的文本,然后按【Backspace】键或【Delete】键,即可将选中内容全部删除。

编辑文本

2) 移动文本

在编辑文档时,常常需要将文档中某位置的文本放置到其他位置,此时需要进行文本的移动操作。采用以下方法可以移动文本。

(1) 选择需要移动的文本,在"开始"功能区的"剪贴板"组单击"剪切",将光标定位到需要移动到的位置,单击"粘贴",此时选择的文本从原来位置移至目标位置,并在文本右下角出现"粘贴选项"按钮 ,单击该按钮将弹出"粘贴选项"下拉列表,如图 3.19 所示。单击相应按钮即可按相应粘贴格式粘贴文本,完成文本移动;或直接单击文档其他地方,以默认粘贴格式完成文本粘贴移动。

图 3.19 "粘贴选项"下拉列表

"粘贴选项"下拉列表主要按钮功能如下：

■ "保留源格式"按钮 ![]：被粘贴内容保留原来的格式。

■ "合并格式"按钮 ![]：若目标位置已设置格式，则被粘贴内容采用目标位置的格式；若目标位置未设置的格式，则采用原来的格式。

■ "仅保留文本"按钮 A：被粘贴内容在粘贴时，不保留原来的格式和目标位置的格式。

"剪切"操作也可以通过在已选择文本上单击右键，然后在弹出的快捷菜单中选择"剪切"命令，或是按【Ctrl + X】组合键来实现。

(2) 将鼠标指针移动到已选文本上，当鼠标指针变为向左白色箭头 ![] 时，按住鼠标左键并拖动鼠标，此时鼠标指针变为 ![]，鼠标指针移动到目标位置后，释放鼠标，即完成文本移动。

3) 复制文本

在编辑文档时，常常需要再次使用相同或类似的文本，可以将其进行复制，而不需要重复输入。复制文本的具体操作为：选择需要复制的文本，在"开始"功能区的"剪贴板"组中单击"复制"按钮，将光标定位到需要移动到的位置，再在"剪贴板"组中单击"粘贴"，然后单击"粘贴选项"按钮选择粘贴格式，或直接点击文档其他位置采用默认粘贴格式，即完成文本复制。

"复制"操作也可以通过右击鼠标弹出快捷菜单或是按【Ctrl + C】组合键进行操作。

4) 选择性粘贴文本

选择性粘贴为用户提供了更多的粘贴选项。具体操作步骤为：选中需要粘贴的内容，在"开始"功能区的"剪贴板"组中单击"粘贴"下拉箭头按钮，在弹出的下拉列表中单击"选择性粘贴"命令，如图 3.20 所示。此时将弹出"选择性粘贴"对话框，选择相应格式，单击"确定"按钮即可，如图 3.21 所示。

图 3.20　"选择性粘贴"选项

图 3.21　"选择性粘贴"对话框

5) 撤销、恢复与重复操作

在编辑文档的过程中，Word 2010 自动记录了用户的插入、删除等编辑操作及文档内容的变化，利用这一功能，用户可以方便地撤销前面的操作或是重复上一个操作，从而提高工作效率。

"撤销"命令是 Word 2010 最常用的命令之一。单击"快速访问"工具栏的"撤销"按钮 ![]，或按【Ctrl + Z】组合键，即可撤销最近一次操作；若连续单击"撤销"按钮 ![]，或连续按【Ctrl + Z】组合键，则依次撤销最近的多次操作。

"恢复"操作与"撤销"操作相对，是重新执行已被撤销的操作，故只有在执行了撤销操作以后，"恢复"功能才可执行。单击"快速访问"工具栏的"恢复"按钮 ，或按【Ctrl + Y】组合键，即可恢复最近一次撤销的操作；恢复最近撤销的多次操作与撤销多次操作类似。

"重复"操作用于重复执行上一个操作。单击"快速访问"工具栏的"重复"按钮 ，或按【F4】键，即可重复执行上一个操作；多次重复操作与撤销多次操作类似。

5. 查找与替换文本

在编辑文档时，有时需要查找或修改在文档中多个地方出现的某个字或词。若采用手动逐个查找修改的方式，既效率低下，又难免有遗漏。而利用 Word 2010 提供的查找、替换功能，可以显著提高查找、替换操作的效率和准确性。

查找与替换

1）查找文本

可采用以下方法查找文本。

(1) 在"视图"功能区的"显示"组中勾选"导航窗格"复选框，在 Word 窗口左侧的导航窗格的输入栏内输入希望查找的文本关键字，此时导航窗格中将高亮显示所查找文本所在的章节标题，单击相应章节标题，即可跳转到该章节标题位置，从而查看该章节中包含的所有搜索结果，如图 3.22 所示；或是单击"下一处搜索结果"按钮 ，将按顺序跳转到下一处搜索结果。

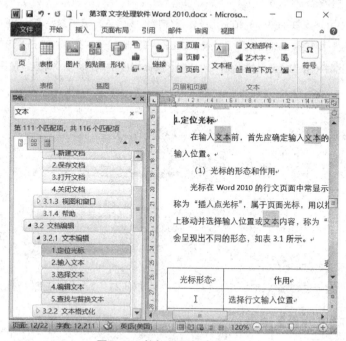

图 3.22 按标题导航查找文本

在导航窗格搜索文本关键字以后，在"搜索结果"选项卡中将以预览结果的形式显示搜索结果，单击相应预览结果，则定位到该预览结果对应的文本位置，如图 3.23 所示。

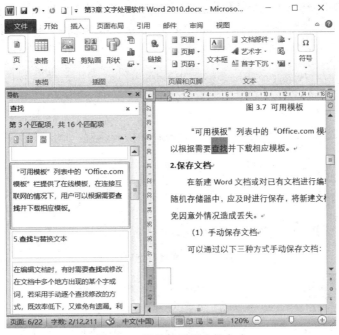

图 3.23　按结果导航查找文本

(2) 在"开始"功能区单击"编辑"组"查找"下拉箭头按钮，在打开的下拉列表中选择"高级查找"命令，打开"查找和替换"对话框，如图 3.24 所示；也可在"编辑"组单击"替换"打开"查找和替换"对话框，然后切换到"查找"选项卡。在"查找内容"输入框中输入文本关键字，单击"查找下一处"按钮，即可依次访问查找结果。

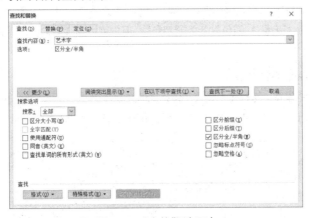

图 3.24　"查找"选项卡

2）替换文本

替换文本的工作方式与查找文本类似，实际上是在查找文本的基础上增加了替换操作。打开"查找和替换"对话框并选中"替换"选项卡，如图 3.25 所示。在"查找内容"输入框中输入要查找的文本，在"替换为"输入框中输入要替换成的文本，单击"查找下一处"，光标定位到下一处查找结果，此时若单击"替换"按钮，则此处查找结果的文本被替换为"替换为"输入框中的文本，然后光标定位到下一处查找结果。若单击"全部替换"按钮，则所有查找结果均被替换；若只需要替换目标格式，则可在光标定位到"替换为"输入框后，单击"更多"按钮，再单击底部"格式"按钮，选择并设置需要的格式，再进行查找替换即可，如图 3.25 所示。

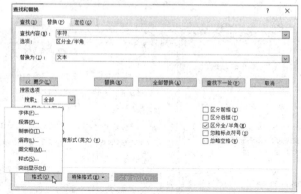

图 3.25 "替换"选项卡

3.2.2 文本格式化

文本的格式主要指字体、字号和字形，也包括颜色、边框、下划线、着重号和字符间距等。

设置基本格式

1. 基本字体格式设置

字体格式主要包括字体、字号和字形。字体是文字的外在形式特征，字号指文字的大小，字形指加粗、倾斜等文字的附加属性。不同类型的文稿，字体格式常由修饰对象的性质和要求决定。在 Word 2010 中，中文字体默认为"宋体"，英文字体默认为"Calibri"，字号默认为"五号"，颜色默认为"黑色"。用户可根据实际需要对字体格式进行设置。

1) 设置字体格式

可采用以下方法设置字体格式。

(1) 通过"字体"组设置。选择需要设置字体格式的文本，在"开始"功能区的"字体"组中，单击"字体"下拉列表框可选择所需字体，再单击"字号"下拉列表框可选择所需字号，如图 3.26 所示。

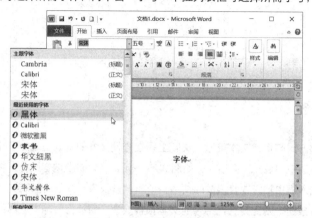

图 3.26 "字体"下拉列表

"字体"组中部分按钮功能效果如图 3.27 所示。

(2) 通过浮动工具栏设置。在选中文本内容后，字体浮动工具栏将在所选内容的上方以半透明方式浮现，移动鼠标至其上，则浮动工具栏完全显示，如图 3.28 所示。单击浮动工具栏上的功能按钮，可以对所选文本内容设置相应字体格式。

图 3.27　字形效果　　　　　　　　　　　　图 3.28　字体浮动工具栏

(3) 通过"字体"对话框设置。单击"开始"功能区"字体"组右下角的扩展按钮，或按组合键【Ctrl + D】打开"字体"对话框，对字体格式进行详细设置，如图 3.29 所示。

图 3.29　"字体"对话框

2) 复制字体格式

在编辑文档时，有时需要将一些不连续的内容设置为相同的字体格式。若分别进行设置，则工作重复、效率低下，此时可进行格式复制操作。可采用以下两种方法复制字体格式：

(1) 选择已设置格式的文本，单击"开始"功能区"剪贴板"组的"格式刷"按钮 格式刷，此时光标变为，移动光标至需要复制格式的文本处，按住鼠标左键并拖动鼠标，光标经过位置的所有文本均被设置为所选格式。

(2) 选择已设置格式的文本，按【Ctrl + Shift + C】组合键复制格式，然后选择目标文本，按【Ctrl + Shift + V】组合键粘贴格式。

3) 清除字体格式

若对已设置的字体格式不满意，可清除字体格式。选中需清除字体格式的文本，单击"开始"功能区"字体"组中的"清除格式"按钮，所选文本被还原为 Word 2010 的默认字体格式。也可以按【Ctrl + Shift + Z】组合键清除已选文本的字体格式。

2．其他字体格式设置

1) 设置字符间距

在编辑文档时，有时需调整字符之间的距离，其具体操作步骤为：选择文本，单击"开始"功能区"字体"组右下角的扩展按钮，打开"字体"对话框，在"高级"选项卡的"字符间距"中，通过"间距"下拉列表或其右侧的"磅值"来设置字符间距，如图 3.30 所示。

设置其他格式

图 3.30　调整字符间距

2) 设置文本效果

Word 2010 提供了为文本添加轮廓、阴影、映像和发光效果的功能，以使文本表现形式更加丰富多彩。其具体操作步骤为：选择文本，单击"开始"功能区"字体"组的"文本效果"下拉按钮，在弹出的下拉列表中选择预设文本效果，或点开下拉列表选择底部的次级菜单分别设置各项文本效果，如图 3.31 所示。或者通过单击如图 3.30 的"字体"对话框底部的"文字效果"按钮打开"设置文本效果格式"对话框进行详细设置，如图 3.32 所示。

图 3.31　"文本效果"下拉列表

图 3.32　"设置文本效果格式"对话框

3) 设置边框和底纹

边框和底纹可以突出显示某些重要文本。设置边框和底纹主要使用 "开始" 功能区 "字体" 组的 "字符边框" Ⓐ、"突出显示文本" 🖊️▾ 和 "字符底纹" Ⓐ 三个按钮，具体效果如图 3.33 所示。

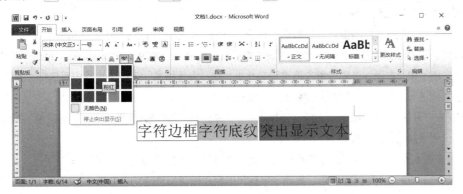

图 3.33　字符边框、底纹和突出显示文本

4) 设置拼音和带圈字符

在编辑文档时，有时有为文本添加拼音或设置带圈字符的特殊需求。其具体操作步骤为：选中文本，单击 "开始" 功能区 "字体" 组的 "拼音指南" 按钮 ✨，在弹出的 "拼音指南" 对话框中可详细设置选中文本的拼音的对齐方式、字体、偏移量、字号等，如图 3.34 所示。选中文本，单击 "开始" 功能区 "字体" 组的 "带圈字符" 按钮 ⊕，将弹出 "带圈字符" 对话框，可将选中文本设置为带圈字符，如图 3.35 所示。

图 3.34　拼音指南

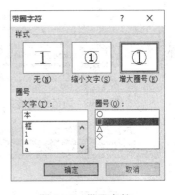

图 3.35　带圈字符

3.2.3　段落格式化

段落格式是指以段落为单位的格式设置，包括缩进、行距和段间距、对齐方式等。设置段落格式可以使文档层次分明、排列有序。

1. 设置段落缩进

段落缩进决定了段落中的文本与页边距的距离。常用的段落缩进方式如下所述，效果如图 3.36 所示。

设置段落格式

■ 首行缩进：段落首行从第一个字符开始向右缩进。中文段落普遍采用首行缩进 2 个字符。

■ 悬挂缩进：段落中除首行以外的其他行向右缩进。悬挂缩进常用于报纸、杂志等。

■ 左缩进：整个段落左边界向右缩进。

■ 右缩进：整个段落右边界向左缩进。

可采用以下方法设置段落缩进：

(1) 选中或将插入点定位到目标段落，单击"开始"功能区"段落"组右下角的扩展按钮，打开"段落"对话框，此时单击该对话框"缩进和间距"选项卡，如图 3.37 所示。在"缩进"列表栏可通过"左侧"和"右侧"选项设置左缩进和右缩进；在"特殊格式"下拉列表框中可选择"首行缩进"或"悬挂缩进"，其右侧"磅值"选项可设置其缩进量。

(2) 在"开始"功能区的"段落"组中，单击"减少缩进量"按钮和"增加缩进量"按钮可分别减少和增加段落的左缩进量，步长为 1 个字符。

(3) 将插入点定位到目标段落首行开始位置，按【Tab】键，则实现首行缩进 2 个字符。

(4) 将插入点定位到目标段落，拖动水平标尺的相应段落缩进滑块，如图 3.38 所示。

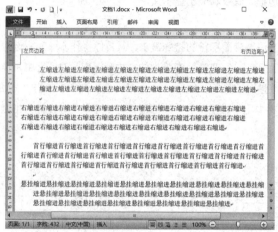

图 3.36　段落缩进效果

图 3.37　设置段落缩进

图 3.38　段落缩进滑块

2．设置行间距与段间距

行间距指相邻行之间的距离，段间距指相邻段落之间的距离。

在"段落"对话框"缩进和间距"选项卡的"间距"列表栏内，可设置段间距与行间距。其中，"段前"与"段后"选项分别表示目标段落与前一个段落和后一个段落的间距，可选择行数、磅值为单位，也可选择"自动"；"行距"下拉列表框中可选择单倍、多倍、最小行距或固定磅值的行距，选择行距种类以后，在"设置值"下拉列表中会出现默认取值，可自行增减输入。

此外，单击"开始"功能区"段落"组的"行和段落间距"下拉按钮，在弹出的下拉列表中也可调整行间距与段间距，如图 3.39 所示。

行间距和段间距效果如图 3.40 所示。

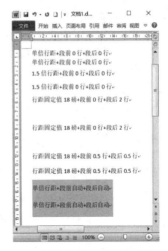

图 3.39　"行和段落间距"下拉列表　　　图 3.40　行间距与段间距效果

3.设置段落对齐方式

段落对齐方式指段落文本在版心的水平排列方式。可采用以下两种方式设置段落对齐方式：

(1) 使用文本对齐按钮设置。选中或将插入点定位到目标段落，单击"开始"功能区"段落"组的"文本对齐"按钮，即可设置目标段落的对齐方式。文本对齐按钮包括以下 5 种。

■ "文本左对齐"按钮▉：每行第一个字符靠段落左边缘对齐，其他字符以固定间距依次往右排列，剩余空白靠段落右边缘。

■ "居中"按钮▉：字符按固定间距居中对齐。

■ "文本右对齐"按钮▉：每行最后一个字符靠段落右边缘对齐，其他字符以固定间距依次往左排列，剩余不足一个字符的空白靠段落左边缘。

■ "两端对齐"按钮▉：每行第一个字符和最后一个字符分别靠段落左右边缘对齐，剩余不足一个字符的空白平均分配到每个字符之间；若剩余空白超出一个字符，等同于左对齐。

■ "分散对齐"按钮▉：每行第一个字符和最后一个字符分别靠段落左右边缘对齐，剩余空白平均分配到每个字符之间。

(2) 选中或将光标定位到目标段落，单击"开始"功能区"段落"组的扩展按钮▉，打开"段落"对话框，在"缩进和间距"选项卡顶部的"常规"列表中，单击"对齐方式"下拉列表框，选择相应选项即可设置目标段落的对齐方式，如图 3.41 所示。

段落对齐方式的效果如图 3.42 所示。

图 3.41　"对齐方式"选项

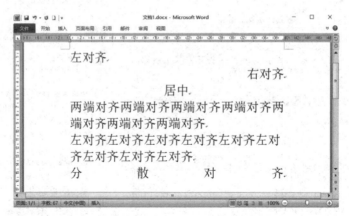

图 3.42 段落对齐方式效果示例

4．设置段落边框和底纹

边框和底纹不仅可以处理字符，也可以处理段落。选中或将插入点定位到目标段落后，单击"开始"功能区"段落"组的"边框"下拉按钮，在打开的下拉列表中可以选择为目标段落添加相应边框，不同边框之间可以叠加，如图 3.43 所示。若选择"边框和底纹"命令，则弹出"边框和底纹"对话框，默认打开"边框"选项卡，如图 3.44 所示。

图 3.43 "边框"下拉列表   图 3.44 "边框"选项卡

"边框"选项卡左侧的"设置"栏，可快速选择预设边框样式；中部"样式"栏可选择边框的线型样式、颜色、宽度；右侧"预览"栏可预览当前选择边框的效果，"应用于"下拉列表框可选择当前选择的边框应用于"段落"或是"文字"。

当使用"自定义"应用于"段落"的边框时，选择边框样式并在"预览"栏内点击相应按钮，分别设置上下左右四条边框。

在"边框和底纹"对话框中单击"底纹"选项卡，即可设置目标段落的底纹。可以设置为以纯色填充或是以图案填充，并应用于段落或是文本，如图 3.45 所示。边框和底纹的效果示例如图 3.46所示。

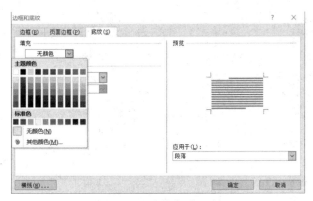

图 3.45 "底纹"选项卡

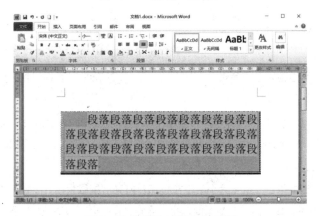

图 3.46 边框和底纹效果示例

3.2.4 页面格式化

文档的用途不同,所需的纸张大小、页边距等也会有所不同。

1. 页面设置

Word 2010 默认的纸型为标准的 A4 纸,长宽分别为 29.7 厘米和 21 厘米,纸张方向为纵向,上下左右页边距分别为 2.54 厘米、2.54 厘米、3.17 厘米和 3.17 厘米;用户可根据需要重新设置页面参数。

设置页面格式

1) 设置页边距

页边距是指页面上打印区域之外的空白区间,用以控制页面中文档内容的长度和宽度。可以采用以下方法设置页边距:

(1) 单击"页面布局"选项卡"页面设置"组中的"页边距"下拉按钮,在弹出的下拉列表中可选择系统预设页边距,如图 3.47 所示。

(2) 单击"页面布局"选项卡"页面设置"组右下角的扩展按钮 ,或是在"页边距"下拉列表中选择"自定义边距"命令,弹出"页面设置"对话框,此时将默认打开"页边距"选项卡,如图 3.48 所示,分别输入上、下、左、右边距值,单击"确定"按钮,完成页边距设置。

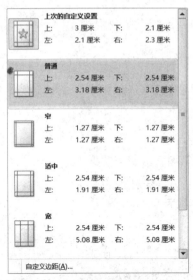

图 3.47 "页边距"下拉列表

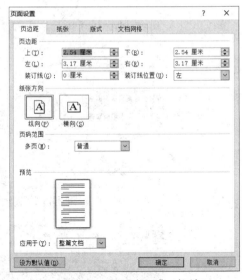

图 3.48 "页面设置"对话框

2) 更改纸张方向

在"页面设置"组中单击"纸张方向"下拉按钮,选择纸张方向为"纵向"或"横向";或是在如图 3.48 的"页面设置"对话框"页边距"选项卡的"纸张方向"列表栏选择纸张方向。

3) 设置纸张大小

在"页面设置"组中单击"纸张大小"下拉按钮,打开"纸张大小"下拉列表,选择系统预设纸张大小,如图 3.49 所示;若选择"其他页面大小"命令,则打开"页面设置"对话框中的"纸张"选项卡,可对纸张大小进行自定义设置,如图 3.50 所示。

图 3.49 "纸张大小"下拉列表

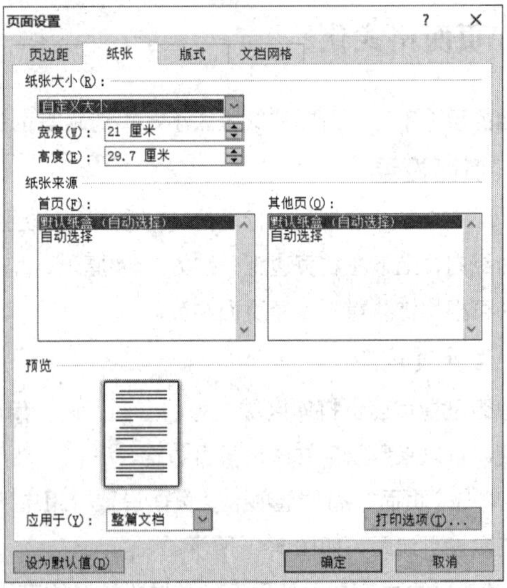

图 3.50 "纸张"选项卡

2. 页面背景设置

用户可以根据需要为文档添加水印、页面背景和页面边框,以使文档表现形式更为丰富。

1）添加水印

单击"页面布局"功能区"页面背景"组中的"水印"下拉按钮，打开"水印"下拉列表，此时可选择"系统预设水印""自定义水印"或"删除水印"。若选择"自定义水印"命令，则弹出"水印"对话框，可自定义设置"无水印""图片水印"或"文字水印"，单击"应用"或"确定"按钮即可完成水印设置，如图 3.51 所示。自定义文字水印效果如图 3.52 所示。

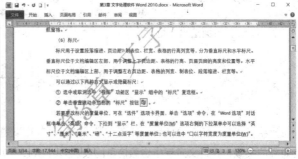

图 3.51　"水印"对话框　　　　　　　　　　图 3.52　水印效果

2）设置页面背景

单击"页面布局"功能区"页面背景"组中的"页面颜色"下拉按钮，打开"页面颜色"下拉列表，选择所需颜色为页面添加相应颜色的纯色背景。若选择"填充效果"命令，则弹出"填充效果"对话框。该对话框包括"渐变""纹理""图案"和"图片"四个选项卡，分别可以为页面设置相应类型的背景，如图 3.53 所示。以图片为页面背景的效果如图 3.54 所示。

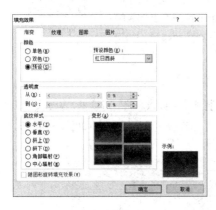

图 3.53　"填充效果"对话框　　　　　　　　图 3.54　页面背景效果

3）设置页面边框

单击"页面布局"功能区"页面背景"组中的"页面边框"，打开"边框和底纹"对话框，此时对话框默认打开"页面边框"选项卡，如图 3.55 所示。在此选项卡内即可设置页面边框，设置方法与段落边框的设置方法类似。页面边框效果如图 3.56 所示。

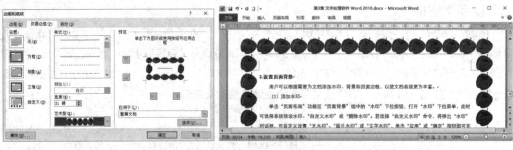

图 3.55 "页面边框"选项卡　　　　　　　　　　　　图 3.56 页面边框效果

3.3　表格编辑

表格可以将一组不易使用叙述语言描述的信息表达清楚，可以将一组信息加以分割，也可以展现信息间的关联，在行文过程中增强信息的表现力。Word 2010 为制作表格提供了强大的功能支持，并预置了多种表格样式供用户直接选用。

3.3.1　表格内容编辑

1．创建表格

在 Word 2010 中可以采用以下方法创建表格。

1) 使用"即时预览"创建表格

创建表格

将插入点定位到需要插入表格的位置，单击"插入"功能区"表格"组中的"表格"下拉按钮，打开"插入表格"下拉列表，移动鼠标至下拉列表上部表格区域，指定表的行数和列数，点击鼠标左键即可插入相应行、列数的表格，如图 3.57 所示。

2) 使用"插入表格"命令创建表格

当在"插入表格"下拉列表中选择"插入表格"命令时，将弹出"插入表格"对话框，设置好"列数""行数"和"'自动调整'操作"相关选项后，单击"确定"按钮即可创建表格，如图 3.58 所示。

图 3.57 "即时预览"创建表格

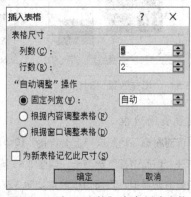

图 3.58 "插入表格"命令创建表格

3) 手动绘制表格

手动绘制可以更加方便、灵活地创建不规则的复杂表格，如包含斜线表头的表格等。手动绘制表格方法如下：

单击"插入"功能区"表格"组中的"表格"下拉按钮，选择"绘制表格"命令，此时鼠标指针变为铅笔形态 🖊，按住鼠标左键并移动鼠标，即可在文档中绘制表格，如图 3.59 所示。若单击"擦除"按钮，则鼠标指针变为橡皮形态 ⌲，此时单击某条边框即可将之擦除。

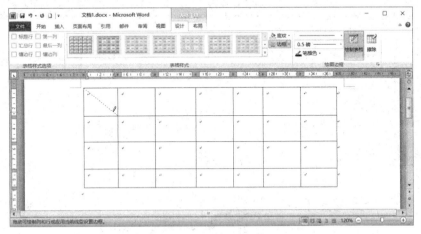

图 3.59　手动绘制表格

4) 文本和表格互相转换

文本转换为表格的步骤为：选择需要转换的文本，单击"插入"功能区"表格"组中的"表格"下拉按钮，选择"文本转换成表格"命令，弹出"将文字转换成表格"对话框，如图 3.60 所示。在对话框中设置"表格尺寸""文字分隔位置"等选项，单击"确定"按钮，完成转换。

表格转换为文本的步骤为：选择需要转换的表格，单击"表格工具"栏"布局"功能区"数据"组中的"转换为文本"，弹出"表格转换成文本"对话框，如图 3.61 所示。在对话框中设置文字分隔符，单击"确定"按钮，则将表格内容转换为以所设置分隔符进行分隔的文本。

图 3.60　"将文字转换成表格"对话框

图 3.61　"表格转换成文本"对话框

5) 使用"快速表格"命令创建表格

Word 2010 内置了多种预设格式的表格，组合成一个"快速表格库"，用户可从中直接选择。单击

"插入"功能区"表格"组中的"表格"下拉按钮,打开"插入表格"下拉列表,鼠标移动到"快速表格"命令上,将打开"内置"列表,单击所需快速表格即可将之添加到文档中,如图 3.62 所示。

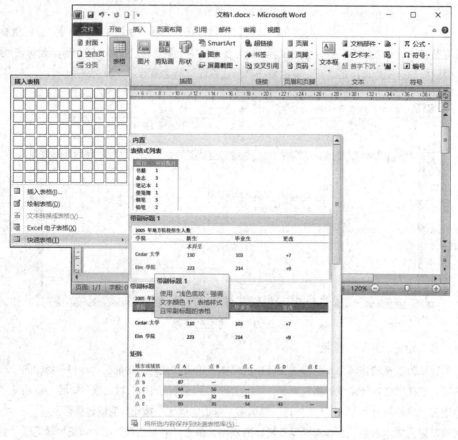

图 3.62   "快速表格"命令创建表格

2. 编辑表格

1) 选择表格中的对象

Word 2010 表格的基本构成对象是单元格,基于单元格构成行和列,最终构成整个表格,故选择表格中的对象是编辑表格的基本操作。选择表格中的对象可采用以下方法。

(1) 选择单个单元格。移动鼠标指针至目标单元格左侧,当鼠标指针呈➚形态时,单击鼠标。

(2) 选择连续单元格。移动鼠标指针至某单元格左侧,当鼠标指针呈➚形态时,按下鼠标左键并拖动鼠标。

(3) 选择不连续单元格。先用方法(1) 或(2)选择一个或多个单元格,再按住【Ctrl】键可继续选择其他不连续的单元格。

(4) 选择行。移动鼠标指针至需选择行的左侧,当鼠标指针呈➚形态时,单击鼠标左键。

(5) 选择列。移动鼠标指针至需选择列的上方,当鼠标指针呈↓形态时,单击鼠标左键。

(6) 选择整个表格。将鼠标光标移至表格内,表格左上角将出现⊞图标,将鼠标指针移至该图标上,鼠标指针将变为✣形态,此时单击鼠标左键即可选中整个表格。

2) 编辑表格内容

(1) 输入内容。当定位好插入点后，即可在该单元格内输入内容，方法与在文档中输入内容类似。

(2) 删除内容。选中需删除内容的单元格、行或列，按【Delete】键即可删除已选单元格、行或列中的内容；或是选中单元格内部的内容(而不是选中单元格)，按【Backspace】键或【Delete】键删除。

(3) 移动和复制内容。选中需要移动的单元格、行或列，将鼠标指针移动到已选对象上，按下鼠标左键并拖动鼠标至目标位置，释放鼠标，则移动已选对象内的内容到目标位置；若在移动的同时按住【Ctrl】键，则复制已选对象内的内容到目标位置。

3. 修改表格

在编辑表格内容时，可能遇到考虑不周或需求变化等情况，造成已创建的表格不能满足实际需求，需要对表的结构进行修改。修改表格一般包括以下内容。

修改表格

1) 插入行、列或单元格

在定位好插入点之后，单击"表格工具"栏的"布局"功能区"行和列"组中的相关插入按钮，可实现行、列的插入。相关插入按钮功能如下：

- "在上方插入"按钮：在插入点所在单元格上方插入一行。
- "在下方插入"按钮：在插入点所在单元格下方插入一行。
- "在左侧插入"按钮：在插入点所在单元格左侧插入一列。
- "在右侧插入"按钮：在插入点所在单元格右侧插入一列。

若选中连续的单元格后再单击上述按钮，则在相应方向插入若干行或列，插入的行数与列数与所选单元格的行数与列数相同。

2) 删除单元格、行、列或表格

可采用以下方法删除单元格、行、列或表格。

(1) 单击"表格工具"栏的"布局"功能区"行和列"组中的"删除"下拉按钮，在下拉列表中选择相应选项，即可删除单元格、行、列或整个表格。

(2) 若选中行、列或整个表格，按【Backspace】键，则删除所选行、列或整个表格；若选中不足整行或整列的连续单元格("整行"需要包含该行最后一个单元格之后的段落标记)，按【Backspace】键，则弹出"删除单元格"对话框，根据所选选项删除单元格、行或列。

3) 合并和拆分单元格

合并单元格操作可将两个或多个连续单元格合并为一个单元格，其步骤为：选中需要合并的单元格，单击"表格工具"栏"布局"功能区"合并"组中的"合并单元格"按钮；或是在选中的单元格上右击，在快捷菜单中选择"合并单元格"命令。

拆分单元格操作可将一个单元格拆分成若干行、列的单元格，其步骤为：选中或将插入点定位到需要拆分的目标单元格中，单击"表格工具"栏"布局"功能区"合并"组中的"拆分单元格"；或是在目标单元格上右击，在快捷菜单中选择"拆分单元格"命令。此时弹出"拆分单元格"对话框，如图 3.63 所示。设置拆分的行、列数后，单击"确定"按钮即可拆分目标单元格。若选中的目标单元格是多个连续单元格，则"拆分前合并单元格"复选框变为可用，如图 3.64 所示。若选中该复选框，则先将选中的目标单元格合并为一个单元格，再执行拆分操作。

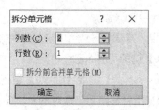

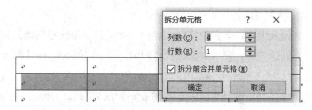

图 3.63 "拆分单元格"对话框　　　　　　　　图 3.64 "拆分前合并单元格"选项

3.3.2 表格格式化

1. 设置表格中的文本格式

在表格中设置文本格式的方法与在文档中设置文本格式的方法类似。若选中某个单元格的一部分文本并设置其字体、字号等格式时,仅设置已选中的文本;若选中一个或多个单元格、整行、整列乃至整个表格,再设置文本格式时,将统一设置单元格、整行、整列乃至整个表格的文本格式。

设置表格格式

表格中的文本对齐方式相对于文档段落的对齐方式有更多的选项。在"表格工具"栏"布局"功能区的"对齐方式"组中可以设置单元格、行、列或整个表格的文本对齐方式,如图 3.65 所示,各对齐方式的效果如图 3.66 所示。

图 3.65 "对齐方式"组

文字竖排	靠上两端对齐	靠上居中对齐	靠上右对齐
	中部两端对齐	中部居中对齐	中部右对齐
	靠下两端对齐	靠下居中对齐	靠下右对齐

图 3.66 "对齐方式"效果

2. 调整行高和列宽

可以通过以下 4 种方式调整表格的行高和列宽。

(1) 使用鼠标调整。移动鼠标至需要调整行高或列宽的单元格边框上,当鼠标呈➡形态时,按住鼠标左键,此时在鼠标指针处出现一条水平虚线,上下拖动鼠标后,释放鼠标时虚线位置即为调整后的水平边框位置;当鼠标呈➡形态时,按住鼠标左键,此时在鼠标指针处出现一条垂直虚线,左右拖动鼠标后,释放鼠标时虚线位置即为调整后的垂直边框位置。

(2) 使用标尺调整。将插入点定位到表格任意单元格内,此时水平标尺和垂直标尺上与表格各条边框对应的位置会出现灰色区域,调整灰色区域的位置即可调整相应行高或列宽。

(3) 使用"布局"功能区调整。单击"表格工具"栏"布局"功能区"单元格大小"组中的相应按钮,也可以调整表格的行高或列宽,如图 3.67 所示。各按钮功能如下:

■"高度"输入框▯:单击"增加"或"减少"按钮,或直接输入高度值,调整插入点所在行的行高;若选中多个单元格,则调整选中单元格所在行的行高。

■"宽度"输入框▯:单击"增加"或"减少"按钮,或直接输入宽度值,调整插入点所在列的列宽;若选中多个单元格,则调整选中单元格所在列的列宽。

■"分布行"按钮▯:若定位插入点在表格内,则按表格高度平均分配每一行的行高;若选中多个单元格,则平均分配选中单元格所在行的行高。

■ "分布列"按钮⊞：若定位插入点在表格内，则按表格宽度平均分配每一列的列宽；若选中多个单元格，则平均分配选中单元格所在列的列宽。

■ "自动调整"下拉按钮⊞：根据选项，自动按照表格内容、窗口宽度或固定值调整列宽。

(4) 使用"表格属性"对话框调整。在"表格工具"栏"布局"功能区"表"组中单击"属性"按钮，打开"表格属性"对话框，在"行"和"列"选项卡中可设置行高和列宽，如图 3.68 所示。

图 3.67　"单元格大小"组　　　　　　图 3.68　"行""列"选项卡

3．设置边框和底纹

Word 2010 中表格边框默认为 0.5 磅宽的黑色单实线，用户可以根据需要设置表格的边框和底纹，其具体步骤为：将插入点定位到表格内，或选中目标单元格，单击"表格工具"栏"设计"功能区"表格样式"组中的"边框"下拉按钮，在打开的下拉列表中选择相应边框。若在下拉列表中单击"边框和底纹"命令；或在单元格中右击鼠标，在弹出的快捷菜单中单击"边框和底纹"命令，将弹出"边框和底纹"对话框，如图 3.69 所示，在其中可设置单元格或表格的边框和底纹，方法与在文档中设置段落的边框和底纹类似。

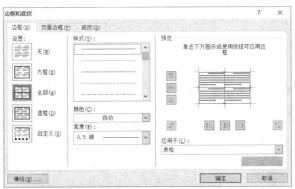

图 3.69　表格"边框和底纹"对话框

4．使用表格样式

Word 2010 内置了多种预设表格样式，用户可根据需要方便快速地选择预设样式格式化表格。其具体步骤为：将插入点定位到表格任意单元格内，单击"表格工具"栏"设计"功能区"表格样式"组中的"其他"下拉按钮，在弹出的样式库列表中选择所需样式，如图 3.70 所示。使用预设样式格式化表格的效果如图 3.71 所示。

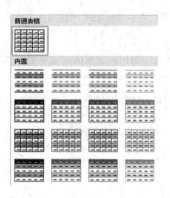

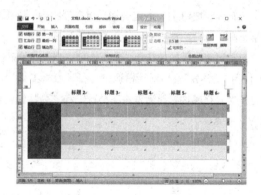

图 3.70　表格样式库　　　　　　　　图 3.71　表格样式效果

3.4　图文混合排版

除文本和表格外，Word 2010 文档中还可以使用图片、图形、图表、艺术字等多种文档对象，以丰富文档效果、增强文档表现力。

3.4.1　图片

在 Word 2010 中进行图文混合排版时，图片是最常用到的一种文档对象。在文档中使用图片，不仅可以更形象地说明文档内容，还可以达到图文并茂的效果。

图片操作

1．插入图片

在 Word 2010 中，不仅可以插入用户自定义的图片，还可以插入系统内置的剪贴画，以及屏幕截图。

1）插入图片

定位好插入点后，单击"插入"功能区"插图"组中的"图片"，打开"插入图片"对话框，如图3.72 所示。在对话框中确定图片路径，单击"插入"按钮，即可插入图片。

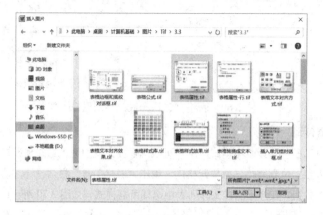

图 3.72　"插入图片"对话框

2）插入剪贴画

定位好插入点后，单击"插入"功能区"插图"组中的"剪贴画"，打开"剪贴画"窗格，如图 3.73 所示。在"搜索文字"栏中输入关键字，在"结果类型"下拉菜单中选择搜索的文件类型，勾选或取消勾选"包括 Office.com 内容"复选框，单击"搜索"按钮，将根据设置的选项内容显示搜索结果，然后单击某项结果，即可将该剪贴画插入文档中。

3）插入屏幕截图

屏幕截图功能可以使用户方便地在 Word 2010 文档中插入计算机屏幕内容，"屏幕截图"包括活动窗口截图和自定义屏幕剪辑两种。

单击"插入"功能区"插图"组中的"屏幕截图"下拉按钮，打开"可用视窗"列表，如图 3.74 所示。单击列表中窗口缩略图，即可将该窗口截图添加到文档中。

若单击"可用视窗"列表底部的"屏幕剪辑"命令，将会最小化 Word 窗口，稍待片刻后屏幕将呈现覆盖一层灰色的效果，此时鼠标光标呈十形，按住鼠标左键并拖动鼠标，所经过的矩形区域变为正常的清晰效果，释放鼠标，即将矩形区域内的图片剪辑添加到文档中，如图 3.75 所示。

图 3.73　"剪贴画"窗格

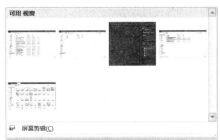

图 3.74　"可用视窗"列表

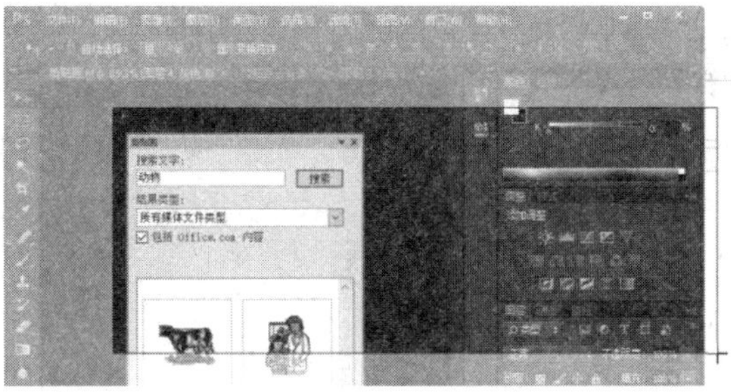

图 3.75　屏幕剪辑

2．编辑图片

1）选择图片

在 Word 2010 文档中单击图片即可将其选中。若多张图片的布局方式均非"嵌入型"，则按住【Shift】键并依次单击这些图片，可将其全部选中。选中图片对象后，在 Word 2010 窗口顶部将出现"图片工具"栏，选择"格式"选项卡，使用该功能区的按钮可对选中的图片进行编辑和调整，如图 3.76 所示。

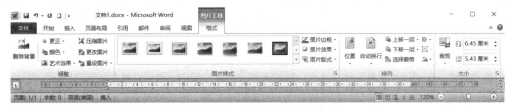

图 3.76　"图片工具"栏

2) 删除图片

选中需删除的图片后，按【Backspace】键或【Delete】键，即可将之删除。

3) 移动和复制图片

选中图片后，鼠标指针移动至已选图片上呈形态时，按住鼠标左键并拖动鼠标，此时鼠标光标呈形，并在文档中出现一个虚线插入点｜(或虚线框)，释放鼠标即可将图片移动到虚线插入点处。

若在移动图片时按住【Ctrl】键，则将图片复制到虚线插入点处。此外，选中图片之后，也可以使用剪贴板或【Ctrl + C】和【Ctrl + V】组合键实现图片的复制。

4) 修改图片大小

可以采用以下方法修改图片的大小。

(1) 选中图片后，在图片的边界上将出现 4 条边线和 8 个大小控制点，以及顶部一个绿色的旋转控制点，如图 3.77 所示。将鼠标指针移动到水平边线中部的控制点上，鼠标指针呈形态，按住鼠标左键并上下拖动，即可调整图片的高度；将鼠标指针移动到垂直边线中部的控制点上，鼠标指针呈形，按住鼠标左键并左右拖动，即可调整图片的宽度；将鼠标指针移动到四个边角的控制点上，鼠标指针呈形，按住鼠标左键并拖动，即可同时调整图片的宽度和高度。按住鼠标左键拖动顶部绿色控制点可实现图片的旋转。

图 3.77　图片控制点

(2) 选中图片，在"图片工具"栏"格式"功能区的"大小"组中，分别单击"高度""宽度"输入框的"增加""减少"按钮，或直接输入高度、宽度值，即可调整图片大小。

(3) 若单击"大小"组右下角的扩展按钮，将打开"布局"对话框，可在"大小"选项卡中设置图片"高度""宽度"及"缩放"等，单击"确定"按钮，即可调整已选图片的大小，如图 3.78 所示。

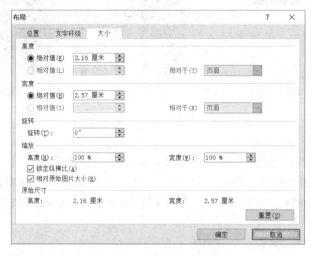

图 3.78　"大小"选项卡

5) 剪裁图片

选中图片，在"图片工具"栏"格式"功能区的"大小"组中，单击"剪裁"下拉按钮，打开下拉列表，选择相应命令即可实现对图片的剪裁，效果如图 3.79、图 3.80 所示。

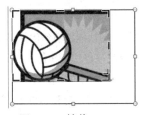

图 3.79　剪裁

图 3.80　剪裁为某种形状

3. 调整图片

在编辑 Word 2010 文档时，有时需要图片具有特殊的风格，以契合整个文档的风格或主题。通过"图片工具"栏"格式"功能区"调整"组中的按钮可实现对图片的调整。"调整"组中各按钮功能如下：

- 删除背景：自动删除不需要的部分图片或杂乱的细节，以突出或强调图片的主题。
- 更正：改善图片的亮度、对比度或清晰度。
- 颜色：更改图片颜色以提高图片质量或匹配文档内容。
- 艺术效果：将艺术效果添加到图片，以使其更像草图或油画等。
- 压缩图片：压缩文档中的图片以减小其尺寸。
- 更改图片：更改为其他图片，但保存当前图片的格式和大小。
- 重设图片：放弃对此图片所做的全部格式更改。

图 3.81 为"删除背景"效果，图 3.82 为图 3.81 的"铅笔灰度"艺术效果。

图 3.81　"删除背景"效果

图 3.82　"铅笔灰度"艺术效果

4. 设置图片样式

Word 2010 内置多组图片快速样式，同时也支持用户自定义图片样式。通过"图片工具"栏"格式"功能区"图片样式"组的相关按钮，即可实现图片样式的设置。

1) 使用快速样式

选中图片后，在"图片样式"组的"快速样式"库中单击所需快速样式缩略图，即可将该样式添加到图片中。图 3.83 所示为"旋转，白色"快速样式效果。

图 3.83　"旋转，白色"快速样式

2) 使用自定义样式

单击"图片样式"组右侧功能按钮，即可自定义图片样式。各功能按钮作用如下：

■ "图片边框"按钮 ：设置图片边框，方法与设置段落、表格边框类似。

■ "图片效果"按钮 ：设置图片效果，阴影、映像、发光、三位旋转等。

■ "图片版式"按钮 ：将所选的图片转换为 SmartArt 图形，可以轻松地排列、添加标题并调整图片的大小。

■ 扩展按钮 ：打开"设置图片格式"对话框，可对各图片效果进行设置，如图 3.84 所示。

图 3.84 "设置图片格式"对话框

5. 排列图片

在编辑 Word 2010 文档时，常常需要处理图片和文本、图片和图片以及图片和其他文档对象之间的相对关系。通过"图片工具"栏"格式"功能区"排列"组中的按钮可对此进行设置，各按钮功能如下：

(1) "位置"下拉按钮 ：设置图片以嵌入文本行或文字环绕的方式显示。若选择"其他布局选项"，则打开"布局"对话框，并默认打开"位置"选项卡，如图 3.85 所示。若图片为非嵌入型，则可在"文字环绕"选项卡中自定义设置其位置参数，如图 3.86 所示。

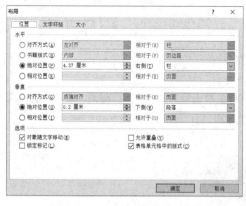

图 3.85 "位置"选项卡

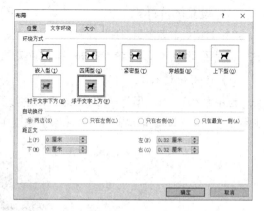

图 3.86 "文字环绕"选项卡

"文字环绕"选项卡中"环绕方式"类型如下：

■ 嵌入型：将图片作为行内元素处理。

- ■ 四周型：图片与文字流分离，文字按图片调整框轮廓环绕。
- ■ 紧密型：图片与文字流分离，文字按图片外轮廓环绕。
- ■ 穿越型：图片与文字流分离，文字按图片外轮廓环绕，并可在轮廓内凹区域穿越显示。
- ■ 上下型：图片与文字流分离，独占所在行空间。
- ■ 衬于文字下方：图片与文字流分离，堆叠显示于文字下方，不遮挡图片区域的文字。
- ■ 浮于文字上方：图片与文字流分离，堆叠显示于文字上方，遮挡图片区域的文字。

部分文字环绕效果如图 3.87 所示。

图 3.87　文字环绕效果

(2) "上移一层"下拉按钮 : 将图片堆叠顺序上移一层，可选"置于顶层"。

(3) "下移一层"下拉按钮 : 将图片堆叠顺序下移一层，可选"置于底层"。

(4) "选择窗格"按钮 : 打开"选择窗格"，窗格中显示本页所有图形对象，可单击选择之。

(5) "对齐"下拉按钮 : 选择图片对齐方式。

(6) "组合"下拉按钮 : 可将多个图片组合成一个整体。

(7) "旋转"下拉按钮 : 对图片进行旋转。

3.4.2　形状

除了插入现成的图片之外，Word 2010 还提供了在文档中绘制图形的功能，用户可使用自选形状制作多种自己需要的特殊图形。

1．插入形状

在"插入"功能区"插图"组中单击"形状"下拉按钮，打开下拉列表，如图 3.88 所示。选择所需形状，此时鼠标指针呈十形态。按住鼠标左键并拖动，即出现所绘制形状的预览效果，在合适的位置释放鼠标，完成形状绘制，如图 3.89 所示。若绘制形状时按住【Shift】键，则绘制的形状长宽保持固定比例，如选择"矩形"则绘制出正方形，选择"椭圆"则绘制出圆形。

形状操作

图 3.88　"形状"下拉列表

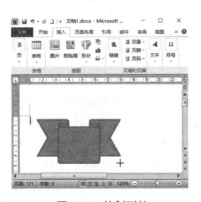

图 3.89　绘制形状

2．编辑和美化形状

当选中形状时，Word 2010 窗口顶部将出现"绘图工具"栏，并默认打开"格式"选项卡。其功能区如图 3.90 所示。使用该功能区相关按钮，可实现对形状的编辑及美化。

图 3.90　"绘图工具"栏

选中形状，单击"插入形状"组的"编辑形状"下拉按钮，选择"更改形状"命令，并选择需要更改的目标形状，则将选中形状更改为长宽与原形状相同的目标形状。若选择"编辑顶点"命令，则可调整形状的边框和填充的顶点位置，从而修改形状的具体形态，如图 3.91 所示。

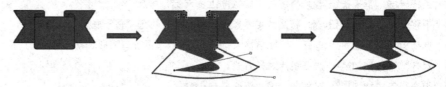

图 3.91　编辑顶点

通过"大小"组的"高度""宽度"输入框以及扩展按钮，可以设置形状的大小；通过"形状样式"组，可以在快速样式库中选择快速样式并添加到形状，也可以自定义设置"形状填充""形状轮廓"或"形状效果"等；通过"排列"组，可以设置图片的"文字环绕"方式、位置、堆叠次序、对齐方式等。形状与图片非常相似，以上操作的具体方法也与图片的相关操作类似。

3．在形状中添加文字

选中形状后，直接输入文字，即可在形状中添加文字，如图 3.92 所示。在输入文字后，还可通过"文本"组设置文字的方向、对齐方式等，具体方式与在文档中设置文本类似。

图 3.92　输入文字

通过"艺术字样式"组还可以为形状添加艺术字，艺术字的相关内容参考 3.4.5 节。

4．组合形状

有时绘制的图形由多个形状组成，在进行某些操作时很可能使形状的相对位置发生变化，此时可将形状组合为一个整体，避免进行移动等操作时破坏整个图形。

组合形状的操作步骤为：按住【Shift】键选中需要组合的形状，单击"绘图工具"栏"格式"功能区"排列"组中的"组合"下拉按钮，在下拉列表中选择"组合"命令，完成组合，如图 3.93 所示；或是在选中的形状上右击，在快捷菜单中选择"组合"命令。

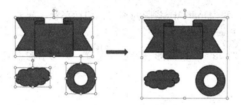

图 3.93　组合形状

若需要取消组合，其操作步骤为：选中已组合的图形，单击"绘图工具"栏"格式"功能区"排列"组中的"组合"下拉按钮，在下拉列表中选择"取消组合"命令，则取消组合；或是在选中的图形上右击，在快捷菜单中选择"取消组合"命令。

3.4.3　SmartArt

SmartArt 可以将信息和观点以图形的形式表示，使之表述更为直观，促进阅读者的理解与记忆。

1. 插入 SmartArt

单击"插入"功能区"插图"组中的"SmartArt"按钮，打开"选择 SmartArt 图形"对话框，如图 3.94 所示。在对话框列表中单击相应类别下具体的 SmartArt 图形，即可将之添加到文档中，如图 3.95 所示。

SmartArt 操作

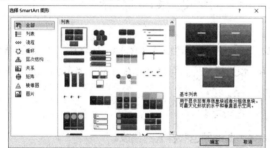

图 3.94　"选择 SmartArt 图形"对话框 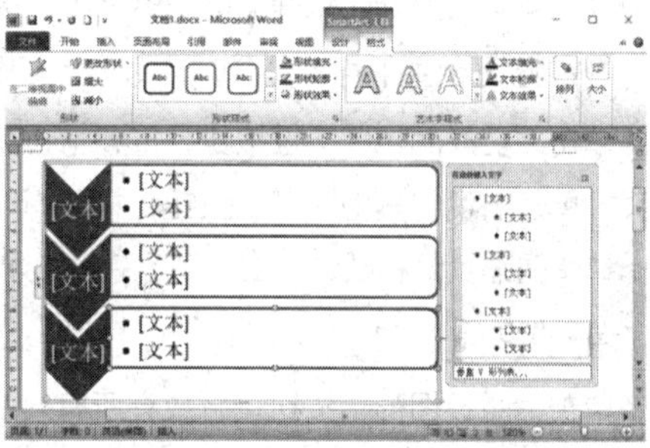　　　　图 3.95　添加 SmartArt 图形

插入 SmartArt 图形以后，选中 SmartArt 图形的子图形，直接键入字符，即可在其中进行文本输入，子图形中显示为"文本"的部分将被输入内容替换。

2. 编辑 SmartArt

插入 SmartArt 图形以后，在将其选中时，Word 2010 窗口顶部将出现"SmartArt 工具"栏，包含"设计"和"格式"两个选项卡，如图 3.96 和图 3.97 所示。

图 3.96　"设计"选项卡

图 3.97　"格式"选项卡

通过"格式"功能区可以调整 SmartArt 图形的格式，包括形状、样式、艺术字、排列、大小等，其调整方法与图片、形状的调整方法类似。

通过"设计"功能区可以对 SmartArt 图形进行更改布局、添加结构、应用效果等操作。各按钮组功能如下：

1)"创建图形"组

■ 添加形状：在 SmartArt 图形中增加子图形。

■ 添加项目符号：在 SmartArt 图形的子图形中增加带项目符号的文本。

■ 文本窗格：显示或隐藏文本窗格。文本窗格可帮助用户快速输入和组织文本。

■ 升级：提升所选项目文本的级别。例如，子图形内部文本可逐级提升为子图形。

■ 降级：降低所选项目文本的级别。

■ 从右向左/从左向右：调整 SmartArt 图形的布局方向。

■ 上移：将序列中的当前所选内容向前移动。

■ 下移：将序列中的当前所选内容向后移动。

■ 布局：更改所选形状的分支布局。

2)"布局"组

在布局库中选择相应布局，将改变当前 SmartArt 图形的布局。在"其他"下拉按钮中选择"其他布局"命令，则打开"选择 SmartArt 图形"对话框，可在其中进行更详细的选择。

3)"SmartArt 样式"组

单击"更改颜色"下拉按钮，打开下拉列表，在其中可选择当前 SmartArt 图形布局下的预设颜色方案。单击右侧"其他"下拉按钮，打开 SmartArt 预设样式库，可选择当前布局、当前颜色方案下的 SmartArt 图形预设样式。

4)"重置"组

单击"重设图形"按钮，将放弃所有对 SmartArt 图形颜色和样式的修改。

3.4.4 文本框

文本框虽名为"文本框"，实际是一种图形对象，是作为容纳文本或其他图形对象的容器，可以放置在文档页面的任意位置。使用文本框可以实现文本或图形的分层排版。

文本框操作

1．插入文本框

单击"插入"功能区"文本"组中的"文本框"下拉按钮，打开下拉列表，在列表中进行以下操作均可插入文本框。

(1) 单击"内置"列表中的预设文本框缩略图，在当前页面对应位置插入相应格式的文本框。

(2) 单击"绘制文本框"命令，鼠标光标呈 十 形态，此时按住鼠标左键并拖动鼠标，从按住鼠标位置到鼠标指针当前位置间出现一个黑色实线边框，释放鼠标时即在边框区域插入一个文本框。在该文本框内输入文字时，文字按水平方向排列。

(3) 单击"绘制竖排文本框"命令，同样可绘制出文本框。在该文本框内输入文字时，文字按竖直方向排列。

2．编辑文本框

选中文本框后，直接输入文字即可在文本框中添加文本。当选中文本框后，在 Word 2010 窗口顶部会出现"绘图工具"栏，并默认打开"格式"选项卡，如图 3.98 所示。由此可见，文本框本质上确为图形对象。编辑文本框的方法与编辑形状的方法类似。

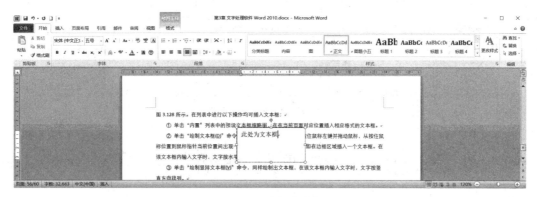

图 3.98　编辑文本框

3.4.5　艺术字

艺术字指为文字添加颜色、阴影、发光、映像等特殊效果后保存的一种图形对象。在 Word 2010 文档中添加艺术字可以美化文档、突出内容。

艺术字操作

1．插入艺术字

可采用以下方法插入艺术字：

(1) 定位插入点，单击"插入"功能区"文本"组中的"艺术字"下拉按钮，打开艺术字库，如图 3.99 所示。在艺术字库中选择相应艺术字缩略图，将在文档中添加艺术字对象，此时输入文本内容即可，如图 3.100 所示。

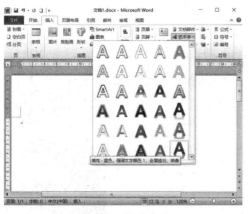

图 3.99　艺术字库

3.100　输入艺术字文本

(2) 选择文本，单击艺术字库中的相应艺术字缩略图，系统则将该艺术字样式应用到所选文本上。

2．设置艺术字格式

若对所设置的艺术字效果不满意，或需求有变更，可对艺术字效果进行更改。当选中艺术字后，Word 2010 窗口顶部将出现"绘图工具"栏，并默认打开"格式"选项卡，如图 3.101 所示。在"格式"功能区中可以设置艺术字格式、样式、文本、排列、大小等，方法与设置形状和文本框类似。

图 3.101　设置艺术字格式

3.5　特 殊 编 排

Word 2010 为用户提供了一些特殊排版的功能，如杂志、报刊中常用的首字下沉、竖排文字等，以满足用户在文档编辑过程中的特殊排版需求。

3.5.1　使用项目符号和编号

在编辑文档时，经常需要分层次行文。为段落添加项目符号和编号可以使文档层次分明，便于读者阅读和理解。

项目符号操作

1．设置项目符号

可采用以下方法为段落设置项目符号。

(1) 选中需要设置项目符号的段落，单击"开始"功能区"段落"组中的"项目符号"下拉按钮，打开项目符号库，选择需要设置的项目符号，即可为所选段落添加该项目符号，如图 3.102 所示。

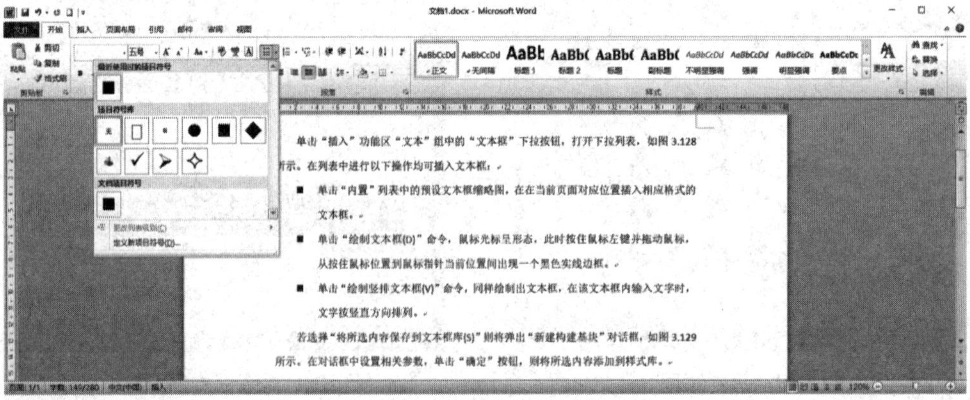

图 3.102　插入项目符号

（2）若在项目符号库中没有合适的项目符号，可选择"定义新项目符号"命令，弹出"定义新项目符号"对话框，如图 3.103 所示。在该对话框中单击"符号"按钮，打开"符号"对话框。在"符号"对话框中，可选择字体并在其下选择相应项目符号，如图 3.104 所示。

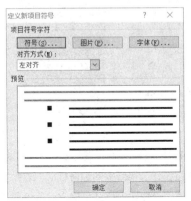
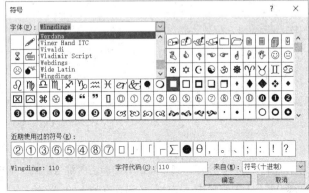

图 3.103　"定义新项目符号" 对话框　　　　　　图 3.104　"符号"对话框

（3）若需要插入图片项目符号，则可在"定义新项目符号"对话框中单击"图片"按钮，打开"图片项目符号"对话框，如图 3.105 所示。在该对话框中单击"搜索"按钮，可搜索 Word 2010 系统内置剪贴画或来自 Office.com 的内容，在搜索结果中选择相应图片并单击"确定"按钮，即可将之设置为项目符号。若需以自定义图片为项目符号，则可单击"导入"按钮，打开"将剪辑添加到管理器"对话框，如图 3.106 所示。定位所需图片的路径，单击"添加"按钮，即可将该图片添加到"图片项目符号"库中，在库中再选择该图片，单击"确定"按钮，即可将该图片作为项目符号。

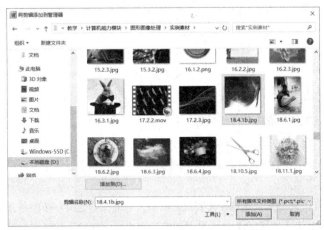

图 3.105　"图片项目符号"对话框　　　　　　图 3.106　"将剪辑添加到管理器"对话框

2．设置编号

可采用以下方法为段落设置编号。

（1）选中需要设置编号的段落，单击"开始"功能区"段落"组中的"编号"下拉按钮，打开编号库，选择需要设置的编号，即可为所选段落添加该编号，如图 3.107 所示。

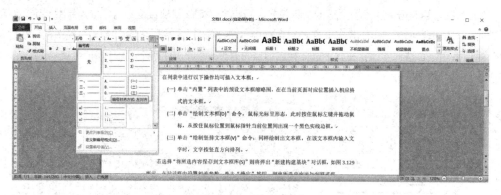

图 3.107　设置编号

（2）若在编号库中没有合适的编号，则可选择"定义新编号格式"命令，弹出"定义新编号格式"对话框，如图 3.108 所示。在该对话框中单击"编号样式"下拉按钮，选择所需的编号样式。若需要进一步设置编号，可单击"字体"按钮，在弹出的"字体"对话框中设置字体格式，确定后再设置文本的对齐方式，单击"确定"按钮，则按照所选编号样式及所设置格式设置编号。

（3）若需要设置编号的起始值，则可在"编号"下拉列表中选择"设置编号值"命令，打开"起始编号"对话框，如图 3.109 所示。在该对话框中可设置编号的起始值。

图 3.108　"定义新编号格式"对话框

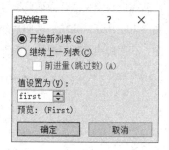

图 3.109　设置起始编号

3．设置多级列表

多级列表可以为级别不同的文本添加不同的编号，以示区别，便于读者快速理解各级文本之间的关系。可采用以下步骤设置多级列表。

（1）将插入点定位在需要设置多级列表的文本之前，按照各文本的等级，按【Tab】键或是"段落"组中的"缩进"按钮进行缩进，等级越低的文本缩进越多，如图 3.110 所示。

（2）选中需要设置多级列表的段落，单击"开始"功能区"段落"组中的"多级列表"下拉按钮，打开列表库，选择需要设置的列表，即可为所选段落添加该多级列表，如图 3.111 所示。多级列表效果如图 3.112 所示。

图 3.110　缩进

图 3.111 列表库　　　　　　　　　　图 3.112 多级列表效果

(3) 选中多级列表中的文本后，在列表库下方选择"更改列表级别"命令，可更改该文本的列表级别；选择"定义新的多级列表"命令或"定义新的列表样式"命令可自定义多级列表及其样式。

3.5.2 设置中文版式

1．纵横混排

中文版式操作

Word 2010 提供的"纵横混排"功能可以改变部分文本的排列方向，从而达到横排文本和纵排文本混合排列的特殊格式。

设置"纵横混排"的步骤为：先输入一段纵排文字(横排文字也可设置"纵横混排"，但其效果不如纵排文字)。选择需要横排的文字，单击"开始"功能区"段落"组中的"中文版式"下拉按钮，在下拉列表中选择"纵横混排"命令，打开"纵横混排"对话框，如图 3.113 所示。单击"确定"按钮，即可将所选文字设置为横排，如图 3.114所示。

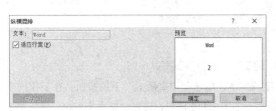

图 3.113 "纵横混排"对话框　　　　　图 3.114 "纵横混排"效果

若需删除"纵横混排"效果，则选中已设置"纵横混排"效果的文本，打开"纵横混排"对话框，此时"删除"按钮可用，单击该按钮即可将"纵横混排"效果删除。

2．合并字符

Word 2010 提供的"合并字符"功能可以将选中的字符进行合并，使其仅占用一个字符的空间。

合并字符的操作步骤为：选择需合并的字符，单击"中文版式"下拉按钮，在下拉列表中选择"合并字符"命令，打开"合并字符"对话框，如图 3.115 所示。在该对话框中设置字体、字号等选项，单击"确定"按钮，即将所选字符合并，其效果如图 3.116 所示。

图 3.115 "合并字符"对话框

图 3.116 "合并字符"效果

若需删除合并效果，则选中已设置合并字符效果的文本，打开"合并字符"对话框，此时"删除"按钮可用，单击该按钮即可将"合并字符"效果删除。

3．双行合一

Word 2010 提供的"双行合一"功能与"合并字符"功能效果类似，但多个字符通过"合并字符"合并后变为一个字符，而通过"双行合一"操作后，其仍旧是多个字符，每个字符都可以单独进行编辑。

双行合一的操作步骤为：选择需设置"双行合一"的文本，单击"中文版式"下拉按钮，在下拉列表中选择"双行合一"命令，打开"双行合一"对话框，如图 3.117 所示。单击"确定"按钮，即完成双行合一。双行合一后的字符仍旧彼此独立，可单独选择、编辑，如图 3.118 所示。

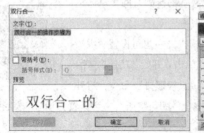

图 3.117 "双行合一"对话框

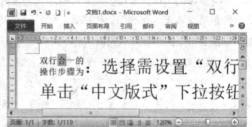

图 3.118 "双行合一"效果

若需删除"双行合一"效果，则选中已设置"双行合一"效果的文本，打开"双行合一"对话框，此时"删除"按钮可用，单击该按钮即可将"双行合一"效果删除。

4．调整宽度

Word 2010 提供的"调整宽度"功能可以调整字符间距与宽度。

调整宽度的操作步骤为：选择需调整宽度的文本，单击"中文版式"下拉按钮，在下拉列表中选择"调整宽度"命令，打开"调整宽度"对话框，如图 3.119 所示。设置"新文字宽度"值，单击"确定"按钮，即完成宽度调整，其效果如图 3.120 所示。

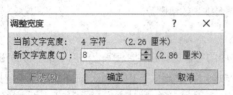

图 3.119 "调整宽度"对话框

图 3.120 "调整宽度"效果

若需删除"调整宽度"效果，则选中已设置"调整宽度"效果的文本，打开"调整宽度"对话框，此时"删除"按钮可用，单击该按钮即可将"调整宽度"效果删除。

5．字符缩放

Word 2010 提供的"字符缩放"功能可以按照字符当前尺寸横向压缩或扩展字符。

字符缩放的操作步骤为：选择需缩放的字符，单击"中文版式"下拉按钮，在下拉列表中选择"字符缩放"命令，打开"字符缩放"下拉列表，如图 3.121 所示。在下拉列表中选择缩放比例，即可完成字符缩放。若选择"其他"命令，则打开"字体"对话框，并默认打开"高级"选项卡。在该选项卡中可对字符缩放做自定义设置，如图 3.122 所示。

图 3.121　"字符缩放"下拉列表

图 3.122　"字体"对话框

3.5.3　使用特殊排版

在编辑 Word 2010 文档时，根据文档用途的不同，有时会有一些特殊的排版要求。例如，期刊常常分栏排版、报刊常常需要将文字竖排等。

特殊排版操作

1．设置首字下沉或悬挂

首字下沉是指段落的第一个字符以较大字号"嵌入"段落，下沉一定的距离，与后面的段落对齐，段落的其他部分保持原样。首字下沉效果常出现在期刊、杂志、图书或报纸中。

1) 设置首字下沉

将插入点定位到需要设置首字下沉的段落中，单击"插入"功能区"文本"组中的"首字下沉"下拉按钮，打开下拉列表，如图 3.123 所示。在列表中选择"下沉"选项，则以系统内置的"华文细黑字体、下沉 3 行、距正文 0 厘米"的格式设置首字下沉。若在下拉列表中选择"首字下沉选项"命令，则打开"首字下沉"对话框，如图 3.124 所示。在对话框中选择"下沉"选项，并设

图 3.123　"首字下沉"下拉列表

置"字体""下沉行数"及与正文距离，单击"确定"按钮，可自定义设置首字下沉。"首字下沉"效果如图 3.125 所示。

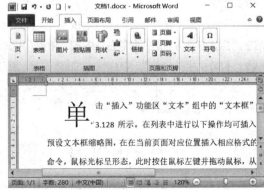

图 3.124 "首字下沉"对话框 　　　　　图 3.125 "首字下沉"效果

2) 设置首字悬挂

定位插入点，在"首字下沉"下拉菜单中选择"悬挂"命令，则以系统内置的"华文细黑字体、下沉 3 行、距正文 0 厘米"的格式设置首字悬挂。或打开"首字下沉"对话框，选择"悬挂"选项，并设置字体、下沉行数及与正文距离，单击"确定"按钮，可自定义设置首字悬挂。"首字悬挂"效果如图 3.126 所示。

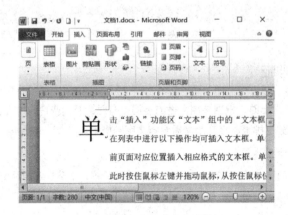

图 3.126 "首字悬挂"效果

3) 删除首字下沉或悬挂

定位插入点，在"首字下沉"下拉菜单中选择"无"命令，或是打开"首字下沉"对话框，选择"无"选项并单击"确定"，即可删除已设置的"首字下沉"效果。删除"首字悬挂"方法同"首字下沉"。

2. 设置文字方向

在编辑 Word 2010 文档时，用户可以根据实际需求，调整文字的排列方向。可采用以下方法进行调整。

1) 使用功能按钮调整

定位插入点到目标页面，单击"页面布局"功能区"页面设置"组中的"文字方向"下拉按钮，打开"文字方向"下拉列表。在下拉列表中选择相应选项，即可按该选项的格式调整文字方向，如图 3.127 所示。

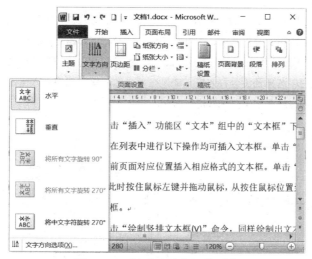

图 3.127 "文字方向"下拉列表

2) 使用对话框调整

若在"文字方向"下拉列表中单击"文字方向选项"命令，则打开"文字方向"对话框。若定位点在主文档内，则对话框的标题栏显示"文字方向-主文档"，如图 3.128 所示；若定位点在文本框内，则对话框的标题栏显示"文字方向-对话框"。

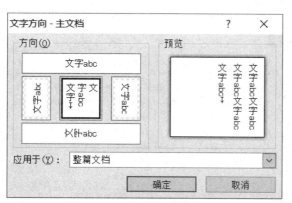

图 3.128 "文字方向"对话框

在对话框的左部可以选择需要的文字方向，右部将显示所选文字方向的效果预览。在"应用于"栏选择"整篇文档"，则将文本方向效果应用于文档内所有内容；若选择"插入点之后"，则插入点之前的内容保持不变，插入点之后的内容换页并应用所选文字方向效果。

若未进行分节操作，则文字方向效果将应用于整篇文档；若已进行分节操作，则文字方向效果只应用于当前节。文档分节相关内容参考 3.6.1 节。

3. 分栏排版

分栏排版可以增加页面的灵活性，常见于期刊、报纸等。

1) 创建分栏

可采用以下方法实现分栏。

(1) 定位插入点，单击"页面布局"功能区"页面设置"组的"分栏"下拉按钮，打开"分栏"下拉列表，在列表中选择相应分栏选项，即可对文档进行分栏，如图 3.129 所示。

(2) 若在"分栏"下拉列表中选择"更多分栏"命令，将打开"分栏"对话框，如图 3.130 所示。在对话框的"预设"栏中选择预设分栏效果，或是在"栏数"输入框中输入自定义分栏数，单击"确定"按钮即可按所选预设或自定义分栏数进行分栏。

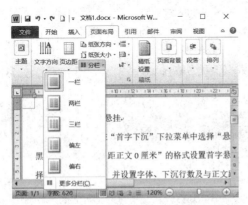

图 3.129 "分栏"下拉列表

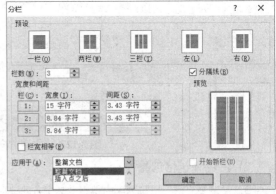

图 3.130 "分栏"对话框

分栏效果如图 3.131 所示。

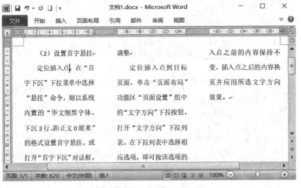

图 3.131 分栏效果

2) 调整栏宽

在分栏时，有时会有栏宽不相等的特殊需求，可通过"分栏"对话框分别设置各栏栏宽，其步骤为：打开"分栏"对话框，取消勾选"栏宽相等"复选框，此时在"宽度和间距"栏下的选项均可用，分别调整每栏宽度，单击"确定"按钮，即可实现调整各栏宽度，如图 3.130 所示。调整后的效果如图 3.132 所示。

图 3.132　调整栏宽效果

3) 添加分隔线

在进行分栏时，若需要各栏的边界明显，可在各栏之间添加分隔线，其步骤为：打开"分栏"对话框，勾选对话框中部右侧的"分隔线"复选框，单击"确定"按钮，即为各栏添加分隔线，如图 3.130 所示。添加分隔线效果如图 3.133 所示。

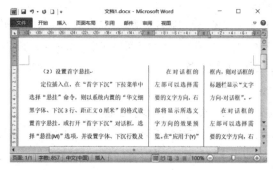

图 3.133　添加分隔线

4) 混合分栏

在分栏时，被分栏的内容有以下几种情况。

(1) 默认情况下，在"分栏"对话框底部的"应用于"下拉列表框中选择"整篇文档"，分栏的应用目标将是整篇文档，如图 3.130 所示。

(2) 若在"应用于"下拉列表框中选择"插入点之后"，则插入点之前的所有文档内容若未设置过分栏，则以默认的一栏进行排版，而对插入点之后的所有内容按分栏设置进行分栏，即实现混合分栏。

(3) 若选中文档中某些段落，再进行分栏操作，则只对所选段落进行分栏，未选择的段落以默认的一栏进行排版，亦可实现混合分栏，如图 3.134 所示。

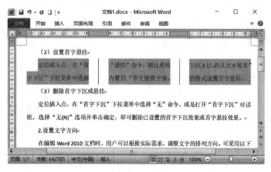

图 3.134　混合分栏

3.6 高级功能

为了提高文档的编排效率，创建特殊效果或功能的文档，Word 2010 提供了一些高级功能，用于进一步优化文档的编辑、排版与管理。

3.6.1 长文档的处理

在编辑 Word 2010 文档时，经常会遇到较长、内容较多的文档，例如，硕士学位论文常常有六七十页，编写教材的文档常常有几百页。这些长文档内容较多，编辑、设置操作繁琐，且管理困难。利用 Word 2010 提供的一些高级功能可以简化操作，有效提高编辑效率和管理效率。

1. 定义和应用样式

Word 2010 内置了大量预设样式，用户可直接选择相应样式，快速、统一地格式化文档内容，不必重复进行格式化操作。用户还可以根据实际需求对预设样式进行修改，或是创建自定义样式以便反复使用。

样式操作

1) 使用系统预设样式

可采用以下几种方法为目标段落设置系统预设样式。

(1) 选择或定位插入点到需要设置样式的段落，在"开始"功能区"样式"组中单击"其他"下拉按钮，打开快速样式库，如图 3.135 所示。在快速样式库中选择所需样式的缩略图，即可将该样式应用于目标段落。

图 3.135　快速样式库

(2) 在"其他"下拉列表中选择"应用样式"命令，打开"应用样式"对话框，如图 3.136 所示。在该对话框的"样式名"下拉列表框中可选择所需应用的样式。

(3) 单击"样式"组左下角的扩展按钮，打开"样式"对话框，在该对话框中选择所需样式即可，如图 3.137 所示。

图 3.136　"应用样式"对话框

图 3.137　"样式"对话框

2) 更改样式

图 3.135 所示为 Word 2010 在快速样式库中默认显示的样式集，用户可以根据实际需求，修改快速样式库中显示的样式集、主题颜色、字体、段落间距等。其具体操作步骤为：在"样式"组中单击"更改样式"下拉按钮，打开下拉列表，如图 3.138 所示。

图 3.139 为样式集更改为"茅草"的显示效果。

图 3.138　"更改样式"下拉列表　　　　图 3.139　"茅草"样式集

3) 创建自定义样式

用户可以根据实际需求创建自定义样式，可采用以下方法创建。

(1) 选择已设置格式的文本，在"样式"组中打开如图 3.135 所示快速样式下拉列表，在列表中选择"将所选内容保存为新快速样式"命令，打开"根据格式设置创建新样式"对话框，如图 3.140 所示。在对话框的"名称"输入框中输入新样式的名称，单击"确定"按钮，即可依据所选文本格式创建新样式。

(2) 选中文本，在"样式"组中单击扩展按钮，打开如图 3.137 所示"样式"对话框，在对话框中单击底部"新建样式"按钮；或是在如图 3.140 所示对话框中单击"修改"按钮。此时将打开"根据格式设置创建新样式"对话框，如图 3.141 所示。在该对话框中可详细设置文本格式。点击底部"格式"按钮还可以进一步进行设置。完成设置后单击"确定"按钮，即可根据所设置格式创建新样式。

图 3.140　将所选内容保存为新快速样式　　　　图 3.141　根据格式设置创建新样式

4) 修改样式

用户除可创建自定义样式外，还可在 Word 2010 系统提供的预设样式基础上做修改。可采用以下两种方法修改样式。

(1) 使用"修改样式"对话框修改。可采用以下方法打开"修改样式"对话框。

① 单击"样式"组中的"其他"下拉按钮，打开如图 3.135 所示快速样式库，在其中需修改的样式上右击鼠标，在弹出的快捷菜单中选择"修改"命令，如图 3.142 所示。

② 单击"样式"组中的扩展按钮，打开如图 3.137 所示"样式"对话框，在对话框列表中的相应样式上右击鼠标，在弹出的快捷菜单中选择"修改"命令，如图 3.143 所示。

图 3.142　通过快速样式库修改　　　　　图 3.143　通过"样式"对话框修改

打开的"修改样式"对话框如图 3.144 所示。在该对话框中可以快速设置所选样式所包含的文本格式，也可单击底部"格式"按钮，进一步打开字体、段落、边框等相关内容的对话框，进行更为详细的设置。设置完成后单击"确定"按钮，即可使用当前设置格式覆盖所选样式内相对应的格式。

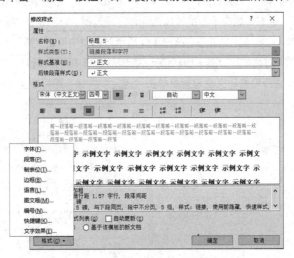

图 3.144　"修改样式"对话框

(2) 选择文本，按需求设置其格式，之后在快速样式库中的目标样式上右击鼠标，在快捷菜单中选择"更新 * 以匹配所选内容"命令，则"*"样式的格式将修改为所选文本的格式，所有应用"*"样式的文本也将更新为新的格式。其中，"*"是指所选快速样式的名称，如图 3.145 所示为选择"正文"快速样式时的情况，下拉菜单中的命令变为"更新 正文 以匹配所选内容"，选择该命令则"正文"快速样式被修改，所有应用"正文"样式的文本也更新为新的格式。

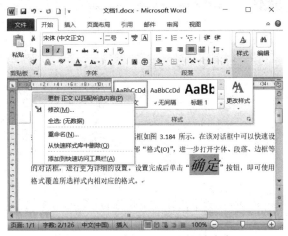

图 3.145　更新 * 以匹配所选内容

修改样式使其符合用户的实际需求，可以批量操作文本内容，极大提高文档编辑的效率。例如，学位论文中各级标题及正文都有严格要求，为相应等级的文本内容创建并应用样式之后，若要求发生变更，只需修改对应样式，则所有应用该样式的内容的格式均被更新，不需要逐个操作，使文档的编辑变得简单、快速。

5) 删除样式

若快速样式库中的样式过多，难免查找不便，对于一些不再需要的样式，可以将之删除。可采用以下两种方法删除样式。

(1) 单击"样式"组中的"其他"下拉按钮，打开快速样式库，在需要删除的快速样式上右击鼠标，选择"从快速样式库中删除"命令，即可在快速样式库中删除该快速样式，如图 3.146 所示。

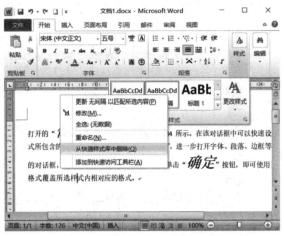

图 3.146　从快速样式库中删除

(2) 单击"样式"组中的扩展按钮，打开"样式"对话框，在列表中需要删除的样式上右击鼠标，在弹出的快捷菜单中选择"删除'*'"命令，即将该样式删除，其中"*"为样式名称；或者选择"从快速样式库中删除"命令，亦可将该样式从快速样式库中删除，如图 3.147 所示。

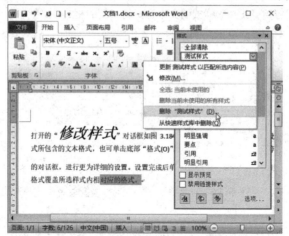

图 3.147 在"样式"对话框中删除

2．分页与分节

1) 分页

文档的某些部分常常需要另起一页开始，例如，学位论文各章需要另起一页。很多用户习惯于使用多个空行进行分页，这种操作较为繁琐，而且在文档内容增加或减少时，需要调整空行的数量，重新进行排版，从而增加了文档编辑的工作量，且均为重复工作。使用 Word 2010 提供的分页功能，可以快速完成分页，当文档内容增加或减少时，也不需要重复排版。

分页分节操作

为文档内容分页的操作步骤为：将插入点定位到需要分页的位置，单击"页面布局"功能区"页面设置"组中的"分隔符"下拉按钮，打开"分隔符"下拉列表，如图 3.148 所示。单击"分页符"命令即将插入点之后的文本分到下一页。图 3.149 所示上半部分为插入分页符效果。

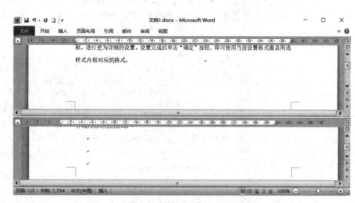

图 3.148 "分隔符"下拉列表　　　　　　　　图 3.149 插入分页符效果

2) 分节

"节"是 Word 2010 中一种不可见的页面元素，是文档格式化的最大单位。它将整个文档划分为若干个彼此独立的部分，对各个部分可以分别进行不同的排版布局。Word 2010 默认将整个文档视为一节。例如，在设置文本方向为竖排时，若未进行分节操作，则竖排文本操作将应用于整篇文档；若已进行分节操作，则只将当前节的文本竖排，其他节的文本仍旧保持横排。再如，学位论文一般要求有两种页码形式："摘要"到"目录"部分采用罗马数字形式的页码，正文部分采用阿拉伯数字形式的页码。此时可以在"目录"部分结束位置进行分节，前后两节的页码即可分别进行设置。

分节的操作步骤为：将插入点定位到需要分节的位置，单击"页面布局"功能区"页面设置"组中的"分隔符"下拉按钮，打开"分隔符"下拉列表，如图 3.148 所示。在"分节符"列表中选择相应选项，即可进行分节。"分节符"列表各选项功能如下：

■ 下一页：插入分节符并在下一页上开始新节。

■ 连续：插入分节符并在同一页上开始新节。

■ 偶数页：插入分节符并在下一偶数页上开始新节。

■ 奇数页：插入分节符并在下一奇数页上开始新节。

如图 3.150 为设置分节之后，将第二节文字竖排的效果，上部窗口为第一节内容的分割窗口显示，下部窗口为第二节内容的分割窗口显示。

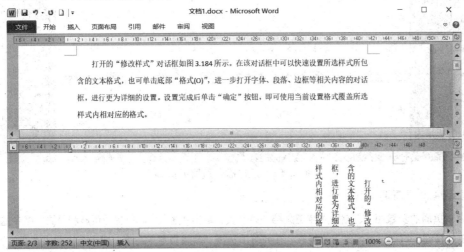

图 3.150　分节效果

3．设置页眉和页脚

页眉、页脚是分别在文档每页顶部或底部页边距中出现的文档元素，经常用于插入标题、页码、日期、公司 Logo 等文本、符号或图形，它们既能增强文档的表现力，也便于对文档进行管理。

页眉页脚操作

1）插入页眉和页脚

可采用以下方法插入页眉或页脚。

(1) 单击"插入"功能区"页眉和页脚"组中的"页眉"下拉按钮，打开"页眉"下拉菜单，选择预设页眉样式即可插入页眉，如图 3.151 所示。单击"插入"功能区"页眉和页脚"组中的"页脚"下拉按钮，打开"页脚"下拉菜单，选择预设页脚样式即可插入页脚，如图 3.152 所示。

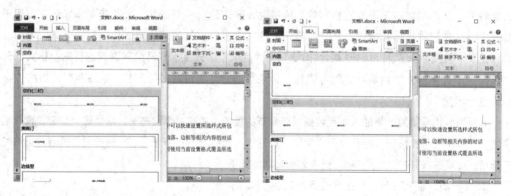

图 3.151　插入页眉　　　　　　　　　　图 3.152　插入页脚

(2) 直接在顶部页边距区域内或底部页边距区域内双击，即可添加页眉或页脚，如图 3.153 所示。

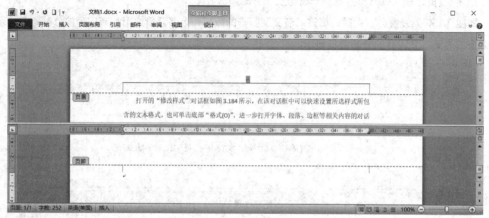

图 3.153　双击插入页眉或页脚

2) 编辑页眉和页脚

编辑页眉的步骤为：定位插入点至文档中某一页，单击"插入"功能区"页眉和页脚"组中的"页眉"下拉按钮，打开"页眉"下拉列表，在列表中选择"编辑页眉"命令，或者直接双击某页的页眉。此时在 Word 2010 窗口顶部将出现"页眉和页脚工具"栏，并打开"设计"选项卡，通过其功能区中各组按钮即可进行页眉编辑。

对页脚进行类似操作也可以打开"页眉和页脚工具"栏，如图 3.154 所示。

图 3.154　"页眉和页脚工具"栏

"页眉和页脚工具"栏"设计"功能区中各按钮组功能如下：

(1) "页眉和页脚"组：插入、编辑、删除页眉、页脚和页码。

(2)"插入"组：在页眉和页脚中插入日期和时间、文档部件、图片、剪贴画等文档对象。

(3)"导航"组："导航"组各按钮功能如下：

■ 转至页眉：激活当前页的页眉使其可以编辑，并将插入点定位到页眉内。

■ 转至页脚：激活当前页的页脚使其可以编辑，并将插入点定位到页脚内。

■ 上一节：导航至上一个页眉或页脚。

■ 下一节：导航至下一个页眉或页脚。

■ 链接到前一条页眉：链接到上一节，使当前页的页眉和页脚与上一节相同。

(4)"选项"组："选项"组各按钮功能如下：

■ 首页不同：为文档首页指定特有的页眉和页脚。

■ 奇偶页不同：指定奇数页和偶数页应使用不同的页眉和页脚。

■ 显示文档文字：在编辑页眉和页脚时显示或取消显示页眉和页脚以外的文档内容。

(5)"位置"组：设置页眉或页脚与页面顶端或底端的距离。若单击"插入'对齐方式'选项卡"按钮，则打开"对齐制表位"对话框，在其中可以设置页眉和页脚内容的对齐方式和前导符号。

(6)"关闭"组：单击"关闭页眉和页脚"按钮则退出页眉和页脚的编辑操作。在编辑页眉和页脚时，按【Esc】键也可退出编辑。

当插入点定位到页眉或页脚内部后，可切换到"开始""插入"等功能区对其内容进行编辑，编辑方法与在文档中编辑内容的方法类似。

3) 插入和编辑页码

页码是一种特殊的页眉或页脚，方便用户对长文档进行管理，是长文档所需的重要文档元素。

(1) 插入页码。定位插入点，单击"插入"功能区"页眉和页脚"组中的"页码"下拉按钮，打开"页码"下拉列表，在列表中选择需要插入页码的位置——"页面顶端""页面底端"等，然后打开次级列表。在预设页码样式库中选择所需页码样式，即可在相应页面位置插入所选样式的页码，如图3.155 所示。

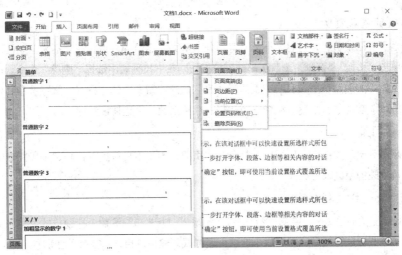

图 3.155　插入页码

(2) 编辑页码。在插入页码之后，可选择如图 3.155 所示"页码"下拉列表中的"设置页码格式"命令，打开"页码格式"对话框，如图 3.156 所示。在该对话框中可设置页码的编号格式、页码编号等选项。

(3) 混合页码。在 Word 2010 文档中若需要两种以上格式的页码，则可采用分节插入页码的方式实现，其操作步骤为：

① 定位插入点至需要分节的位置，单击"页面布局"功能区"页面设置"组中的"分隔符"下拉按钮，在下拉列表中选择所需分节符。

② 将插入点定位到后一节的页眉或页脚内，在"设计"功能区"导航"组内取消勾选"链接到前一条页眉"复选框。

③ 将光标定位到前一节，插入所需位置和格式的页码。

④ 将光标定位到后一节，插入所需位置和格式的页码。

⑤ 修改前后两节页码的格式和起始编码。

图 3.156　　"页码格式"对话框

图 3.157 为罗马数字形式的页码和阿拉伯数字形式的页码的混合设置效果。

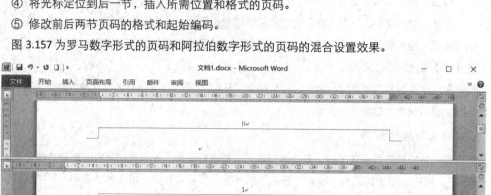

图 3.157　混合页码

4) 删除页眉和页脚

若不再需要页眉或页脚，可将之删除。其操作步骤为：定位插入点，在"插入"功能区"页眉和页脚"组中单击"页眉""页脚"或"页码"下拉按钮，在下拉列表中选择"删除"命令，即可删除页眉、页脚或页码。若删除页眉、页脚或页码后，其区域还保留有黑色边框线，则可选中其内部段落标记，通过"开始"功能区"段落"组中设置边框的相关按钮，将边框设置为"无"即可。

4．创建目录

目录按顺序列出了文档中各级标题及其所在的页码，便于用户快速查找和定位所需查阅的内容，是长文档不可或缺的组成部分。

1) 基于快速样式创建自动目录

Word 2010 提供的快速样式中有"标题 1""标题 2""标题 3"等数个标题样式，当为文档中的标题内容设置了这些标题样式后，即可基于这些标题样式创建自动目录。其操作步骤如下：

(1) 为文档中需添加目录的标题应用相应级别的标题快速样式，如图 3.158 所示。

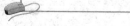

(2) 将插入点定位到需要创建目录的位置，单击"引用"功能区"目录"组中的"目录"下拉按钮，打开下拉列表，如图 3.159 所示。在列表中选择所需自动目录，即可完成自动目录的创建。

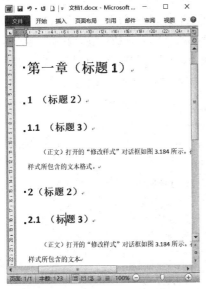

图 3.158 使用标题快速样式

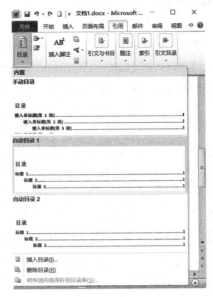

图 3.159 创建自动目录

2) 创建目录的前提

应用标题快速样式能够创建自动目录，原因是 Word 2010 提供的几个标题快速样式的段落格式中均设置有"大纲级别"。实际上，基于任何文本样式均可创建目录。

在如图 3.159 所示的下拉列表中，若单击"插入目录"命令，则将打开"目录"对话框，如图 3.160 所示。在对话框底部"常规"栏的"显示级别"输入框中默认值是"3"，即显示大纲等级前 3 级的目录。对话框上部的"打印预览"栏和"Web 预览"栏显示了在当前显示级别下的显示效果预览。

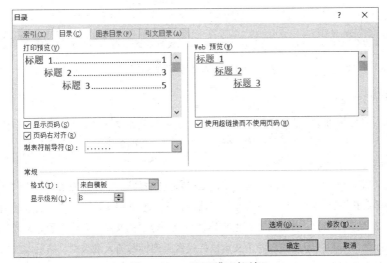

图 3.160 "目录"对话框

在对话框中若单击"选项"按钮，则将打开"目录选项"对话框，如图 3.161 所示。由图中可知"标题 1""标题 2""标题 3"三个标题快速样式的"目录级别"分别为"1""2""3"，故如图 3.160 所示的目录中仅有这三个等级的标题。

若要添加其他文本内容为目录，可设置其目录级别。如图 3.162 为将"正文"样式的目录级别设为"4"。之后再将如图 3.160 所示的"目录"对话框底部的"常规"栏的"显示级别"输入框中的值设置为"4"，即显示大纲等级前 4 级的目录，依次单击"确定"按钮返回，此时所有样式为"正文"的文本内容也将被加入目录中，目录将显示四个级别的内容，如图 3.163 所示。

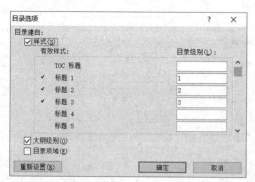

图 3.161　"目录选项"对话框　　　　图 3.162 设置"正文"样式目录级别

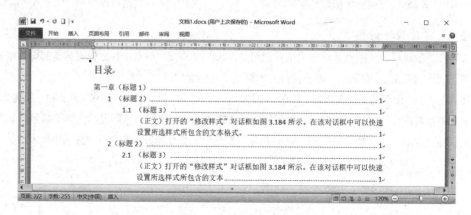

图 3.163　插入四个级别的目录

3) 创建自定义目录

以上所述内容将帮助我们创建自定义目录，但一般情况下不会将"正文"也加入目录中，大多数目录均是以"大纲级别"作为目录等级的划分，所以任何"大纲级别"非"正文文本"的内容都可以用来创建目录。

创建自定义目录的步骤为：输入文本内容，选中需要作为目录中标题的文本，在"开始"功能区"段落"组中单击扩展按钮，打开"段落"对话框，在"缩进和间距"选项卡的"常规"栏设置其"大纲级别"。重复以上步骤，分别设置其他需作为目录中标题的文本。完成设置后按前述操作插入自动目录即可。如图 3.164 所示为插入两个文本框并设置其内标题的大纲级别，然后添加自动目录的效果。这个操作适合于期刊、杂志等版面较为灵活的情况。

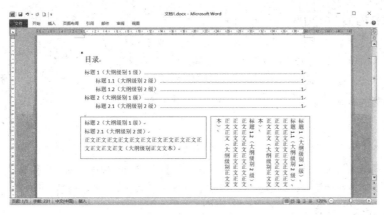

图 3.164　自定义目录

4) 更新目录

若在创建好目录后又对文档内容进行了增加、删除等操作，以致现有目录与实际内容所在页码不一致时，可使用"更新目录"操作进行校正。其操作步骤为：单击"引用"功能区"目录"组中的"更新目录"，打开"更新目录"对话框，在其中选择更新选项，即可完成目录更新。"更新目录"对话框中可选选项功能如下：

■ 只更新页码：不更改当前目录的标题层次结构，仅更新已有标题所对应的页码。

■ 更新整个目录：同时更新当前目录的标题层次结构及所有标题所对应的页码。

5．设置脚注与尾注

脚注与尾注用于在书籍、论文中显示引用资料的来源，或是对专有名词、作者信息等附加内容作解释或补充说明。"脚注"位于当前页面的底部或指定文字的下方，"尾注"位于文档结束位置或指定节的结尾位置。"脚注"和"尾注"均以黑色短实线与正文分隔，正文文本在分隔线上方，"脚注"与"尾注"的注释文本在分隔线下方。

插入脚注或尾注的步骤为：将插入点定位到要添加脚注或尾注的文本之后；或将该文本选中，单击"引用"功能区"脚注"组中的"插入脚注"或"插入尾注"按钮，即可在文本所在页面的底部插入脚注，或是在文档或当前节结尾处插入尾注。此时目标文本的右上角出现一个上标形式的序号，且插入点定位到脚注或尾注之内，直接输入文本即可编辑该脚注或尾注，如图 3.165 所示。若需修改脚注或尾注的位置、格式等，可在"脚注"组中单击扩展按钮，在打开的"脚注和尾注"对话框中进行设置，如图 3.166 所示。

图 3.165　插入脚注或尾注

图 3.166　"脚注和尾注"对话框

3.6.2 审阅与修订文档

编辑 Word 2010 文档，特别是和他人协同编辑文档时，常常需要用户及时了解文档的相关状态。使用 Word 2010 提供的"审阅"功能可帮助用户掌握文档的状态，促进信息的传递。

审阅修订操作

1. 校对

在编辑 Word 2010 文档时，由于需要输入文本内容，难免会出现字、词输入的语法错误；有时又需要统计文档或某一部分文本的字数以确保其符合文档的字数要求；又或者文档因阅读要求，需要进行中文简繁转换。这些需求都可以使用 Word 2010 提供的"校对"来实现。

1) 拼写和语法检查

在编辑文档时，Word 2010 系统会自动检查拼写或语法错误。若检查出可能的拼写错误，则将在目标文本下方标出红色波浪线；若检查出可能的语法错误，将在目标文本下方标出绿色波浪线，如图 3.167 所示。

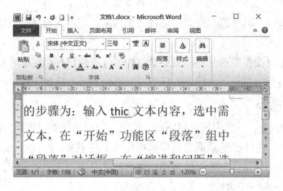

图 3.167　拼写和语法检查

拼写和语法检查的操作步骤为：单击"审阅"功能区"校对"组中的"拼写和语法"，打开"拼写和语法"对话框，如图 3.168 所示。在该对话框的上部以红色或绿色显示可能的拼写错误或语法错误的字词，下部"建议"栏列举出更改建议。此时由用户判断系统给出的拼写错误或语法错误是否属实，若确认所标示的文本正确，则单击"忽略一次"按钮；若确认所标示的文本确为拼写错误或语法错误，则单击"更改"按钮，此时"建议"栏内的选项可选，选择所需修改建议即可完成修改。

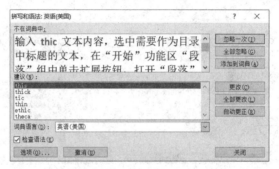

图 3.168　"拼写和语法"对话框

　　需要了解的是，Word 2010 的拼写和语法检查功能依据于系统内置的特定词典，所以有时系统自动标示的拼写错误或语法错误不一定真的有错，例如一些生僻字词、不常用语法等很容易被标示为错误，用户需要逐条进行核对。

　　Word 2010 系统默认会进行拼写检查和语法检查。若不需要使用该项功能，可单击"文件"选项卡，选择左侧"选项"命令，打开"Word 选项"对话框，在左侧选择"校对"选项，并将右侧的"在 Word 中更正拼写和语法时"栏下相关内容取消勾选，则系统不再主动进行拼写检查和语法检查。

　2) 字数统计

　　Word 2010 提供了对文档中字数进行统计的功能，可以实时统计整篇文档的字符数和所选文本的字符数，也可以进行"不带空格字符数""行数""页数"等更为细致的统计。

　　可采用以下方法进行字数统计：

　　(1) 在 Word 2010 窗口底部状态栏的左侧，系统默认自动统计文档的当前页码、总页数和总字符数。若选择了部分文本，则在总字符数的前面显示当前选中文本的字符数，如图 3.169 所示。

　　(2) 定位插入点，单击"审阅"功能区"校对"组中的"字数统计"，打开"字数统计"对话框，如图 3.170 所示。该对话框中的"统计信息"栏详细分列了"页数""字数""字符数(不计空格)""字符数(计空格)""段落数""行数""非中文单词"中文字符和朝鲜语单词等信息。底部"包括文本框、脚注和尾注"复选框默认勾选，即统计信息中包括这些文档的内容；若不需要将这些文档内容纳入统计范围，则可取消勾选。若以上操作是在选中部分文本内容后进行的，则对话框中显示的统计信息为所选文本内容的相关统计信息。

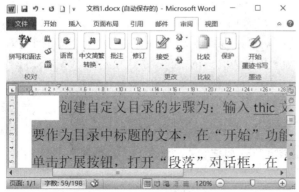

图 3.169　自动字数统计　　　　　　　图 3.170　"字数统计"对话框

3) 中文简繁转换

　　中文简繁转换的操作步骤为：定位插入点，单击"审阅"功能区"中文简繁转换"组中的相关命令，即可实现中文简繁转换。"中文简繁转换"组中各按钮功能如下：

　　■ 繁转简：将文档转换为简体中文。

　　■ 简转繁：将文档转换为繁体中文。

　　■ 简繁转换：指定用于中文简繁转换功能的其他选项，单击打开"中文简繁转换"对话框，如图 3.171 所示。在对话框中可进行"中文简繁转换"的具体设置。图 3.172 为"中文简转繁"效果。

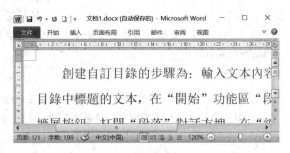

图 3.171 "中文简繁转换"对话框   图 3.172 "中文简转繁"效果

若选中部分文本内容再进行中文简繁转换操作，则只对已选文本内容进行中文简繁转换。

2. 批注

在多人协同编辑文档时，常常需要记录或标示对文档内容的变更，以便他人快速知悉。Word 2010 为用户提供了"批注"功能。"批注"是指添加到文档独立批注窗口中的注释或注解，并不修改原文档内容。Word 2010 会为每个批注自动添加顺序编号和名称，便于用户查阅和管理。使用"审阅"功能区"批注"组中的功能按钮即可进行批注操作。其具体步骤为：将插入点定位到需要添加批注的内容之后，或选中该内容，单击"新建批注"按钮，此时页面右侧页边距之外出现灰色区域及淡红色批注框，批注框内有"批注"字样、用户名及批注序号，在其中直接输入文本内容或插入图片等对象即可。批注效果如图 3.173 所示。

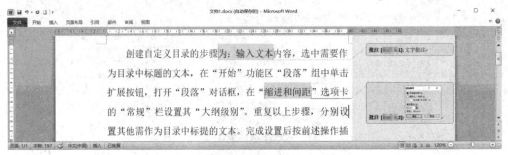

图 3.173 批注效果

3. 修订

编辑 Word 2010 文档，特别是多人协同编辑时，有时并不能够确定对文档内容所做修改是否符合需求，此时可以使用"修订"模式进行操作，待后期确认后，对修订操作进行接受或拒绝即可。

1) 修订

对文档进行修订的操作步骤为：单击"审阅"功能区"修订"组中的"修订"下拉按钮，打开"修订"下拉列表，在列表中选择"修订"命令，即进入修订模式。此时所做操作均为修订操作，被编辑的内容均添加修订标记。如图 3.174 所示为在修订状态下对部分文本内容进行"中文简转繁"操作。在修订标记中的文本默认以红色显示，原始文本加删除线，修订后的文本加下划线。

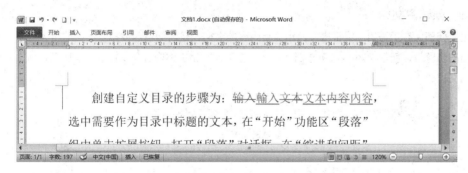

图 3.174　修订效果

再次单击"修订"下拉列表中的"修订"命令即退出修订模式。

2) 接受与拒绝修订

用户可以对每一项修订选择接受或拒绝。其操作步骤为：选中修订项，单击"审阅"功能区"更改"组中的相关按钮即可定位、接受或拒绝相应修订。"更改"组中各按钮功能如下：

■ 接受：接受相关修订。

■ 拒绝：拒绝相关修订，可选项及其功能与"接受"类似。

■ 上一条：定位到文档中的上一条修订，以便接受或拒绝该修订。

■ 下一条：定位到文档中的下一条修订，以便接受或拒绝该修订。

如图 3.175 所示为接受前两项修订的效果。

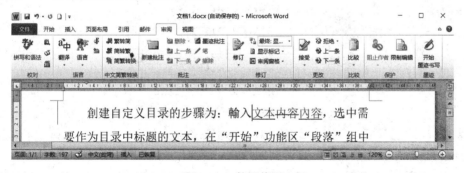

图 3.175　接受修订

3.6.3　邮件合并

在日常工作中，经常需要将信函或报表发送给不同的单位或个人。这些信函或报表的格式和主要内容往往基本相同，仅称谓或数据细节不同。例如，同一所高校相同专业年级的不同毕业生，其学历证书或学位证书上仅有姓名不相同。诸如此类情况，若每一份信函或报表等文档都进行专门编辑，必然造成大量重复工作，工作效率极低。

邮件合并操作

Word 2010 为用户提供的"邮件合并"功能即针对以上情况，将文档中的共有内容和变化内容分开保存，再通过一定的方式将之动态合并，从而批量生成所需信函或报表，极大地提高了此种情况下的工作效率。

1．创建主文档

主文档即保存所需信函或报表文档中共有内容的文档，是所需信函或报表文档的主体框架。创建主文档的步骤为：新建 Word 2010 文档，在文档中输入文档主体内容，如图 3.176 所示，为文档命名并保存文档。

图 3.176　主文档

2．创建并引用数据源文档

数据源文档是保存所需信函或报表文档中变化内容的文档，是所需信函或报表文档的数据来源，以表格形式保存文档中的变化内容，可以使用 Word 2010 中的表格，也可以使用 Excel 2010 中的表格。本例中使用 Word 2010 表格进行演示。

创建数据源文档的步骤为：新建一个 Word 2010 文档，在文档中创建表格，并为表格输入数据，如图 3.177 所示。

图 3.177　数据源文档

创建好数据源文档后，还需将之引用到主文档中，其操作步骤如下：

打开主文档，单击"邮件"功能区"开始邮件合并"组中的"开始邮件合并"下拉按钮，打开下拉列表，在列表中选择"邮件合并分步向导"命令，如图 3.178 所示。

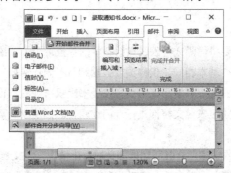

图 3.178　开始邮件合并

在"邮件合并分布向导"中依次选择"信函""下一步：正在启动文档""使用当前文档""下一步：选取收件人""使用现有列表"，单击向导栏中部的"浏览..."命令，如图 3.179 所示。

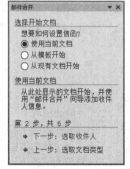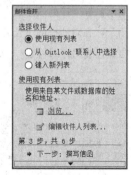

图 3.179　"邮件合并"向导

此时将打开"选取数据源"对话框，如图 3.180 所示。在对话框中定位数据源文档路径，单击"打开"按钮，此时将打开"邮件合并收件人"对话框，如图 3.181 所示。单击"确定"按钮，即将该数据源链接至主文档。

图 3.180　"选取数据源"对话框　　　图 3.181　"邮件合并收件人"对话框

3．插入合并域

将插入点定位到主文档中为变化数据留空的位置，单击"邮件"功能区"编写和插入域"组中的"插入合并域"下拉按钮，在下拉列表中选择需要插入的数据列。重复此操作，为每一个变化数据的留空位置插入所需数据列，如图 3.182 所示。

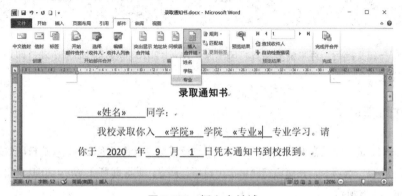

图 3.182　插入合并域

4．合并文档

单击"邮件"功能区"完成"组中的"完成并合并"下拉按钮，打开"完成并合并"下拉列表，如图 3.183 所示。在下拉列表中选择"编辑单个文档"命令，此时将打开"合并到新文档"对话框，如图 3.184 所示。在对话框的"合并记录"栏中选择"全部"选项，单击"确定"按钮，即完成邮件合并，将文档保存或另存即可。

图 3.183　"完成并合并"下拉列表

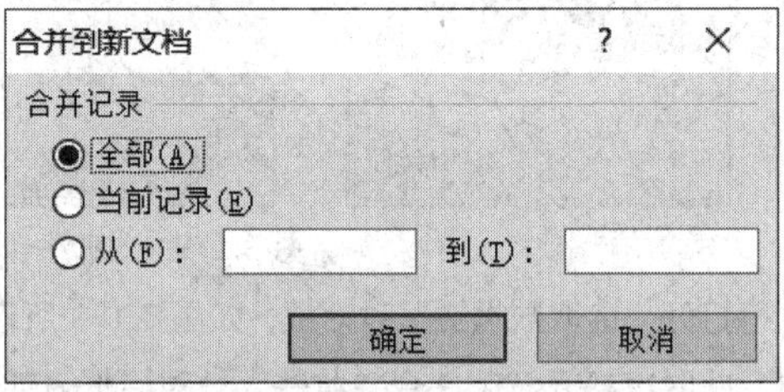

图 3.184　合并到新文档

邮件合并效果如图 3.185 所示。

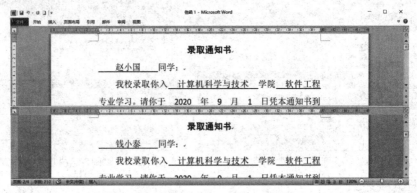

图 3.185　邮件合并效果

3.7　文档打印

当编辑好一篇文档后，经常需要将其打印出来。Word 2010 提供了打印预览和打印功能，可以帮助用户完成文档打印工作。

3.7.1　打印预览

在打印文档之前，一般需要对文档的打印效果进行预览，避免出现错误。预览打印效果的操作步骤为：单击"文件"选项卡，在窗口左侧单击"打印"命令，此时即可在 Word 2010 窗口右侧预览打印效果，如图 3.186 所示。

图 3.186 打印预览

3.7.2 打印文档

设置好相应打印选项后，单击"打印"按钮，即可打印文档。在打印之前，最好先保存文档，避免意外丢失文档内容。

第4章

电子表格软件 Excel 2010

本章导读

Excel 2010 具有强大的数据处理功能，也是目前办公应用中最强大、最广泛的电子表格处理软件。熟练掌握 Excel 是工作中不可缺少的一项基本技能，了解 Excel 2010 的基本知识，能够进行基本的 Excel 操作也是当代大学生必备的基本素质。

学习目标

(1) 了解 Excel 2010。

(2) 掌握 Excel 2010 的基本操作。

(3) 掌握 Excel 2010 基本数据格式和数据处理。

(4) 了解 Excel 2010 的公式和函数。

(5) 了解 Excel 2010 图表。

(6) 掌握基本的 Excel 2010 打印。

4.1 初识 Excel 2010

4.1.1 Excel 2010 简介

Excel 2010 是微软公司研发的办公自动化组件之一，它与 Word 2010 文字处理软件是姊妹软件，因此它在操作界面、操作方法以及部分对象处理等面与 Word 相似。Excel 2010 是目前功能最强大、应用最广泛的电子表格处理软件。它除了可以对表格式的数据进行组织、计算、分析和统计，通过多种形式的图表来形象地表现数据，也可以对数据表进行诸如排序、筛选和分类汇总等数据的操作，还可以准确完成一系列工程、财务、科学统计和商业任务。

4.1.2　启动 Excel 2010

Excel 2010 电子表格软件和其他程序一样，在使用之前先要启动才能在其中进行操作，完成相应的工作，方法如下：

方法 1：双击桌面上如图 4.1 所示的快捷方式图标启动 Excel 2010 软件。

方法 2：通过 ▦ 开始菜单中的 Microsoft Office Excel 2010 菜单项启动 Excel 2010。

方法 3：查找并运行 Excel 2010 软件的主程序 Excel.exe 启动 Excel 2010。

方法 4：双击已有的工作簿文件，即可启动 Excel 2010 软件，如图 4.2 所示。

图 4.1　Excel 工作表快捷方式图　　　　　　4.2 工作簿

4.1.3　保存 Excel 2010

在平时的操作中可能随时需要保存表格，以防数据出现意外，Excel 2010 的保存通常有以下几种方法。

方法 1：利用文件保存。切换到"文件"菜单下，单击"保存" 文件 ➡️ 🖫 保存。

方法 2：利用保存按钮保存。直接单击"保存"按钮 🖫。

方法 3：利用另存为对话框保存。切换到"文件"菜单下，选择"另存为"，输入对应的文件名和对应的文件保存位置即可完成保存 文件 ➡️ 🖫 另存为 ➡️ 🗔 。

方法 4：利用【Ctrl + S】快捷键保存。

方法 5：定时保存。切换到"文件"菜单下，单击"选项"进入"Excel 选项"中，选择"保存"，如图 4.3 所示。可对保存的时间间隔进行设置。

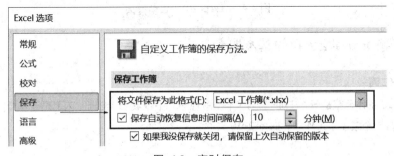

图 4.3　定时保存

4.1.4　关闭 Excel 2010

在日常操作中，当需要关闭 Excel 2010 时，可采用以下方法。

方法 1：利用"关闭"按钮 退出。

方法 2：利用"文件"菜单退出。

方法 3：利用功能区左上角图标 ⇒ 退出。

方法 4：利用【Alt + F4】快捷键退出。

4.1.5　认识 Excel 2010 界面

在 Excel 2010 中，用户的操作都是在单元格、工作表、工作簿中进行的，因此掌握其基本概念对操作软件有着很重要的意义。

Excel 2010 启动界面如图 4.4 所示，其界面与 Word 2010 大致相同。

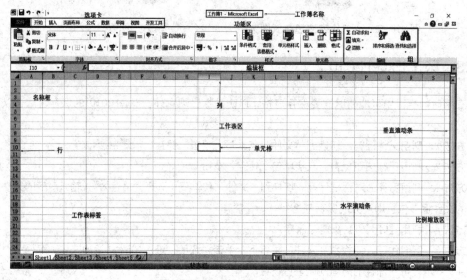

图 4.4　Excel 2010 启动界面

4.1.6　了解 Excel 2010 的基本概念

1. 工作簿

Excel 2010 工作簿就是一个 Excel 数据文件，就像一本书或者一个账册，内部是若干个数据的集合。工作簿中包含一个或多个工作表，Excel 2010 文件的扩展名为.xlsx。

提示
- 新建工作簿时有默认的文件名。
- 保存工作簿时可进行文件类型的选择。
- 新建工作簿时可以根据情况设置新建工作表的个数。

2．工作表

在 Excel 2010 中，工作表是工作簿中的一张工作表格，是由行和列构成的二维网格，用来分存储和处理数据，是用户主要的窗口。初始化时，工作簿包含 3 张独立的工作表，分别命名为 Sheet1、Sheet2、Sheet3，并在工作表区显示工作表 Sheet，该表为当前的工作表。单击工作表标签可以选择其他工作表，被选中的工作表就变成了当前的工作表。每个工作表由 1048576 行、16384 列组成。

3．单元格

在工作表中，以数字标识行、以字母标识列，每个行与列的交叉点称为单元格。单元格是工作表的基本组成元素，用户可以在单元格中输入各种类型的数据、公式、对象等。工作表左上角的单元格为"A1"，右下角的单元格是 XFD1048576。每个单元格可以容纳 32767 个字符。

4．单元格区域

在 Excel 2010 中单元格区域是一个矩形块，它由工作表中相邻的若干个单元格组成。单元格区域的地址用其对角的两个单元格地址来表示，中间用冒号"："分隔，如：A1:D4，A4:D1。

5．单元格地址

单元格所在的位置称为单元格地址。单元格地址表示方法为"列标行号"，如：A6 就是 A 列的第 6 行单元格的地址。

在统计数据时，有时会引用一个工作表的多个单元格或单元格区域，这时多个单元格和区域的引用，中间用英文的逗号"，"分开，如："A2:C3，D4:F7"。

如果要引用非当前工作表的单元格，则需要在地址前面加上工作表名和"！"，如：Sheet3! A2，表示 Sheet3 工作表中的 A2 单元格。

单元格的引用包括如下三类。

(1) 相对引用：用列标和行号组成，是用得最多的一种引用方法，如 A2、B5、F7 等。

(2) 绝对引用：由列标和行号前全加上符号"$"构成，如$A$1、$5、$F$6 等。

(3) 混合引用：由列标或行号中的一个前加上符号"$"构成，如 A$1、$E5 等。

表 4.1 所示为单元格的引用。

表 4 .1　单元格引用

引用名称	引用结果	引用实质
相对引用	=A3	行列不固定
绝对引用	=$A$3	行列固定
混合引用	=A$3	固定行

4.2　Excel 2010 的基本操作

4.2.1　新建 Excel 2010 工作簿

一般通过以下两种方法新建 Excel 2010 工作簿。

方法 1：新建空白工作簿。打开 Excel 2010，在"文件"选项中选择"新建"选项，在右侧选择"空白工作簿",点击界面右下角的"创建"图标就可以创建一个空白的工作簿,如图4.5所示。

方法2:从模板中新建工作簿,如图4.6所示。

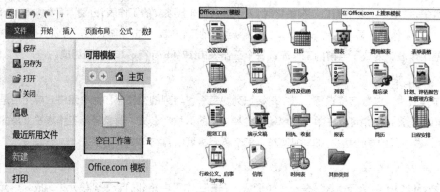

图 4.5　新建空白工作簿　　　　　　　图 4.6　新建模板工作簿

4.2.2　Excel 2010 工作表的基本操作

在 Excel 2010 中,新建的 Excel 工作簿默认有 3 个工作表,分别由 Sheet1、Sheet2、Sheet3 表示,用户可在"Excel 选项"对话框中对"包含的工作表数"进行更改,如图 4.7 所示,其取值范围是 1~255。

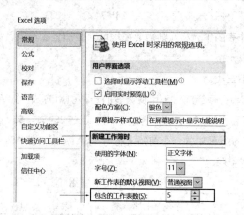

图 4.7　Excel 2010 基本设置

1. 选定、插入、删除、隐藏工作表

1) 选定单个工作表

在 Excel 2010 中,虽然一个工作簿内有多张工作表,但除工作表组之外,同一时间只能有一个当前工作表(即活动工作表),文档窗口中也只显示当前工作表的内容(在工作表组中只显示首先选择的工作表内容)。当单击工作表的标签时,就选定了该工作表,也就意味着它成为当前活动工作表,如图 4.8 所示。

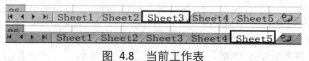

图 4.8　当前工作表

2) 选定相邻的多个工作表

单击第一个工作表的标签，按【Shift】键的同时单击最后一个工作表的标签，也可按住【Ctrl】键一个一个地选择，选中的多个工作表形成工作表组。

3) 选定不相邻的多个工作表

在"工作表标签栏"中选中其中一张工作表标签，按住【Ctrl】键不放分别单击其他要选定的工作表标签，选择完释放【Ctrl】键。同时选中的多张工作表形成工作组，此时在 Excel 系统标题栏工作簿名称的右侧出现"工作组"标志，如图 4.9 所示。单击任意一张非当前工作表标签或者右击工作组标签，在弹出的快捷菜单中选择 ┃ 取消组合工作表(U) 命令，即可取消选定的工作表组。

图 4.9 Excel 2010 当前工作表

4) 选定全部工作表

在工作表标签中单击鼠标右键，选择"选定全部工作表"。

提示

如果同时选定了多个工作表，其中只有一个工作表是当前工作表，则对当前的编辑操作会作用到其他被选定的工作表。如在当前工作表的某个单元格中输入数据或者进行格式操作，相当于对所有工作表同样位置的单元格执行了同样的操作。

5) 插入新工作表

Excel 2010 允许一次插入单个或多个工作表。一般情况下 Excel 默认在选定的工作表左侧插入新的工作表。选定一个或多个工作表标签，单击鼠标右键，在弹出的快捷菜单中选择"插入工作表"，如图 4.10 所示，即可插入与所选数量相同的新工作表。同时也可使用快捷键【Shift + F11】在当前工作表标签的左侧插入一张新的工作表。

图 4.10 插入工作表

6) 删除工作表

在 Excel 2010 中，当工作表不再需要时，可以将其删除，这样就可以减少工作簿的体积又可降低该工作簿使用时所占用的系统资源。常用的删除工作表的方法是：

鼠标右键单击要删除的工作表标签，在弹出的快捷菜单中选择 ┃ 删除工作表(S) 命令，也可以选择"开始"选项卡的"编辑"命令组的"删除"命令，即可删除选定的工作表。若工作表中无数据，则其直接被删除；若工作表中有数据，则 Excel 2010 系统会弹出对应的对话框，要求用户对该删除操作进行确认。

7）隐藏工作表

在 Excel 2010 中，可以对工作表进行隐藏操作，主要有两种方法：

方法 1：单击"开始"选项卡的单元格格式中的"隐藏和取消隐藏"选项，选择"隐藏工作表"，则单元格隐藏，如图 4.11 所示。

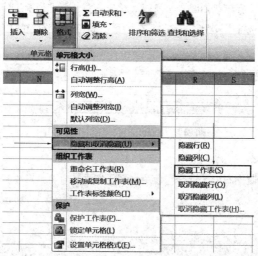

图 4.11 "开始"选项卡中隐藏工作表

方法 2：单击鼠标右键快速进行隐藏。在工作表标签上单击右键，在快捷菜单中选择"隐藏"，如图 4.12 所示。

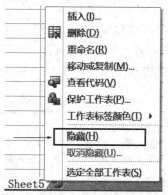

图 4.12 单击鼠标右键快速隐藏工作表

2. 重命名工作表

在 Excel 2010 中，默认用 Sheetn(n 是一个自然数)来命名工作表。在实际使用中，用户通常会将工作表名称更改为与表内容有一定联系的名称，以方便使用和管理。

方法 1：双击工作表标签名，进入可编辑状态，此时用户对原有名称进行更改并按【Enter】键，即完成工作表的重命名操作。

方法 2：鼠标右键单击要重命名的工作表标签，在弹出的快捷菜单中选择"重命名"命令，输入新的名字即可，如图 4.13 所示。

图 4.13　工作表重命名

3. 切换、复制、移动工作表

1) 切换工作表

由于 Excel 2010 的工作簿中可以同时有多个工作表，因此用户在使用工作表时可能需要在工作表之间进行切换操作，常用的切换方法如下：

(1) 鼠标单击目标工作标签，该工作表被直接切换为当前工作表，其内容也随之显示在文档窗口中。

(2) 按【Ctrl+Pg Up】组合键，可选择紧邻当前工作表左侧的一张工作表；按【Ctrl+Pg Dn】组合键，可选择紧邻当前工作表右侧的一张工作表。

2) 复制、移动工作表

在 Excel 2010 中可实现工作表的移动和复制。

(1) 在同一工作簿中实现工作表的复制和移动，如图 4.14 所示，其操作步骤如下：

① 选择要复制和移动的工作表。

② 按住【Ctrl】键并沿标签栏拖动鼠标到指定的位置后便释放鼠标和【Ctrl】键。若不按住【Ctrl】键直接拖动，则表示移动工作表。

以直接拖动的方式复制工作表时系统自动判断复制时同名的工作表，自动以序号递增的方式显示。

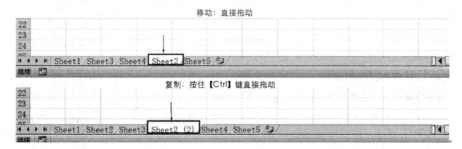

图 4.14　工作表移动和复制

提示

也可在工作表标签名上点击右键实现工作表的移动和复制，但在"移动复制工作表"对话框中，复制工作表时务必勾选"移动或复制"复选框，否则表示移动工作表。

(2) 在不同的工作簿中实现工作表的复制和移动。用户在 Excel 2010 中复制工作表时，可以将当前工作表复制到其他工作簿中。在工作表标签名上单击右键，选择"移动或复制"，再单击"将选定的工作表移至工作簿"下拉箭头，在打开的工作簿列表框中选择目标工作簿，如图 4.15 所示。再在"下列选定工作表之前"栏中确定工作表在目标工作簿中标签栏的位置。在复制工作表时一定要勾选"建立副本"复选框，若不勾选将实现工作表的移动操作，最后单击"确定"即可。

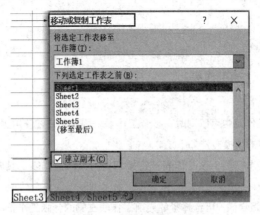

图 4.15　工作表移动和复制

4. 删除、保护工作表

1) 删除工作表

通过以下方法可删除工作表。

方法 1：选定一个或多个要删除的工作表，单击"开始"选项卡"单元格"组的"删除"命令里"删除工作表"，即可删除选定的工作表。

方法 2：鼠标右键单击选定的工作表，在弹出的菜单中选择"删除"命令。

2) 保护工作表

保护工作表，一般指的是对当前 Excel 工作表的各种操作进行限制，从而起到保护工作表内容的目的。

首先启动 Excel，打开需要保护的工作表。在"开始"选项卡的"单元格"组中单击"格式"下拉按钮，在打开的下拉菜单中选择"保护工作表"命令，如图 4.16 所示。

此时将打开"保护工作表"对话框，如图 4.17(a)所示。在对话框的"取消工作表保护时使用的密码"文本框中输入保护密码，在

图 4.16　保护工作表

"允许此工作表的所有用户进行"列表中勾选相应复选框选择用户能够进行的操作，单击"确定"按钮关闭"保护工作表"对话框，此时 Excel 会弹出"确认密码"对话框。在对话框中再次输入密码后单击"确定"按钮。此时，工作表将受到保护，在"保护工作表"对话框中没有被勾选的操作，在受保护工作表中将无法进行。

如果需要取消工作表保护，用户只需要在"审阅"选项卡中选择"撤销工作表保护"，此时弹出"撤销工作表保护"对话框，输入"密码"，单击"确定"，即完成"撤销工作表保护"，如图 4.17(b)所示。

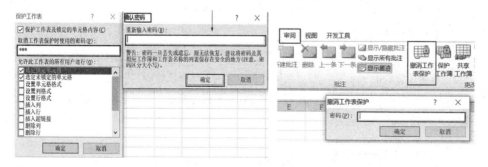

(a) 保护工作表　　　　　　　　　(b) 撤销工作表保护

图 4.17　工作表的保护及撤销

3）设置工作簿的权限

（1）设置工作簿密码。为了数据的安全，我们可以对 Excel 工作簿进行"密码权限"设置，这样别人只能在输入密码时才能查看和操作工作表。选择"文件"菜单中的"信息"，再单击"用密码进行加密"，输入密码，然后单击"确定"，即可完成对工作簿的密码设置，如图 4.18(a)所示。

（2）取消工作簿密码。对于已经设置密码的 Excel 文档，要取消密码，可打开已经设置密码的 Excel 文件，选择"文件"中的"另存为"，在出现的"另存为"对话框中，单击左下角的"工具"按钮，在下拉列表中选择 "常规选项"，在"常规选项"对话框中选择"打开权限密码"，再输入密码，单击"确定"，即可完成工作簿权限密码的设置。将打开权限密码删除，点击"确定"按钮，再单击"另存为"对话框中的"保存"按钮，在出现的对话框中选择"是"，替换现有文件，此时现有的密码已经删除。关闭文件重新打开，此时文件的密码已经删除，如图 4.18(b)所示。

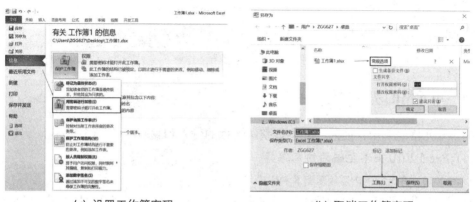

(a) 设置工作簿密码　　　　　　　(b) 取消工作簿密码

图 4.18　设置及取消工作簿密码

提示

在默认情况下,"保护工作表"对话框中的"选定锁定单元格"选项将被选择。如果取消对该选项的选择,则被锁定的单元格是不能被选择的。选择该选项后,如果忘记了受保护工作表的保护密码,而又需要对工作表的数据进行编辑,则用户可以在不撤销对工作表的保护的情况下将数据复制到其他工作表中以进行编辑修改。

5. 工作表的标签滚动栏

在 Excel 2010 工作簿中,当工作表较多时,工作表标签栏只能显示部分工作表的标签名称,如"首选项""当前标签位置的上一张工作表""当前标签位置的下一张工作表""标签栏尾工作表"。此时用户可通过单击"标签滚动栏"中的相应按钮,使工作表名在标签栏中进行滚动,以方便查找到目标工作表,如图 4.19 所示。

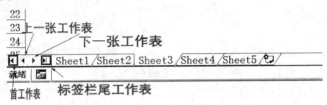

图 4.19 标签滚动栏

6. 多张工作表的相关操作

在 Excel 2010 中,一个工作簿有多张工作表,有时需要在多张工作表相同区域输入相同的数据,或者删除数据。我们可以为这些工作表创建一个工作组,在其中一个工作表做某个操作,在其他工作表也实现同样的操作。

如果多张工作表是连续的,那么可选中第一张工作表,按住【Shift】键,再用鼠标选中其他工作表,这些工作表就成了一个工作组。点击要输入的单元格,直接输入想要输入的文字。若撤销工作组,则操作方法同创建工作组一样,点击删除文字即可,如图 4.20 所示。

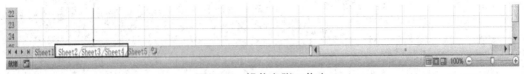

图 4.20 操作多张工作表

4.2.3 单元格的基本操作

1. 单元格的编辑、插入、大小调整、数据的输入和编辑

1) Excel 2010 中单元格的内容编辑

Excel 2010 中单元格的内容编辑有 3 种方式。

(1) 鼠标双击单元格,进入编辑状态,编辑完成后,按下【Tab】键或【Enter】键进行刷新。

(2) 选中单元格,点击编辑栏可写入或修改相关内容,编辑完成后按下【Tab】键或【Enter】键进行刷新，如图 4.21 所示。

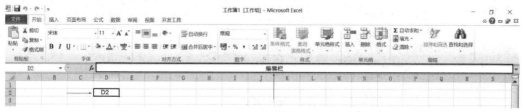

图 4.21　单元格的内容编辑

(3) 选中单元格后，按下【F2】键即可编辑操作，编辑完成后按下【Tab】键或【Enter】键进行刷新。

2) Excel 2010 中插入单元格

在实际使用工作表时，我们经常会遇到添加数据的情况，这时就需要插入单元格。例如，现在我们要在某班级学生成绩表中学号为"201606"最上方插入"学号""语文""数学""外语"这 4 个标签。方法如下：首先单击上方"开始"菜单，在弹出新窗口以后，单击"单元格"组中"插入"下拉按钮，下方出现新窗口，再选择"插入单元格"，在"插入"页面中，有"活动单元格右移""活动单元格下移""整行""整列"，选择"活动单元格下移"即可实现插入单元格，如图 4.22 所示。

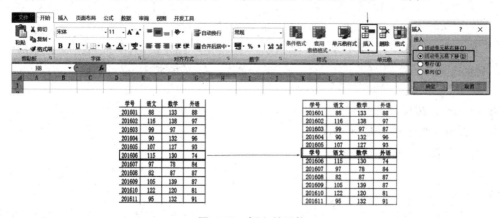

图 4.22　插入单元格

3) Excel 2010 单元格的大小调整

如果 Excel 单元格中的文字较多，单元格的大小又不够完全显示其中的文字，默认情况下就会出现只显示出单元格中部分文字的情况。虽然这种情况可以通过调整单元格的宽度来解决，但如果对单元格的宽度有要求，不想调整其宽度，就只能通过调整字体大小来解决。这时如果是手动输入字号进行调整，则可能需要进行多次尝试才能找到最适合单元格宽度的字号。其实 Excel 中有按单元格大小自动调整文字大小的功能，首先在要自动调整文字大小的单元格上点击鼠标右键，弹出右键菜单后，点击菜单中的"设置单元格格式"选项，打开"设置单元格格式"对话框，在"对齐"选项卡中勾选"缩小字体填充"选项，设置好后点击"确定"按钮，这时所点击单元格中的文字就会根据单元格的大小自动调整，而且之后再调整单元格的宽度时，该单元格中的文字大小仍会自动进行调整，如图 4.23 所示。

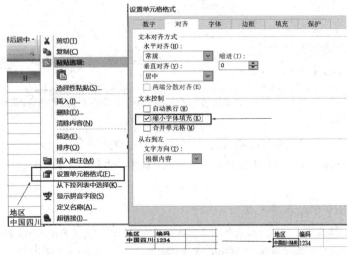

图 4.23　单元格文字调整

　　"缩小字体填充"和"自动换行"选项只能二选一。如果"缩小字体填充"选项上方的"自动换行"选项被勾选，则"缩小字体填充"选项会呈灰色状态，不能被勾选。

　　如果有多个单元格都要设置"缩小字体填充"，则可以先用鼠标框选或者用鼠标配合键盘的【Shift】键选择要设置的单元格区域，再在选择区域上点击鼠标右键后按上述方法进行设置。

　4) Excel 2010 单元格的数据输入

Excel 2010 单元格的数据输入有如下几种方式。

(1) 直接录入数据：双击单元格就可以直接录入数据。

(2) 固定录入数据：当选定的单元格需要固定录入值时，就可以选中单元格后，按住【Ctrl】键完成数据的录入。

(3) 重复录入数据：在 Excel 中，有时在同一列中需要录入相同的数据，如果一个一个输入，效率比较低，则可以对数据进行重复录入。只需按住【Ctrl + '】键就可以实现操作。

(4) 同时录入数据：包含以下两种情况。

① 在多个工作表同时录入数据时，先按住【Ctrl】键选中要录入的多个工作表，然后在其中一个工作表中指定的单元格中录入数据即可。

② 在同一个工作表中多个单元格中同时录入数据时，首先在工作表中按住【Ctrl】键，选中多个要录入数据的单元格，录入数据，然后按住【Ctrl + Enter】组合键，即可实现多个单元格的数据录入。

同时录入数据

(5) 换行录入数据：在 Excel 2010 中录入数据时，有时数据内容较多，需要换行录入数据。这时选中需要录入的单元格，当录入数据较多，单元格装不下时，可按住【Alt + Enter】组合键实现换行录入，此时录入的数据就变成了两行，便可以装下比较大的数据量。

(6) 分数录入：当在 Excel 单元格中输入分数时，如果直接输入，Excel 会自动将其转换成日期型数据。如要使单元格保留分数格式，则有两种方法处理。一种方法是：在输入的分数前加"0+空格"。例如：1/3，这个数值的录入，应输入：0　1/3。另一种方法是将单元格的格式设置为分数格式，然后输入 1/3 即可。

分数录入

2. 单元格的移动与复制

在 Excel 2010 中，可以借助 Office 剪贴板对单元格进行整体(含格式或内容等)复制或移动。

1) 移动单元格

移动单元格可按如下步骤进行操作。

(1) 选定要移动的单元为活动单元格。

(2) 执行"剪切"命令。单击"开始"功能区"剪贴板"组中的 ✂ 剪切 命令，

单元格操作

或者按快捷键【Ctrl + X】，也可以右击选中的单元格，在弹出的快捷菜单中选择 ✂ 剪切(T) 命令。

(3) 选择目标单元格。

(4) 将剪切的内容粘贴至目标单元格。

2) 复制单元格

复制单元格可按如下步骤进行操作。

(1) 选定要复制的单元为活动单元格。

(2) 执行"复制"命令。单击"开始"功能区"剪贴板"组中的 📋 复制▾ 下拉按钮。也可以按快捷键【Ctrl + C】，或者右击选中的单元格，在弹出的快捷菜单中选择 📋 复制(C) 命令。

(3) 选择目标单元格。

(4) 将复制的内容粘贴至目标单元格。单击"开始"功能区"剪贴板"组中的 📋 命令，也可以按快捷键【Ctrl + V】，或者右击目标单元格，在弹出的快捷菜单中选择所需要的"粘贴"命令。

🎯 提示

■ 移动、复制单元格可以通过拖动鼠标来完成。在同一工作表中，直接拖动是移动，按住【Ctrl】键拖动是复制。在不同的工作表中，按住【Alt】键拖动是移动，按住【Alt + Ctrl】组合键是复制。

■ 若只需将单元格的部分属性复制到目标单元格，则可用"选择性粘贴"来完成。一般通过单击鼠标右键的方式来调用"选择性粘贴"。

■ 在单元格的右键菜单中选择"选择性粘贴"，也可以单击"开始"功能区的"剪贴板"组中的"删除"命令，在打开的列表中选择"选择性粘贴"，或者在打开的"选择性粘贴"对话框中选择粘贴的方式及运算方式。

■ "选择性粘贴"的粘贴的方式丰富且功能强大，其中"数值"粘贴的方式是用得比较多的，当要使用公式计算结果替代公式时，就可将其复制后采用"数值"选择性粘贴方式粘回原处，如图 4.24 所示。

图 4.24　选择性粘贴

"选择性粘贴"在粘贴数据时还含有一定的计算功能。在表格中要将 B2：B7 数据与 C2：C7 的数据相加，并将计算的所得的结果存放在 C2：C7 中对应的单元格中，操作如下：

(1) 选定 B2：B7 单元格区域，执行"复制"命令，该区域呈现复制状态。

(2) 选定目标单元格区域 C2:C7，在"选择性粘贴"对话框中选择"数值"选项，且在"运算"方式中选择"加"选项并确定，粘贴相加结果，如图 4.25 所示。

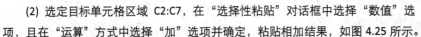

选择性粘贴

图 4.25　选择性粘贴"加"运算

3. 单元格的字体格式设置

在 Excel 2010 中，输入内容后，要对完成输入的内容进行排版，比如字体格式设置。其操作如下：

直接定位单元格(或者选定单元格区域)，设置字体格式、字体、字号、字形。可以单击字体下方扩展按钮，打开字体设置，设置单元格的部分内容；也可以双击单元格，选定部分内容设置格式。

字体格式在功能区域和"设置单元格格式"对话框内都是可以操作的，也可以使用快捷键【Ctrl + 1】进行操作，还可以使用格式刷复制格式，双击则可以锁定格式刷。"设置单元格格式"对话框如图 4.26 所示。

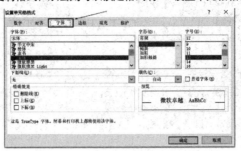

图 4.26　"设置单元格格式"对话框

4．单元格的填充

最简单的单元格填充方式就是直接点击如图 4.27 所示方框中的"填充"选项卡，选择一种颜色，就可以直接给单元格添加纯色的背景。如果这种填充效果没有达到预定的效果，则可以点击"填充效果"按钮，在弹出的"填充效果"对话框中，选择填充分类。除了可以选择"颜色"以外，还可以选择填充的效果，如"渐变"效果以及"底纹样式"，点击"确定"即可完成设置，如图 4.28 所示。

单元格填充

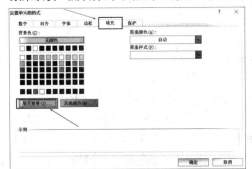

图 4.27　单元格填充图 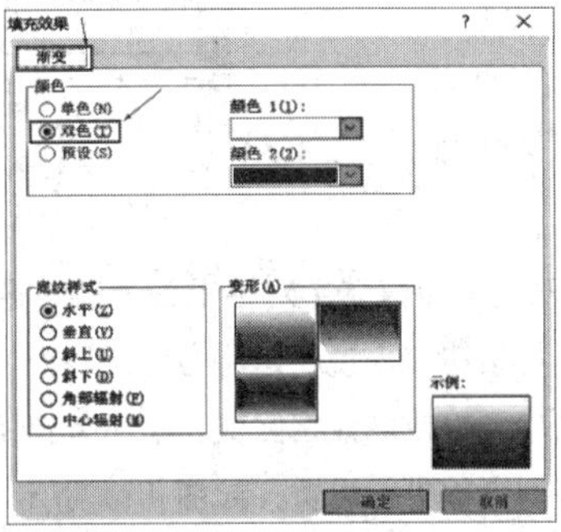　　　　图 4.28　单元格渐变填充

5．单元格数据的对齐方式

在默认情况下，当在 Excel 工作表中输入数据时，如果输入的是文本类型的数据，则系统会自动左对齐。如果输入的是数字类型的数据，则系统会自动右对齐。为了使表格更加整洁和统一，用户可以根据需要设置单元格的对齐方式。单元格的水平对齐方式有常规、靠左、居中、靠右、填充、两端对齐、跨列居中和分散对齐八种样式。单元格的垂直对齐方式有靠上、居中、靠下、两端对齐和分散对齐五种。在对单元格设置对齐方式前，首先要选中要设置的单元格或单元格区域。选中的方法是单击单元格或单元格区域即可。

单元格对齐

常用以下两种方法对单元格数据设置对齐。

(1) 工具栏按钮法。工具栏按钮法是利用"开始"菜单工具栏中的"对齐方式"选项卡来设置单元格数据的对齐方式。其操作方法是：首先选中要设置对齐方式的单元格或单元格区域，然后单击工具栏中相应的对齐按钮即可，如图 4.29 所示。

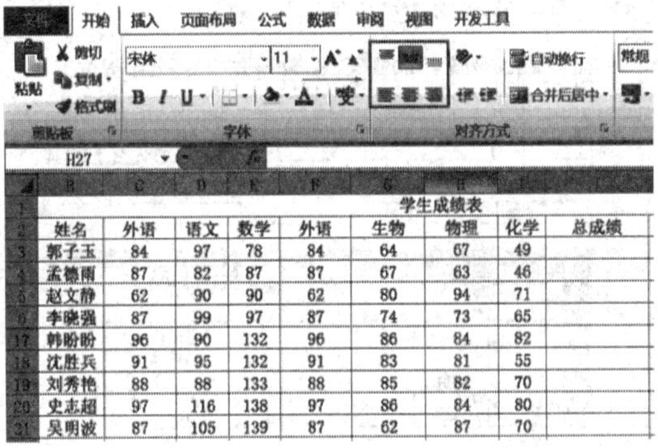

图 4.29　单元格对齐设置

工具栏中的对齐按钮有两行。第一行的按钮是设置垂直方向的对齐方式，分别为"顶端对齐""垂直居中"和"底端对齐"三种对齐方式。第二行的按钮是设置水平方向的对齐方式，分别为"左对齐""居中对齐"和"右对齐"三种对齐方式。图 4.30 是同时应用了"垂直居中"和"居中对齐"两种对齐方式的效果。

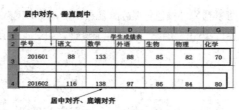

图 4.30　单元格对齐方式

(2) 对话框设置法。对话框设置法是通过"设置单元格格式"对话框来设置单元格的对齐方式，相比工具栏按钮法来说，这种方法的对齐方式更多一些，如文本的缩进对齐、分散对齐等。首先选中要操作的单元格或单元格区域，然后单击工具栏"对齐方式"组右下角的"设置单元格格式"对话框按钮打开对话框进行设置，如图 4.31 所示。也可以右击选中的单元格，从快捷菜单中打开对话框。

图 4.31　"设置单元格格式"对话框

6. 单元格的自动换行、冻结、合并、拆分

1) 单元格的自动换行

Excel 2010 可以使单元格中的文本自动换行，使文本以多行显示，在实际应用中还可以输入手动换行符。

在图 4.32 的表格中，单元格 F4 中的文字已经超出了 F4 单元格的空间，占用了 G4 单元格的位置，从而遮挡 G4 单元格中的内容，因此需要将 F4 单元格设置成自动换行的格式。

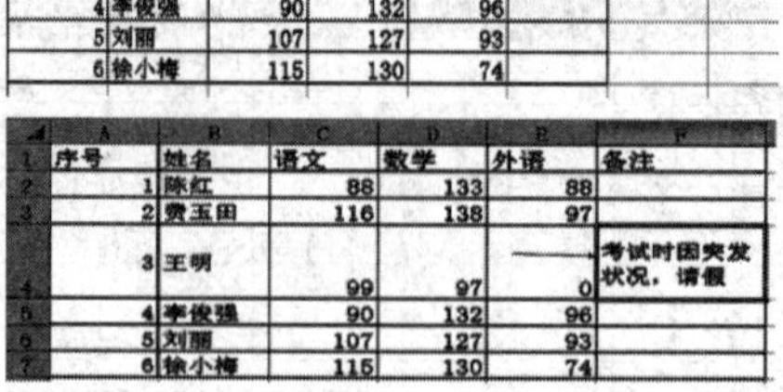

图 4.32　自动换行

常用以下两种方法设置单元格自动换行。

(1) 工具栏按钮法。工具栏按钮法是直接单击"开始"选项卡中的对齐方式工具栏中的"自动换行"按钮来实现单元格的自动换行的，单击要设置为自动换行的单元格或单元格区域，这里单击表格中的 F4 单元格。在"开始"菜单下的工具栏中单击"自动换行"按钮即可。如果单元格自动换行后文字不能全部显示出来，可以把行高调高一些。

(2) 对话框设置法。对话框设置法是在打开的"设置单元格格式"对话框中来设置单元格的自行换行。首先单击要设置为自动换行的单元格或单元格区域，在"开始"菜单的工具栏中单击"对齐方式"对话框按钮，将会打开"设置单元格格式"对话框。

在打开的"设置单元格格式"对话框中，将"文本控制"栏中的"自动换行"选项选中后单击"确定"按钮即可，单元格中的内容就能自动换行显示了，如图 4.33 所示。

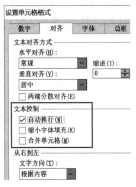

图 4.33　文本控制

 提示

　　在进行单元格文本控制时，除了使用常见的"自动换行"外，还可以使用"缩小字体填充"。此时 Excel 系统自动缩小数据的大小，将数据全部显示在单元格中之中。

2) 单元格的冻结

在我们的日常应用中，有时需处理大量数据，为了操作方便，需要冻结单元格。冻结单元格就是将部分单元格固定，使我们的操作更加方便。在图 4.35 这个表格中，如果我们固定标签"学号"这一列和标签"学号""姓名""语文"等这一行，那么就需要冻结 B3"刘秀艳"这个单元格。同时如果我们想将"学号"和"姓名"这两列一块冻结，那么就选择 C3"88"这个单元格，以此类推。具体操作如下：

冻结单元格

首先选定需要固定的"行"或"列"，如图 4.34 所示，需要固定第 2 行和第 1 列，同时选定冻结的单元格 B3"刘秀艳"。选中单元格后切换到"视图"选项卡，在"窗口"组中点击"冻结窗格"下拉列表，选择"冻结拆分窗格"，如图 4.35 所示。选择"冻结拆分窗格"后，这个单元格的左侧和上侧的网格线会改变颜色，滑动滚动条的时候，表格也会以这两条网格线为界线。

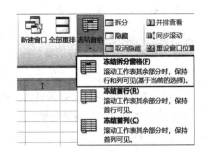

图 4.34　冻结窗口　　　　　　　　图 4.35　冻结窗格

冻结的时候既可以将纵向和横向都冻结，也可以只冻结纵向或横向，这完全取决于选择的单元格在什么位置。冻结后的表格滚动时，冻结部分是固定的。冻结窗格的选项框是随着冻结单元格而改变的，冻结前是"冻结窗格"，冻结后是"取消冻结"。如果想要取消冻结，则直接点击"取消冻结"即可。"冻结拆分窗格"和"取消冻结窗格"是在同一个位置的，如图 4.36 所示。

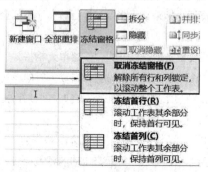

图 4.36　取消冻结窗格

3) 单元格的合并与拆分

在工作中总会遇到单元格的拆分与合并，如将选中的相邻单元格区域进行合并或对合并的单元格区域取消合并。

如需对"XXXX 班成绩表"所在的标题行进行单元格合并，则首先选择希望合并的单元格 A1：H1，然后点击方框中的"合并后居中"，即可完成合并，效果如图 4.37 所示。合并之后如果想拆分怎么办呢？只需要重新点击刚才的"合并后居中"按钮即可重新拆分；另一种拆分的方法就是点击 "取消单元格合并"。

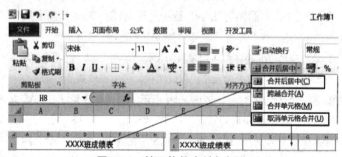

图 4.37　单元格的合并与拆分

7. 单元格的序列填充

在 Excel 中编辑数据时，有时需要填充的数据是有规律的，如递增、递减、成比例等。遇到这种情况，我们可以利用 Excel 提供的自动填充功能来填充这些数据，这样就能缩短在单元格中逐个输入数据的时间。

常用以下两种方法进行单元格的序列填充。

(1) 鼠标拖动法。选择起始单元格，并在此单元格中输入序列的开始数据。

序列填充

如在 A3 单元格中输入 "001"。将鼠标指针放在单元格 A3 右下角的黑色正方形上，当光标变成十字形状时，向下拖动鼠标即可；也可以在 A3 单元格右下角的黑色正方形上双击鼠标，也能实现自动填充功能，如图 4.38 所示。

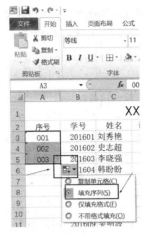

图 4.38　鼠标拖动序列填充

(2) 命令填充法。命令填充法是使用菜单中的填充命令来实现序列填充。选择要填充数据的起始单元格，在此单元格中输入序列数据的起始数据。选择要填充序列数据的所有单元格区域。在"开始"菜单中单击"编辑"组中的"填充"下拉按钮，在弹出的下拉列表中选择"序列"命令，如图 4.39 所示。在弹出的"序列"对话框中，"序列产生在"选择"行"；"类型"选择"等差序列"类型。在 Excel 中可选择多种类型的序列填充，比如"等差序列""等比序列""日期"等，选择需要的填充序列后点击"确定"按钮即可，如图 4.40 所示。

图 4.39　命令序列填充

图 4.40　"序列"对话框

8. 单元格数据的快速录入

数据录入是 Excel 的一种基础操作，大家在操作时总希望能做到快速准确录入数据。下面介绍几种快速录入数据的方法。

1) 使用自动填充柄

自动填充柄是 Excel 的传统的快捷数据录入工具。自动填充柄位于活动单元格右下角，鼠标选中自动填充柄后，按住鼠标左键拖动鼠标，完成其他数据的自动快速录入。在数据比较多的情况下，拖动鼠标不方便，则可以直接双击自动填充柄完成自动快速填充。

2) 使用快捷键

Excel 提供了快捷键进行数据的快速录入，可使用快捷键【Alt + =】和【Ctrl + E】。

(1)【Alt + =】组合键。

【Alt + =】组合键用于完成区域内多组数据自动求和填充。先选中需要填充求和结果的单元格区域，然后按下【Alt + =】组合键，完成自动求和填充。

(2)【Ctrl + E】组合键。【Ctrl+E】组合键也是一组快速完成数据填充的快捷键，

快速录入

它的作用是根据左侧的数据规律，快速完成填充。比如想根据 A 列中内容提取出其中的前两个字符，则先在第一个单元格中输入左侧内容的前两个字符，敲击回车后，按下【Ctrl + E】键，完成其他内容的快速填充。

3）使用定位法快捷填充

要把相同内容快速填充在不连续的单元格中，可以使用定位法完成。

在下述案例中，有一些学生成绩是空白状态，需要统一填充 "缺考"两个字作为标记。

按下【Ctrl + G】组合键，打开 "定位"窗口，点击 "定位条件"，打开 "定位条件"窗口，选中 "空值"。点击 "确定"后退出 "定位条件"窗口。这时所有缺考单元格都被选中。在编辑栏中输入 "缺考"两个字，然后按下 【Ctrl + Enter】，完成填充，如图 4.41 所示。

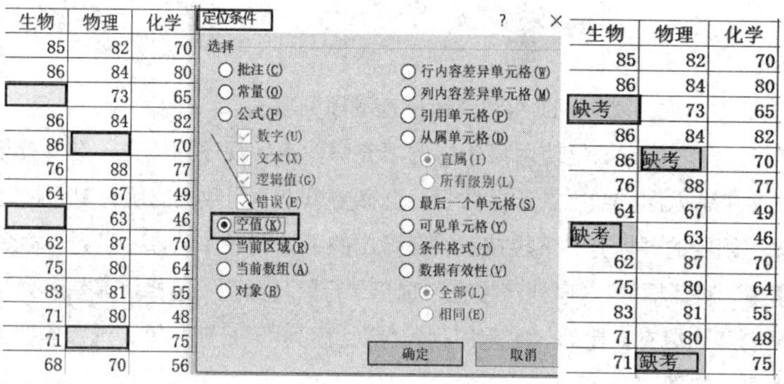

图 4.41 定位填充

4.2.4 操作行和列

在 Excel 2010 中，同一水平线上的所有单元格构成一行，每行左端有一个行号，默认用 1~10485576 的整数顺序标识；同一垂直位置上的所有单元格构成一列，每列在其顶端都有一个列标，用大写字母 A~XFD 顺序标识。

1. 行、列的选择、插入、隐藏、删除

1）行、列的选择

在 Excel 2010 中，行、列的常用选择方法是直接单击其行号或列标。若在选中一行或一列后，在行号或列标上按下鼠标左键进行拖动可选择相邻的所有行或多列，配合【Ctrl】键可以选择不相邻的多行、多列。将鼠标指针移至工作表的 "全选"按钮上并单击，则选中整张工作表，包含所有行、列和工作表的所有单元格。

行、列的选择

2）行、列的插入、隐藏

(1) 行列的插入。

工作表中 "行"与 "列"的增加方法是一样的，鼠标选择增加列的列标，右击弹出菜单栏，选择 "插入"(行、列)即可。新增加的行会往下移动，行尺寸是由插入位置处上面行来决定的；新增加的 "列"会自动向右移动，列的尺寸是按照插入列位置左边的列来决定的。

行、列的插入

在平时的操作中还可以按快捷键【Ctrl + Shift + =】在需要的位置完成行列的插入，还可以通过单击"开始"功能区"单元格"组中的"插入"按钮，在打开的插入方式列表中选择所需的插入命令，即可在当前行的上方或当前列的左侧插入新行或新列。

(2) 行列的隐藏。

在操作中有时会遇到工作表中的数据过多或在表格中有些数据不想被其他人看到的情况，这时，就需要对一些数据进行"隐藏"操作。

如图 4.42 所示，在表格中要隐藏"化学"这一列的成绩，首先通过鼠标选中需要进行隐藏的"行或列"，选中"化学"这一列，然后右击，在弹出菜单中单击"隐藏"，即可完成数据的隐藏。在操作中，有时候也需要使一张表中已经隐藏的数据显示出来，它的操作与"隐藏"方法相同，只是此时在显示的菜单中只需单击"取消隐藏"，如图 4.42 所示。

图 4.42　隐藏行或列

3) 行、列的删除

在 Excel 2010 工作表中，行与列删除是一样的，选择需要删除的"行或列"，右击鼠标，在弹出的菜单中单击"删除"。如果要删除不连贯的行与列，则只需按住【Ctrl】键 + 鼠标选择行与列，在菜单中选择"删除"。

行、列的删除

同时删除行或列还可以通过"删除"按钮来完成。首先切换到"开始"选项卡，再选中需要删除的"行或列"，选择"单元格"组中的"删除"按钮。

2. 行高、列宽的设置

在 Excel 2010 中，当单元格的行高度、列宽度不足以满足输入数据所需的显示高度和宽度时，数据的显示是不完整的，因此，在 Excel 2010 处理数据的过程中，行高度、列宽度的调整一般可以通过手动拖动列的两边实现更改列的宽度，如图 4.43 左图所示，通过鼠标拖动 F 列的左右两边，从而改变列的宽度，得到右图 F 列的宽度。但是在平时的操作中，有时需要"行或列"的固定高度和宽度，如果通过手动调节行高列宽，效率就比较低了，这时选中需要调整的行或列，单击右键，在显示的菜单中，选择"行高"或"列宽"，输入对应的值，即可快速完成行高、列宽的设置。

图 4.43　手动调整行列

4.3 Excel 2010基本数据类型和数据处理

4.3.1 Excel 2010基本数据类型

在 Excel 2010 中，用户可以在工作表的单元格中输入各种类型的数据，如文本、数值、日期和时间等，每种数据都有它特定的格式和输入方法，以达到预期的效果。

基本数据类型

首先选中要设置数据类型的单元格，直接单击"开始"选项卡中"数字"组的 "常规"下拉选项，就可以完成快速的数据类型设置，如图 4.44 所示。也可以通过"数字"组右下角的扩展按钮进行数据类型设置，如图 4.45 所示。

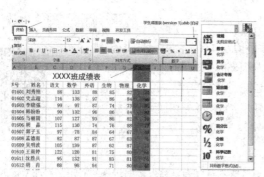

图 4.44 数据类型设置

图 4.45 数据类型设置之"数字"

1. 数据类型的设置之数值数据

数值是一种可以进行算术运算的数据，如常见的整数、小数、分数等。Excel 中的数值像数学中的数值一样，可以带有正、负号，带正号的数，通常符号可以省略；带负号标识负数，负号不能省略。数值数据在单元格中默认右对齐。

在 Excel 中，输入数值必须遵守其自身的规则：

(1) 正负号、百分号、货币符号($，¥)、小数点、分号等一切用于计算的运算符都只能是英文的半角字符。若输入中文或全角数字、符号等，则自动转换为"字符串数据"，不再参与计算。

(2) 输入分数时，必须采用分数的形式且用"整数 分子/分母"格式，如分数"1/3"应输入"0 1/3"，确认后单元格显示为"1/3"；若直接输入"1/3"，则单元格显示为"1月3日"，数据本质就发生改变了。

(3) 输入负数时，可以采用传统的在数字前面加负号或用圆括号将数字括起来的形式，如"−1.3"等同于"(−1.3)"。

(4) Excel 数字的精确度为 15 位，因此当单元格中输入的数据太小或太大时，自动采用科学计数法表示。

(5) 货币符号、百分号、千分位可以直接输入数字时手工输入，也可以通过单元格格式设定而自动产生。

(6) 数值的前导零和小数点后的尾随零通常被自动截除。

输入数值的范例如图 4.46 所示。

	A	B
1	输入原形	输入确定后的结果
2	0 1/3	1/3
3	1/3	1月3日
4	−1.3	−1.3
5	(1.3)	−1.3
6	0.0000567	5.67E−05
7	555555555555555	5.55556E+15
8	56789.56	¥56,789.56
9	0.578	57.80%
10	0.780000	0.78
11	00000000782	782

图 4.46 输入数值

2. 数据类型的设置之字符串数据

字符串又称为文本，由任意的字符组成，可包含汉字、中英文字符、空格等符号，其不能参与数值计算，但可以参与文本类运算。字符串数据默认左对齐。

字符串数据通常直接在单元格中输入，但当输入内容由数字构成时，通常在该数据前添加 " ' " 符号(英文单引号)，也可以通过设置单元格的格式为 "文本" 来实现，如邮政编码类似于 00001 的编号等特殊信息。

3. 数据类型的设置之日期、时间数据

在 Excel 2010 中，在日期、时间表示方面有专用的计算函数，并且可使用的类型也非常多，如图 4.47 所示。在单元格中输入计算机系统当前日期的快捷键是【Ctrl +;】，输入系统当前的时间快捷键是【Ctrl + Shift +;】。在 Excel 2010 中最大的表达时间是 9999-12-31。

图 4.47 常用的日期和时间类型列表

4. 数据类型的设置之其他

在进行数值的类型设置时，会计专用和数值小数点有所不同，因为它们的样式不同。其中 "科学计数法" 就是要缩短长数字的书写，"文本" 就是把要输入的内容当成文字来处理。在日常的应用中，有时需要大写金额，可选择 "数字" 选项卡里的 "特殊"，实现金额的大小写，且在实际应用中非常广泛。

5. 数字格式之自定义

在实际应用中，数字格式之自定义主要应用于表示自己需要表示的结果，其功能很强大，主要通过数字格式的代码结构来进行定义和使用。

在"开始"选项卡里找到"数字"组，点击右下角处的扩展按钮。图 4.48 数字格式左边所示的数据要通过如图 4.49 所示的数字自定义设置得到。

数字格式

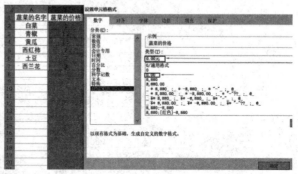

图 4.48　数字格式设置图　　　　　　图 4.49　数字自定义设置

提示

将数字格式应用于单元格之后，如果在单元格中显示"#####"，则可能是单元格不够宽，无法显示该数据。若要扩展列宽，可双击包含出现"#####"错误的单元格的列的右边界。这样可以自动调整列的大小，使其适应数字。也可以拖动右边界，直至列达到所需的大小。

用户可以使用键盘快捷键设置单元格或单元格区域的数字格式，常用的数字格式快捷键设置如图 4.50 所示。

快捷键	作用
Ctrl+Shift+~	常规数字格式，即为设置格式的值
Ctrl+Shift+$	货币格式，含两位小数
Ctrl+Shift+%	百分比格式，没有小数位
Ctrl+Shift+^	科学计数法格式，含两位小数
Ctrl+Shift+#	日期格式，包含年、月、日
Ctrl+Shift+@	时间格式，包含小时和分钟
Ctrl+Shift+!	千位分隔符格式，不含小数

图 4.50　设置数字格式快捷键

4.3.2　Excel 2010 数据处理

1. 排序和筛选

当数据较多时，我们往往会使用 Excel 的排序和筛选功能，对数值按照升序或者降序处理，使得数据整齐化，方便用户查看和管理。对数据进行排序有助于快速直观地显示数据，有助于数据的组织与查找，从而做出更有效的决策。

1）排序的规则

在 Excel 2010 中对数据进行排序时，有升序和降序两种选择。

(1) 在按升序排序时，Excel 默认排序规则如下：

■ 数字：数字从最小的负数到最大的正数进行排序。

■ 按字母先后顺序排序：字符串项按字母先后顺序进行排序，字符串从左到右按字符进行对比排序。

■ 逻辑值：在逻辑值中，FALSE 排在 TRUE 之前。

■ 错误值：所有错误值的优先级相同。

■ 空格：空格始终排在最后。

(2) 在按降序排序时，除了空白单元格总在最后外，其他的排序顺序反转。

2）简单排序

如果对排序的要求不是很高，用简单的排序功能完成即可。如成绩表里的数据比较乱，不利于查看和比较，则可对数学成绩进行排序。选择数据区域，如图 4.51 所示。点击菜单栏 "数据"选项卡里"排序和筛选"组里的"排序"，这个时候就会弹出一个窗口，在"主要关键字"中选择"数学"，在"次序"中选择"升序"，如图 4.52(a)所示，点击"确定"后就能按升序排列了，结果如图 4.52(b)所示。

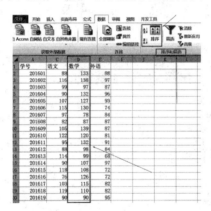

图 4.51　数据排序

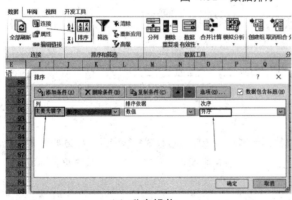

(a) 升序操作　　　　　　　　　　　　(b) 升序排列结果

图 4.52　升序

3) 筛选

筛选的功能要比排列丰富，先选中第一行的标题栏，点击"数据"选项卡里"排序和筛选"组里的"筛选"，可以看到标题栏多了三角形下拉箭头，如图 4.53 所示，点击三角形下拉列表，出现如图 4.54 所示数字筛选。除了可以对数值进行升序、降序操作，还可以自定义颜色排序。

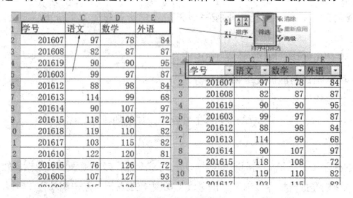

图 4.53　筛选图

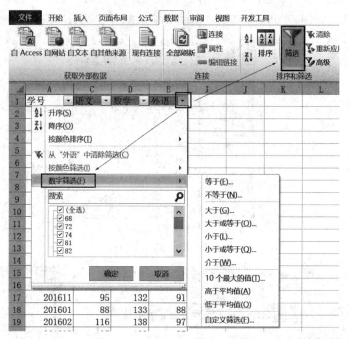

图 4.54　数字筛选

2. 选择、查找和替换

在使用 Excel 表格的时候，想要手动找出一些相同条件下的数据会很费劲；当发现有很多数据写错时，要一个个进行修改的话会更麻烦，使用 Excel 表格中的查找和替换功能比较方便。

1) 查找功能

打开 Excel 2010 表格，把需要查询的数列全部选中，比如：在"员工工资表"中查找"测试员"工资，如图 4.55 所示。

员工工资表			
姓名	职务	基本工资	绩效奖金
陈红	销售经理	4200	5500
费玉田	开发主管	7200	4000
王明	程序员	5400	2100
李俊强	测试员	3840	1400
刘丽	测试员	4200	1500
徐小梅	程序员	3360	1400
樊可美	业务员	4800	2000
何刚	业务员	2160	800
李海云	测试员	1680	600
扶小花	程序员	3600	2000
陈丽英	程序员	3840	2000
欧继	程序员	3600	2000
黄飞京	业务员	4800	2000
林美兰	业务员	2160	800
田家俊	测试员	1680	600
张胜源	程序员	3600	2000
邹晴	程序员	5400	2100
麦冬梅	测试员	3840	1400
罗丽	程序员	5400	2100
赵红霞	测试员	3840	1400

图 4.55　查找

在"开始"主菜单下找到"查找与选择"选项卡，选择"查找"命令，也可以用快捷键【Ctrl + F】进行快速查找。在"查找内容"中，输入需要查找的内容"测试员"，然后再点击"查找全部"，如图 4.56 所示。这样就可以看到全部包含"测试员"的行和单元格，如图 4.57 所示。

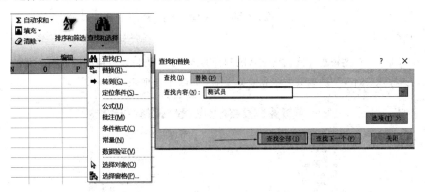

图 4.56　查找"测试员"

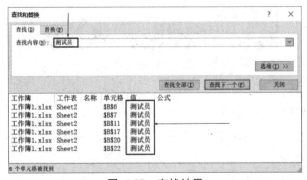

图 4.57　查找结果

2) 替换功能

替换操作方法跟查找相似，点击"开始"主菜单中的"查找和选择"，在弹出的菜单中选择"替换"，或者直接按快捷键【Ctrl + H】快速打开。

在"查找内容"输入框中，输入自己需要修改的内容，比如："测试员"，然后在"替换为"输入框中，输入修改后的内容，比如"检查员"，同时还可以设置替换后数据的格式，如"字体""颜色"等。然后再点击"全部替换"按钮。这样就可以看到全部替换后的数据了，如图 4.58 所示。

替换功能

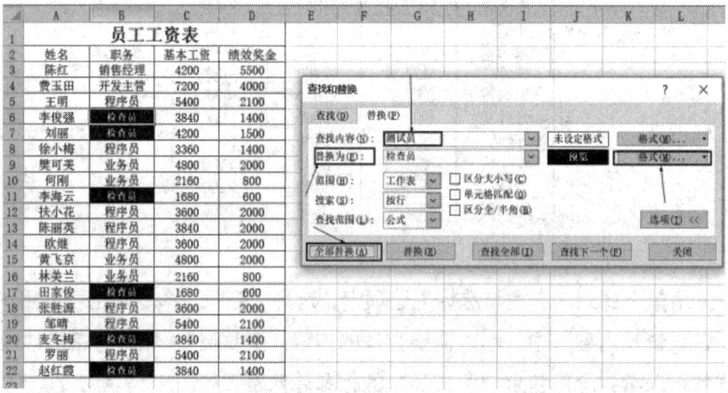

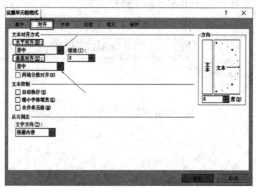

图 4.58 "替换"设置

3. 对齐

在 Excel 2010 中如要设置单元格内文本的对齐方式、文本方向以及自动换行等，可在"设置单元格格式"对话框的"对齐"选项卡中完成相关操作，如图 4.59 所示。

图 4.59 "对齐"选项卡

常见的对齐方式如下：

1) 水平对齐方式

单元格的水平对齐方式有常规、靠左、居中、靠右、填充、两端对齐、跨列居中和分散对齐八种样式。

2) 垂直对齐方式

单元格的垂直对齐方式有靠上、居中、靠下、两端对齐和分散对齐五种。

对齐方式

3) 文本控制

单元格的文本控制有自动换行、缩小字体填充和合并单元格三种方式。

(1) 自动换行：当输入的数据超过单元格的宽度时自动将超过部分换到下一行显示，不需要人为控制。

(2) 缩小字体填充：当输入的数据超过单元格的宽度时，Excel 系统自动缩小数据的大小，将数据全部显示在单元格之中。

(3) 合并单元格：将选中的相邻单元格区域进行合并或对合并的单元格区域取消合并。

4) 方向

通过单击"对齐方式"中"方向"可以对单元格中的文字设置它对应的方向，如图 4.60 所示。除此之外还可以在"设置单元格格式"对话框中，对选中的单元格中的文本设置方向。可以使文字对应的方向发生改变，如"竖排文本"预览框设置竖排方向；拖动方向指针或在角度编辑框中输入角度值改变文本的方向，如图 4.61 所示。

文字方向

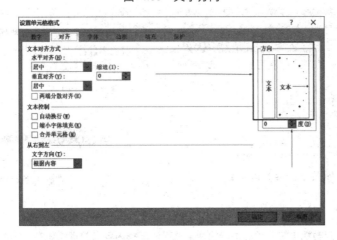

图 4.60　文字方向

图 4.61　文本方向

4. 条件格式

单元格的条件格式是指对单元格区域定义的数据在特定的条件下的显示格式。当该区域中存在数据时，Excel 系统自动根据条件进行判断，然后将数据显示为满足的条件下的格式。使用条件格式可以帮助用户直观地查看和分析数据、发现关键问题，以及识别模式和趋势。设置单元格条件格式的一般步骤如下：

条件格式

(1) 选定单元格或单元格区域。

(2) 单击"开始"功能区"样式"组中的"条件格式"按钮 ，系统弹出"条件格式"列表，如图 4.62 所示。

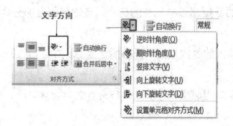

图 4.62 "条件格式"列表

(3) 选中所需的条件格式，如在"员工工资表"中突出显示基本工资大于 4400 的数据，进入"自定义格式"设置格式，单元格填充背景色为"黑色"，字体为"白色"，效果如图 4.63 所示。

提示

在"条件格式"列表中执行"清除规则"命令，在打开的列表中选择相应的选项，可以对选定的单元格区域或整个工作表清除已设置的条件格式效果。

执行"清除规则"命令，系统弹出如图 4.64 所示的"新建格式规则"对话框，用户可在其中建立新的条件格式。其中有 6 种规则类型，对每一种规则类型，在"编辑规则说明"栏中均可进行相应的设置。

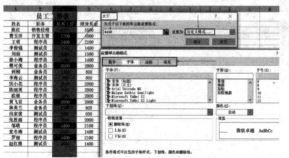

图 4.63 条件格式示例　　　　　图 4.64 "新建格式规则"对话框

5. 分类汇总

分类汇总就是对数据集按照种类进行快速汇总，让同类内容有效地组织在一起。分类汇总的前提是要对数据进行升序或降序处理。

1) 分类汇总的操作

打开 Excel 表格，如图 4.65 所示，要对"员工工作表"中"部门"进行分类汇总，可以计算对应分类的和、平均值、计数等，例如对部门的人数进行汇总。

分类汇总

姓名	部门	职务	基本工资	绩效奖金
陈红	销售部	销售经理	4200	5500
费玉田	开发部	开发主管	7200	4000
王明	开发部	程序员	5400	2100
李俊强	测试部	检查员	3840	1400
刘丽	测试部	检查员	4200	1500
徐小梅	开发部	程序员	3360	1400
樊可美	销售部	业务员	4800	2000
何刚	销售部	业务员	2160	800
李海云	测试部	检查员	1680	600
扶小花	开发部	程序员	3600	2000
陈丽英	开发部	程序员	3840	2000
欧继	开发部	程序员	3600	2000
黄飞京	销售部	业务员	4800	2000
林美兰	销售部	业务员	2160	800
田家俊	测试部	检查员	1680	600
张胜源	开发部	程序员	3600	2000
邹晴	开发部	程序员	5400	2100
麦冬梅	测试部	检查员	3840	1400
罗丽	开发部	程序员	5400	2100
赵红霞	测试部	检查员	3840	1400

图 4.65　分类汇总示例

首先选中需要插入分类汇总的内容，点击工具栏中"数据"选项卡中"分级显示"组的"分类汇总"，如图 4.66 所示。然后对分类汇总进行相关的设置，"分类字段"选择"部门"，"汇总方式"选择"计数"，勾选"汇总结果显示在数据下方"，如图 4.67 所示。设置完毕后点击"确定"即可，这样就可以在表格里看到插入分类汇总后的效果，如图 4.68 所示。

图 4.66　分类汇总

图 4.67　分类汇总操作

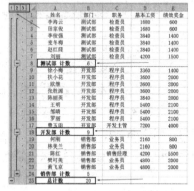

图 4.68　分类汇总结果

2) 分类汇总的方法

(1) 仅对某列进行分类汇总。

首先需要按数据对需要进行汇总的列进行排序，比如按"部门"来统计销售量，首先将"部门"进行升序排序，如图 4.69 所示，之后点击数据中的"分级显示"，再选择"分类汇总"，这时在相应的界面中"分类字段"选择"部门"，"汇总方式"选择"求和"，"选定的汇总项"选择"基本工资"，最后点击"确定"即可出现如图 4.70 所示的效果。

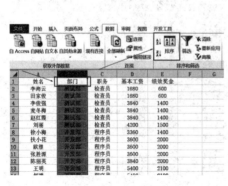

图 4.69 "列"排序

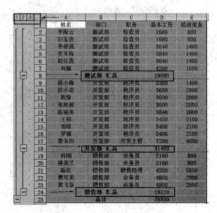

图 4.70 "列"分类汇总

(2) 对多列进行分类汇总。

对数据进行多列排序,即进行多关键字排序。同样是先排序,之后进入到"分类汇总"对话框,选择需要汇总的字段,比如这里按"姓名"进行分类,然后取消勾选"替换当前分类汇总"的复选框,点击"确定"即可,如图 4.71 所示。如上述示例中再增加对"部门"进行计数汇总,按同样方法操作,可得到如图 4.72 所示效果图。

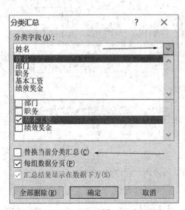

图 4.71 "多列"分类汇总

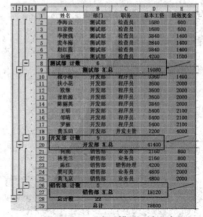

图 4.72 "多列"汇总示例

3) 删除分类汇总

若不想要分类汇总,则可进入"分类汇总"对话框,单击"全部删除"按钮即可,如图 4.73 所示。

图 4.73 删除分类汇总

6. 批注、注释

1) 批注

批注是指向工作表中添加注释，使用批注可为工作表中包含的数据提供更多的相关信息，有助于读者理解工作表。当单元格附有批注时，该单元格的右上角将会出现红色的标记。当鼠标指针停留在该单元格上时，将显示该批注。

(1) 添加批注。选择要向其中添加批注的单元格，按快捷键【Shift + F2】或在"审阅"功能区的"批注"组中单击"新建批注"，如图 4.74 所示。此时在所选单元格的右上角出现红色的三角形标志，同时在单元格旁出现批注框，输入批注内容，如图 4.75 所示，然后单击批注框外的任意单元格完成批注的添加，此时批注框自动隐藏。

默认情况下，批注处于自动隐藏状态，当鼠标指针停留在该单元格上时，批注自动显示，如图 4.75 所示。

图 4.74　新建批注

图 4.75　显示批注

■　逐条显示批注：在"审阅"功能区的"批注"组中单击"上一条"和"下一条"，可以逐条显示标注。若单击其他任意单元格，则批注自动隐藏。

■　"显示/隐藏批注"：选中含有批注的单元格，单击"显示/隐藏批注"，可显示当前单元格的批注。再次执行此命令，则隐藏批注。

■　"显示所有批注"：单击"显示所有批注"，显示或隐藏工作表中所有的批注。

(2) 修改批注。当批注处于非自动显示状态时，单击批注框可进行批注内容的编辑、修改。

(3) 删除批注。选中含有批注的单元格后单击"审阅"功能区"批注"组中的"删除"。

提 示

用户可以对批注进行格式设置，其方法为：在批注框内选中文本并右击，在弹出的快捷菜单中选择"设置批注格式"命令，在打开的如图 4.76 所示的"设置批注格式"对话框中对批注进行格式设置并单击"确定"即可。

图 4.76　设置批注格式

2) 注释

Excel 表格中的数据很多,为了便于阅读人的理解与编辑修改,可以添加注释,如果一个一个添加,效率太低,可以利用批注来快速添加注释,它的操作同插入批注的方法一样。除了添加批注用于注释之外,还可以通过墨迹书写注释。在 Excel 中可以像 Word 中一样使用墨迹书写工具进行内容注释。

墨迹功能是要在 Tablet PC 上才能使用的。Tablet PC 一般都不用键盘或者鼠标操作,而是使用触控笔或者数字笔直接在屏幕上写字,然后以手写体或者转化为文本保存。Tablet PC 支持将墨迹注释添加到 Office 文档中,这样当用户选中"显示墨迹"时,将可以看到自己手写体的注释。

4.4 Excel 2010 的公式和函数

4.4.1 公式

Excel2010 除了能够对用户输入的数据进行格式等设置外,还可以通过 Excel 中的函数和公式对已输入的数据进行精确、高速的分析和处理,为用户提供所需的结果并为用户的决策提供支持。

1. 认识公式

Excel 2010 的公式和一般数学公式差不多,数学公式的表示方法为:J3 = C3 + D3 + E3,意思是 Excel 会将 C3 单元格的值加 D3 单元格的值再加 E3 单元格的值,然后把结果显示在 J3 单元格中。若将这个公式改用 Excel 表示,则变成要在 J3 的单元格中输入" = C3 + D3 + E3"。公式是由用户根据需求构建的计算表达式,从" = "开始,由常量、单元格引用、函数、运算符组成,能够对工作表中的数据进行计算,通过运用公式,完成数据进行的各种运算处理,如图 4.77 所示。

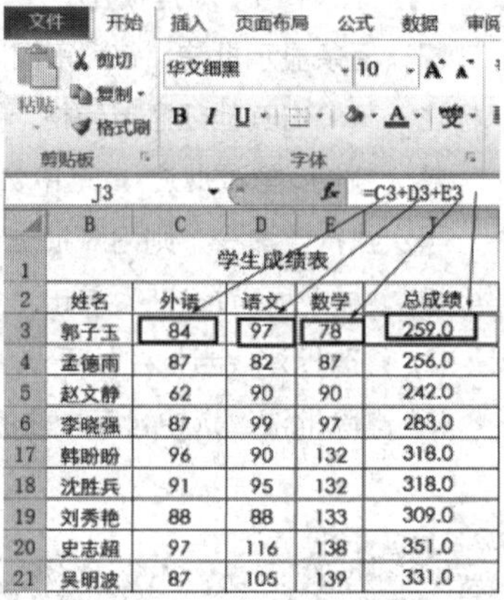

图 4.77 公式

提示

在 Excel 中计算公式与数学中公式不相同体现为:

■ Excel 中的计算公式是对工作表数据进行计算的公式,而数学公式是插入的对象,不具备计算的功能。

■ 在 Excel 中的计算公式是直接输入到单元格中并存在于单元格内的,而数学公式是插入的对象,不存在于任何单元格内。插入数学公式的常用方法是:单击"插入"功能区"符号"组中的"π",然后插入任意内置自定义的公式,之后还可以对其进行修改,或者先向工作表中插入文本框,然后插入公式。在打开的列表中选择"插入新公式"命令。在 Excel 与 Word 中,数学公式的编辑方法相同。

2. 运算符

运算符是指对公式中的元素进行特定类型的运算的符号。Excel 2010 包含四种类型的运算符：算术运算符、比较运算符、文本运算符、引用运算符。

1）算术运算符

算术运算符是我们最常见的运算符，如加法(+)、减法(−)、乘法(*)、除法(/)等，由算术运算符连接数字便实现运算的结果，完成基本的数学运算。表 4.2 所示为常用算术运算符。

表 4.2　算术运算符

算术运算符	含 义	示 例
+(加号)	加法运算	5+5
−(减号)	减法运算	5−3，−5
*(星号)	乘法运算	5*5
/(正斜线)	除法运算	5/5
%(百分号)	百分比	50%
^(插入符号)	乘幂运算	5^2

2）比较运算符

比较运算符可以比较两个数值并产生逻辑值"真值"(TRUE)或"假值"(FALSE)。比较运算符包括 =(等于)、<(小于)、>(大于)、<>(不等于)、<=(小于等于)、>=(大于等于)。如：用户在单元格 A1 中输入数字"15"，在 A2 中输入数字"= A2>6"，由于单元格 A1 的数值为 15，大于 6，结果为真，因此单元格 A2 显示为"TRUE"。表 4.3 所示为常用比较运算符。

表 4.3　比较运算符

比较运算符	含 义	示 例
=(等号)	等于	B1=C1
>(大于号)	大于	B1>C1
<(小于号)	小于	B1<C1
>=(大于等于号)	大于等于	B1>=C1
<=(小于等于号)	小于等于	B1<=C1
<>(不等于号)	不相等	B1<>C1

3）文本运算符

文本运算符"&"(和号)可以将两个或更多的文本连接起来，以产生一长串的文本。在公式中使用文本运算符时，以等号开头输入文本或单元格引用，如：A1 单元格内容为"学号"，A2 单元格内容为"25"，在 C3 单元格输入"=A1 & A2"，则 C3 单元格内容为"学号 25"。表 4.4 所示为常用文本运算符。

表 4.4　文本运算符

文本运算符	含　义	示　例
&(和号)	将两个文本值连接起来产生一个连续的文本值	"HELLO" & "word"

4) 引用运算符

一个引用位置代表工作表上的一个或者一组单元格,引用位置告诉 Excel 在哪些单元格中查找公式中要用的数值。通过使用引用的位置,用户可以在一个公式中使用工作表上不同部分的数据,也可以在几个公式中使用同一个单元格中的数据。在对单元格位置引用时,有三个引用运算符:冒号、逗号以及空格。其中,冒号":"引用运算符又叫区域运算符,它对两个引用之间,包括两个引用在内的所有单元格进行引用。如:"A1: F5"表示 A1 到 F5 单元格的矩形区域引用。逗号","引用运算符又叫联合运算符,它将多个引用合并为一个引用。如:"A1 : A3,　D1 : D3"表示对 A1 到 A3 单元格的矩形区域以及 D1 到 D3 单元格的矩形区域的引用。空格引用运算符又叫交叉运算符,产生同时属于两个引用的单元格。如:"B2 : D3 C1 : C4"表示对 B2 : D3 和 C1 : C4 单元格区域的公共单元格 C2 和 C3 的引用。表 4.5 所示为三种引用运算符。

表 4.5　引用运算符

引用运算符	含　义	示　例
: (冒号)	区域运算符,产生对包括在两个引用之间的所有单元格的引用	B1 : B10
(空格)	交叉运算符产生同时属于两个单元格的引用	= SUM (B7 : D10 C5 : C11)
, (逗号)	联合运算符,将多个引用合并为一个引用	= SUM (B5 : B15, D5 : D15)

3. 公式中的运算顺序

在 Excel 中进行公式运算时,将根据公式中运算符的特定顺序从左到右进行运算。

1) 运算符优先级

如果公式中同时用到多个运算符,Excel 将按照表 4.6 中所示顺序进行运算。如果公式中包含相同优先级的运算符,则将以从左到右的顺序进行运算。

表 4.6　运算符优先级

优　先　级	运　算　符	说　明
1	: (冒号)(空格), (逗号)	引用运算符
2	-	负号
3	%	百分比
4	^	乘幂
5	*和/	乘和除
6	+和-	加和减
7	&	连接两个文本字符串(连接)
8	=、<=、<、>=、>、<>	比较运算符

2) 使用括号

若要更改运算的顺序，可将公式中要先计算的运算数部分用括号括起来，还可在单元格中使用括号，如在公式中 "= (A1+A7) / SUM(D5 : E5)"，通过括号实现了改变运算的顺序，得到相应的计算结果。

3) 公式中的引用

引用的作用在于标识工作表中的单元格或单元格区域，并指明公式中所使用的数据的位置。通过引用，可以在公式中使用工作表中不同部分的数据，或者在多个公式中使用同一个单元格数据，还可以引用同一个工作簿中不同工作表的单元格和其他工作簿中的数据。引用不同工作簿中的单元格称为外部引用，引用其他程序的数据称为远程引用。

默认情况下，Excel 使用 A1 引用样式。A1 引用样式是指通过列标和行号引用单元格或单元格区域。A1 引用样式的通用格式为：【工作簿名】工作表名! 单元格引用。

(1) 本表数据引用。本表数据引用直接用单元格列标和行号表示，如表 4.7 所示。

表 4.7　数据表引用

引 用 对 象	表 示 形 式
A 列和第 12 列的交叉处的单元格区域	A12
A 列和第 12 行到第 22 行之间的单元格区域	A12 : A22
在第 12 行中 B 列到 E 列之间的单元格	B12 : E12
第 12 行中的全部单元格区域	12 : 12
A 列中的全部单元格区域	A : A
A 列到 E 列的第 12 行到第 22 行之间的单元格区域	A12 : E22

(2) 同一工作簿不同工作表数据引用。引用同一工作簿中其他工作表中的数据时必须指定引用单元格所在的工作表，如图 4.78 所示。

(3) 不同工作簿间数据引用(外部工作簿数据引用)。引用不同工作簿中的数据时除要指定引用数据所在的工作表之外，还要指定该数据工作表所在的工作簿，如图 4.79 所示。

图 4.78　同一工作簿中不同工作表的数据引用

图 4.79　不同工作簿数据引用

4) 单元格地址的引用

Excel 2010 中允许在公式和函数中引用工作表的单元格地址，即用单元格地址区域引用代替单元格中的数据，这样不仅可以简化繁琐的数据输入，还可以标识工作表上的单元格或单元格区域，即指明公式使用的数据位置。引用的目的是将在一个单元格完成的公式或函数操作，复制到同样操作的行或列。更重要的是，引用单元格数据之后，当初始单元格的数据发生修改或变化时，引用单元格的数据随之发生变化，不用逐一地修改，大大地提高了数据输入的效率。

单元格地址引用分为相对引用、绝对引用、混合引用，不同环境中使用不同类型的引用。

(1) 相对地址的引用。

相对地址由列标和行号组成，如 C3、D3、E3 等。在输入公式时，Excel 默认使用相对地址来引用单元格的位置。相对地址的引用是基于包含公式的单元格的相对位置。如果公式所在单元格的位置改变，引用也随之改变。相对引用的特点是：如果将含有相对引用的公式复制到另一个单元格，那么这个公式中的各单元格地址会根据公式移动到单元格发生的行、列的相差值，以保证公式对其他元素的正确运算。如图 4.80 所示的 I3 单元格实现公式 "= C3 + D3 + E3"。因此从 I4 来看，列的偏移量为 1，行的偏移量为 0，所有公式中涉及的行的数值不变而列的数值自动加 1。

(2) 绝对地址的引用。

绝对地址由列标和行号前全加上符号 "$" 构成，如 $A$2、$B$5、$G$8 等。如果公式运算中，需某个指定单元格数值的固定值，在这种情况下，就必须使用绝对地址。所谓绝对地址的引用，是指对于已定义为绝对引用的公式，无论把公式复制到什么位置，总是引用起始单元格内的 "固定" 地址。绝对单元格所引用的单元格位置是固定不变的，如图 4.81 所示。如果在表中将 I5 输入的地址改为绝对引用地址 " = $C$3+$D$3"，则可以计算出值，复制粘贴在 J7 单元格中其值不发生改变。

图 4.80　相对引用 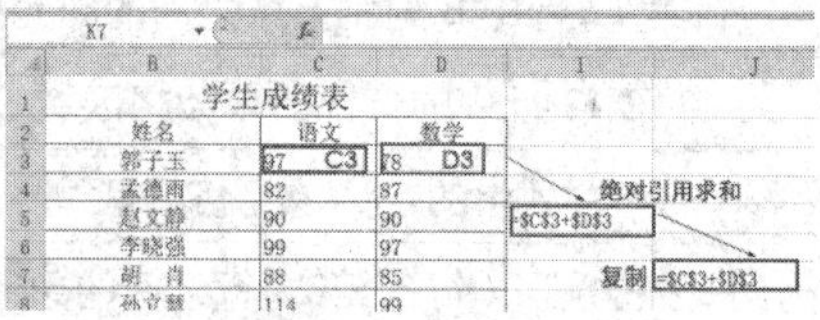　　　　　图 4.81　绝对引用

(3) 混合地址的引用。

混合地址由列标或行号前加上符号 " $" 构成，如 A$2、$A2、B$5、$G8 等。单元格的混合引用是指公式中参数的行采用相对引用、列采用绝对引用或列采用相对引用、行采用绝对引用。当含有公式的单元格因插入、复制等原因引起行、列引用的变化时，公式中相对引用部分随公式位置的变化而变化，绝对引用部分不随公式位置的变化而变化。如图 4.8.2 中 "I6=C$3 + $D5" 固定了第三行和 D 列，往下填充，固定的行列不发生改变，没有固定的行列发生改变，得到结果，如图 4.82 所示。

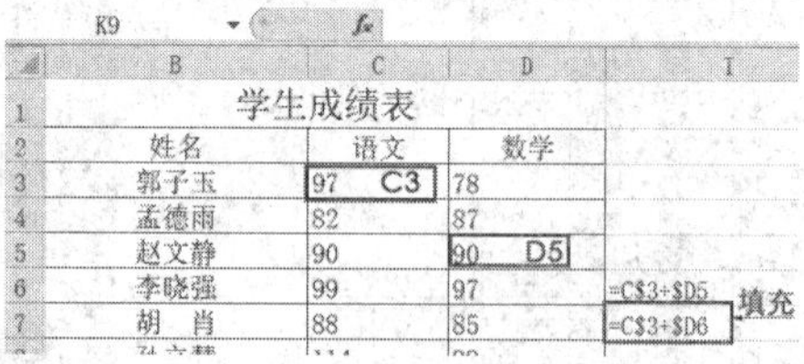

图 4.82　混合引用

当按下【F4】键时，可实现相对地址、绝对地址、混合地址的相互切换。

4. 公式的输入

Excel 中的公式一般以等号 "=" 开始，后紧跟运算量和运算符。创建公式的一般步骤如下：
首先选择需要输入公式的单元格，将鼠标指针指向编辑栏，并单击，然后输入等号 "="，利用 Excel

内置函数建立公式，可在编辑栏左侧单击插入函数"fx"按钮，也可以单击"插入函数"图标 *fx* 找到需要的公式，如图 4.83 所示，完成内置公式的插入。

图 4.83　插入公式

 提示

　　当公式是以插入函数开始时，函数自动带等号"＝"，不再另行输入。

　　公式中的各函数部分既可以手动输入，也可以采用插入函数方式输入，后者更直观、简单。也可以通过单击或拖动鼠标来引用单元格或单元格区域输入。当输入完成后单击编辑栏左侧的"输入"按钮，或者按【Enter】键得出计算结果。

5. 公式的编辑

　　当输入或编辑公式时，引用的单元格的边框会自动用颜色进行标记，如图 4.84 所示。编辑公式常用的方法有两种。

　　(1) 双击包含要更改公式单元格，然后在该单元格内进行编辑修改。

　　(2) 单击要更改公式的单元格 ，然后在"编辑栏"中进行编辑修改。

SUM	B	C	D	E	I	J
1	学生成绩表					
2	姓名	语文	数学	外语	总成绩	
3	郭子玉	97	78	84	175	
4	孟德雨	82	87	87	169	
5	赵文静	90	90	95	180	
6	李晓强	99	97	87	=C6+D6	
7	胡　肖	88	85	84	173	
8	孙立慧	114	99	68	213	

图 4.84　编辑公式

6. 公式的复制和删除

1) 公式的复制

　　用户可以采用复制法、剪切法对公式进行复制和移动。当复制公式时，单元格引用将根据所用的引用类型而自动变化，进而可能影响复制公式的结果；而在移动公式时，公式内的单元格引用则不会发生自动更改，因此，公式移动之后其结果保持不变。

公式

　　若输入公式后按【Ctrl + Enter】快捷键，则活动单元格位置保持不变。复制公式时，也可以通过拖动填充柄将公式复制到相邻的单元格中。若要仅复制公式，则可在"选择性粘贴"对话框中的"公式"选项卡中进行。 如 I3 的公式为"=C3+D3"，将 I3 复制到 J3，则 J3 的公式变为

"=D3+E3"。将 I4 移动到 J4，则 J4 的公式变为 "=C4+D4"，如图 4.85 所示。

	B	C	D	E	I	J
1	学生成绩表					
2	姓名	语文	数学	外语	总成绩	结果1
3	郭子玉	97	78	84	=C3+D3	=D3+E3
4	孟德雨	82	87	87		=C4+D4
5	赵文静	90	90	95		

图 4.85 公式的复制、移动

2) 公式的删除

选中含有公式的单元格或单元格区域后单击【Delete】键，可以在删除单元格内容的同时删除单元格中的公式，也可以采用"清除单元格内容"的方式达到删除公式的目的。

4.4.2 函数

1. 认识函数的结构与分类

1) 关于函数

函数是 Excel 中内部预先定义的特殊公式，通过使用一些称为参数的特定数值来按特定的顺序或结构执行计算。它可以对一个或多个数据进行数据操作，并返回一个或多个数据，可执行简单或复杂的计算。同时，函数的作用是简化公式操作，提高数据的输入和运算速度。Excel 2010 提供了 12 类共 400 多个函数。其中包括常用的函数、数学与三角函数、数据库函数、日期与时间函数、逻辑函数、文本函数、信息函数、工程函数、查找与引用函数、多维数据集函数、兼容性函数。本章讲重点讲解 Excel 2010 中的常用的函数，并以此融会贯通。

2) 函数形式

函数一般由函数名和参数组成，其形式为：函数名(参数表)。其中：函数名由 Excel 提供，不区分大小写；参数表由用逗号分隔的参数 1、参数 2……参数 N(N≤30)构成。参数可以是常数、单元格地址、单元格区域名称或函数等。

3) 函数结构

函数以 "=" 等号开始，后面紧跟函数名、括号和函数参数，如图 4.86 所示。

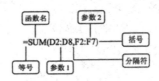

图 4.86 函数的结构

4) 函数参数

函数参数可以是数字、文本、逻辑值(如 TRUE 或 FALSE)、数组、错误值(如 #N/A)或单元格引用。指定的参数都必须为有效参数值。它也可以是常量、公式或其他函数。

在函数使用中，要尽可能减少函数错误，应注意以下几点。

(1) 函数的参数须输入所有必需参数，不能多输入也不能少输入。

(2) 输入正确的函数参数类型。

函数参数

(3) 使用函数嵌套时，嵌套不超过 64 层。

(4) 在函数参数中输入数字时不要带数字格式。数字中作分隔符的逗号即千位、百万位分隔符或货币符号等，最好对公式所在单元格设置单元格格式，不要在公式参数中带入。例如，求 5500 与单元格 A1 的和。若输入公式为 "= SUM(5，500，A1)"，则错误为计算数字 5+500+A1 的值，而不是计算 5500+A1 的值；又如求 − 1200 的绝对值，输入公式=ABS(− 1，200)，则系统显示错误，因为 ABS 函数只接受一个参数。

2. 插入函数的方法

在 Excel 2010 中，对内置的函数进行了分组归类，并与相关的公式工具一同集成在 "公式" 功能区中，方便用户使用，如图 4.87 所示。

图 4.87　"公式" 功能区

1) 插入函数的常用方法

方法 1：在单元格或 "编辑栏" 中直接输入函数及公式，此法多用于已熟悉的函数。

方法 2：通过 "插入函数" 和 "函数参数" 对话框插入函数。

方法 3：在单元格中输入函数名称后按快捷键【Ctrl + A】，可调用 "函数参数" 对话框进行参数设置。

方法 4：在 "公式" 功能区 "函数库" 组的函数分类下选择函数后，系统直接弹出 "函数参数" 对话框，在对话框中进行设置。

方法 5：在 "公式" 选项卡的 "函数库" 组中单击 "最近使用的函数"，在打开的函数列表中进行选择，如图 4.88 所示。或在单元格中输入 " = " 符号后，单击 "名称框" 右侧的 "列表箭头"，在打开的最近函数列表中进行选择，系统就会弹出 "函数参数" 对话框，根据参数对话框的提示，完成指定的操作，如图 4.89 所示。

插入函数

图 4.88　"公式" 功能区 "最近使用的函数" 列表　图 4.89　"编辑栏" 最近使用函数列表

2) 调用 "插入函数" 对话框的常用方法

方法 1：在 "编辑栏" 单击 "插入函数"，弹出如图 4.90 所示的 "插入函数" 对话框。

方法 2：在"公式"选项卡"函数库"组中单击"插入函数"。

方法 3：在"开始"功能区的"编辑"组中单击"自动求和"右侧的下拉箭头，在打开列表的"其他函数"中选择命令。

"插入函数"对话框有助于直观、简洁地完成函数的输入。通过"或选择类别"下拉列表，可以缩小函数的查找范围。在"选择函数"列表框中双击函数名称或单击"确定"，系统弹出如图 4.91 所示的"函数参数"对话框，可在其中进行函数参数设置。

图 4.90　"插入函数"对话框

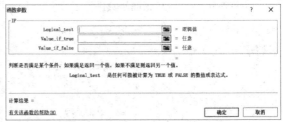

图 4.91　"函数参数"对话框

■　在 Excel 2010 中，系统将常用的求和、平均值、计数、最大值、最小值五个函数直接转入功能区命令，方便用户快速调用，如图 4.92 所示。

■　在"插入函数"和"函数参数"对话框中将显示函数的名称、各个参数说明及函数功能，而"函数参数"对话框还会显示当前公式的计算结果。

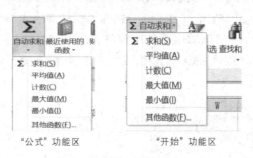

"公式"功能区　　　　　"开始"功能区

图 4.92　常用函数列表

3. 嵌套函数

Excel 2010 中常常需要将多个函数一起使用，某个(些)函数的结果作为另一个函数的参数，而这个函数又可能作为其他函数的参数，就这样一层一层地设计出公式，这种用法称为嵌套。Excel 版本不同，嵌套函数的允许层数也不同，一般嵌套得比较多的也就十几层，但总数不能超过 64 层。嵌套函数的编辑，可以从外向内，也可以从内向外，或者内外结合。最常见最简单的嵌套函数要数 IF 函数的嵌套了，

函数嵌套

比如要将 J 列的分数改为等级，当分数小于 60 返回"不及格"、大于等于 60 小于 80 返回"及格"，大于等于 80 小于 90 返回"良"，大于等于 90 返回"优"，就可以使用 IF 函数来实现。

首先，先判断第一层，分数是否小于 60，小于返回“不及格”，否则返回“及格”：“ =IF(E3<60，"不及格"，"及格")”，如图 4.93 所示。当分数大于等于 60 时，是有多种情况的，所以再在此范围内进行判断，就形成了第二层函数，IF(A2<80，"及格"，"良")作为第一层的第三参数，当条件不成立，即分数不小于 60 时，返回 IF(E3<80，"及格"，"良")的结果：“=IF(E3<60， IF(E3<80，"及格"，"良")，"不及格"，)”，如图 4.94 所示。

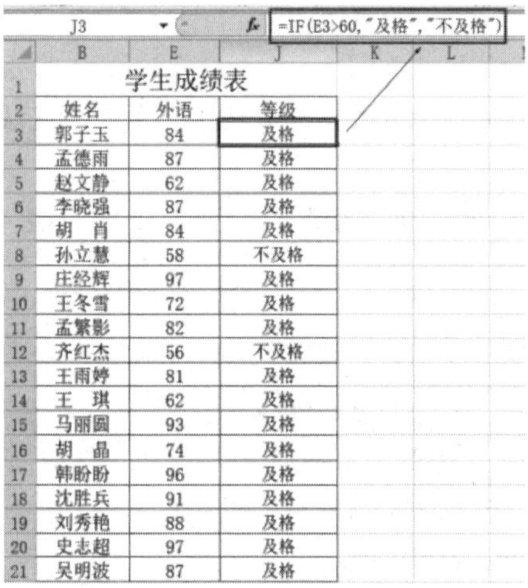

姓名	外语	等级
郭子玉	84	及格
孟德雨	87	及格
赵文静	62	及格
李晓强	87	及格
胡　肖	84	及格
孙立慧	58	不及格
庄经辉	97	及格
王冬雪	72	及格
孟繁影	82	及格
齐红杰	56	不及格
王雨婷	81	及格
王　琪	62	及格
马丽圆	93	及格
胡　晶	74	及格
韩盼盼	96	及格
沈胜兵	91	及格
刘秀艳	88	及格
史志超	97	及格
吴明波	87	及格

图 4.93　IF 嵌套第一层

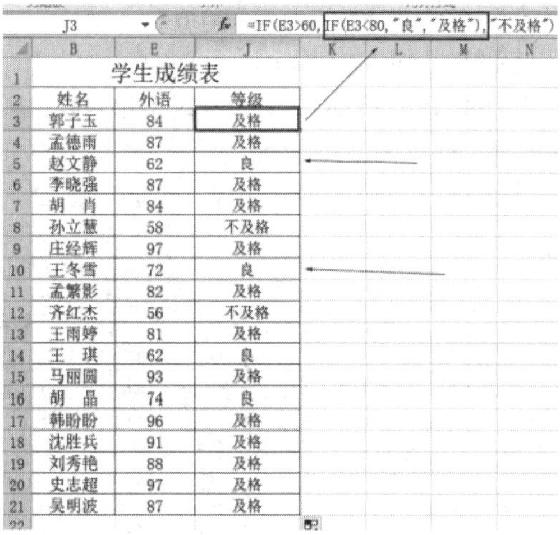

姓名	外语	等级
郭子玉	84	及格
孟德雨	87	及格
赵文静	62	良
李晓强	87	及格
胡　肖	84	及格
孙立慧	58	不及格
庄经辉	97	及格
王冬雪	72	良
孟繁影	82	及格
齐红杰	56	不及格
王雨婷	81	及格
王　琪	62	良
马丽圆	93	及格
胡　晶	74	良
韩盼盼	96	及格
沈胜兵	91	及格
刘秀艳	88	及格
史志超	97	及格
吴明波	87	及格

图 4.94　IF 嵌套第二层

同样的，当分数大于等于 80 时，还需要细分，用到第三层函数，IF(E3<90，"良"，"优")作为第二层 IF 函数的第三参数，当条件不成立，即分数不小于 80 时，返回 IF(E3<90，"良"，"优")的结果：“=IF(E3<60，"不及格"，IF(E3<80，"及格"，IF(E3<90，"良"，"优")))”，利用三层嵌套函数完成公式，再向下填充，如图 4.95 所示。

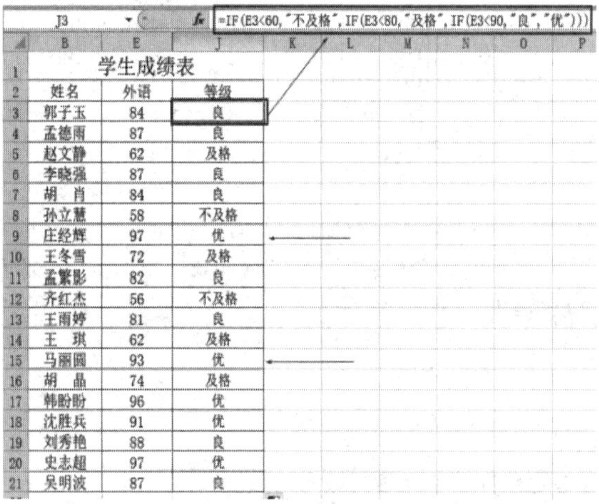

姓名	外语	等级
郭子玉	84	良
孟德雨	87	良
赵文静	62	及格
李晓强	87	良
胡　肖	84	良
孙立慧	58	不及格
庄经辉	97	优
王冬雪	72	及格
孟繁影	82	良
齐红杰	56	不及格
王雨婷	81	良
王　琪	62	及格
马丽圆	93	优
胡　晶	74	及格
韩盼盼	96	优
沈胜兵	91	优
刘秀艳	88	良
史志超	97	优
吴明波	87	良

图 4.95　IF 嵌套第三层

要设计出合理的嵌套函数，首先要熟悉各个函数的用法，再一层一层地使用函数。不能一步到位时，可以先写出部分函数，不确定的参数可以先用某数据代替，然后再研究此参数的写法，最终得到完整的公式。

4. Excel 2010 常用函数

Excel 2010 中内置了许多的函数，可以满足工作中的各种需要。这些函数类别不相同，大致分为两类：常用函数和其他函数。

(1) SUM 函数。

函数名称：SUM。

主要功能：计算所有参数数值的和。

SUM 函数

使用格式：SUM(number1，number2，…)。

参数说明：number1、number2…代表需要计算的值，可以是具体的数值、引用的单元格(区域)、逻辑值等。

应用举例：在学生成绩表中有"语文""数学""外语"，用 SUM 函数计算学生的总成绩，如图 4.96 所示。

学生成绩表				
姓名	语文	数学	外语	总成绩
郭子玉	97	78	84	=SUM(C3:E3)
孟德雨	82	87	87	=SUM(C4:E4)
赵文静	90	90	62	=SUM(C5:E5)
李晓强	99	97	87	=SUM(C6:E6)
胡 肖	88	85	84	=SUM(C7:E7)
孙立慧	114	99	58	=SUM(C8:E8)
庄经辉	90	107	97	=SUM(C9:E9)
王冬雪	118	108	72	=SUM(C10:E10)
孟繁影	119	110	82	=SUM(C11:E11)
齐红杰	103	115	56	=SUM(C12:E12)
王雨婷	122	120	81	=SUM(C13:E13)
王 琪	76	126	62	=SUM(C14:E14)
马丽圆	107	127	93	=SUM(C15:E15)
胡 晶	115	130	74	=SUM(C16:E16)
韩盼盼	90	132	96	=SUM(C17:E17)
沈胜兵	95	132	91	=SUM(C18:E18)
刘秀艳	88	133	88	=SUM(C19:E19)
史志超	116	138	97	=SUM(C20:E20)
吴明波	105	139	87	=SUM(C21:E21)

图 4.96　SUM 函数应用

> **提示**
>
> 在 Excel 2010 中，系统将常用的求和、平均值、计数、最大值、最小值五个函数直接转入功能区命令，方便用户快速调用。

(2) SUMIF 函数。

函数名称：SUMIF。

主要功能：计算符合指定条件的单元格区域内的数值和。

使用格式：SUMIF(Range，Criteria，Sum_Range)。

SUMIF 函数

参数说明：Range 代表条件判断的单元格区域；Criteria 为指定条件表达式；Sum_Range 代表需要计算的数值所在的单元格区域。

应用举例：在如图 4.97 所示的表格区域求各个发货平台的总发货量：首先在 B15 单元格中输入公式："=SUMIF(A2:A11,A15,B2:B11)"，确认后即可求出各个平台的总发货量，结果如图 4.97 所示。

B15		f_x	=SUMIF(A2:A11,A15,B2:B11)	
	A		B	C
	发货平台		发货量	
	成都发货平台		11212	
	上海发货平台		56891	
	重庆发货平台		74512	
	上海发货平台		23458	
	北京发货平台		15776	
	北京发货平台		45123	
	重庆发货平台		56123	
	成都发货平台		24789	
	重庆发货平台		42788	
	成都发货平台		123703	
	统计发货平台的发货量		发货量	
	成都发货平台		159704	
	上海发货平台		80349	
	北京发货平台		60899	
	重庆发货平台		98911	

图 4.97　计算各个平台的发货量

(3) ABS 函数。

函数名称：ABS。

主要功能：求出相应数字的绝对值。

使用格式：ABS(number)。

参数说明：number 代表需要求绝对值的数值或引用的单元格。

应用举例：在 A2、B2 中输入两个人的身高，选中 C2 单元格，在单元格中输入"=ABS(A2-B2)"，按【Enter】键确认，这样就得到了结果，在 C2 单元格中出现了两人的身高差，如图 4.98 所示。

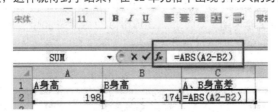

图 4.98　ABS 函数

(4) AVERAGE 函数。

函数名称：AVERAGE。

主要功能：求出所有参数的算术平均值。

使用格式：AVERAGE(number1，number2，…)。

参数说明：number1，number2，…表示需要求平均值的数值或引用单元格(区域)，可以计算的数为 1~255 个参数，至少需要一个参数。参数可以是数字或者包含数字的名称、单元格区域或单元格引用。

应用举例：在 J22 单元格中输入公式："=AVERAGE(J3:J21)"，确认后，即可求出 J3 至 J21 区域的平均值。

| J22 | | fx | =AVERAGE(J3:J21) |

学生成绩表

	B	C	D	E	F	J
1			学生成绩表			
2	姓名	性别	语文	数学	外语	平均成绩
3	郭子玉	女	97	78	84	86.3
4	孟德雨	女	82	87	87	85.3
5	赵文静	女	90	90	62	80.7
6	李晓强	男	99	97	87	94.3
17	韩盼盼	女	90	132	96	106.0
18	沈胜兵	男	95	132	91	106.0
19	刘秀艳	女	88	133	88	103.0
20	史志超	男	116	138	97	117.0
21	吴明波	男	105	139	87	110.3
22					班级平均成绩:	98.3

图 4.99　AVERAGE 函数

提示

■ 当为单元格中的数值求平均值时，"空单元格"与"含零值单元格"有区别，尤其是在清除了"Excel 选项"对话框的"在具有零值的单元格中显示零"项目时，零值虽不显示，但会计算在内。

■ 若要计算包括引用中的逻辑值和代表数字的文本，则用 AVERAGE 函数。

■ 若要只对符合某些条件的值计算平均值时，则用 AVERAGE 函数或者 AVERAGEIFS 函数。

(5) COUNTIF 函数。

函数名称：COUNTIF。

主要功能：统计某个单元格区域中符合指定条件的单元格数目。

使用格式：COUNTIF(Range，Criteria)。

参数说明：Range 代表要统计的单元格区域；Criteria 表示指定的条件表达式。

应用举例：在 C17 单元格中输入公式："=COUNTIF(B1:B13，">=80")"，确认后，即可统计出 B1 至 B13 单元格区域中，数值大于等于 80 的单元格数目。

提示

COUNTIF 函数允许引用的单元格区域中有空白单元格出现。

(6) IF 函数。

函数名称：IF。

主要功能：根据对指定条件的逻辑判断的真假结果，返回相对应的内容。

使用格式：IF(Logical，Value_if_true，Value_if_false)。

参数说明：Logical 代表逻辑判断表达式；Value_if_true 表示当判断条件为逻辑"真(TRUE)"时的显示内容，如果忽略则返回"TRUE"；Value_if_false 表示当判断条件为逻辑"假(FALSE)"时的显示内容，如果忽略则返回"FALSE"。

应用举例：在 C29 单元格中输入公式："=IF(C26>=18，"符合要求"，"不符合要求")"，确认后，如果 C26 单元格中的数值大于或等于 18，则 C29 单元格显示"符合要求"字样，反之显示"不符合要求"

字样。

(7) LEN 函数。

函数名称：LEN。

主要功能：统计文本字符串中字符数目。

使用格式：LEN(text)。

参数说明：text 表示要统计的文本字符串。

应用举例：假定 A41 单元格中保存了"我今年 28 岁"的字符串，则在 C40 单元格中输入公式："=LEN(A40)"，确认后即显示出统计结果"6"。

(8) MAX 函数。

函数名称：MAX。

主要功能：求出一组数中的最大值。

使用格式：MAX(number1，number2，…)。

参数说明：number1，number2，…代表需要求最大值的数值或引用单元格(区域)，参数不超过 30 个。

应用举例：输入公式："=MAX(E44:J44，7，8，9，10)"，确认后即可显示出 E44 至 J44 单元区域和数值 7、8、9、10 中的最大值。

(9) MID 函数。

函数名称：MID。

主要功能：从一个文本字符串的指定位置开始，截取指定数目的字符。

使用格式：MID(text，start_num，num_chars)。

参数说明：text 代表一个文本字符串；start_num 表示指定的起始位置；num_chars 表示要截取的字符数目。

应用举例：假定 A47 单元格中保存了"我喜欢天极网"的字符串，则在 C47 单元格中输入公式："=MID(A47，4，3)"，确认后即显示出"天极网"的字符。

 提示

公式中各参数间，要用英文状态下的逗号","隔开。

(10) MIN 函数。

函数名称：MIN。

主要功能：求出一组数中的最小值。

使用格式：MIN(number1，number2…)。

参数说明：number1，number2…代表需要求最小值的数值或引用单元格(区域)，参数不超过 30 个。

应用举例：输入公式："=MIN(E44:J44，7，8，9，10)"，确认后即可显示出 E44 至 J44 单元区域和数值 7、8、9、10 中的最小值。

(11) MOD 函数。

函数名称：MOD。

主要功能：求出两数相除的余数。

使用格式：MOD(number，divisor)。

参数说明：number 代表被除数；divisor 代表除数。

应用举例：输入公式："=MOD(13，4)"，确认后显示出结果"1"。

提 示

　　如果 divisor 参数为零，则显示错误值"#DIV/0!"；MOD 函数可以借用函数 INT 来表示，则上述公式可以修改为："=13-4*INT(13/4)"。

　　(12) VALUE 函数。

函数名称：VALUE。

主要功能：将一个代表数值的文本型字符串转换为数值型。

使用格式：VALUE(text)。

参数说明：text 代表需要转换文本型字符串数值。

应用举例：如果 B74 单元格中是通过 LEFT 等函数截取的文本型字符串，则在 C74 单元格中输入公式："=VALUE(B74)"，确认后，即可将其转换为数值型。

VLOOKUP 函数

(13) VLOOKUP 函数。

函数名称：VLOOKUP。

主要功能：在数据表的首列查找指定的数值，并由此返回数据表当前行中指定列处的数值。

使用格式：VLOOKUP(lookup_value，table_array，col_index_num，range_lookup)。

参数说明：

lookup_value：代表需要查找的数值。

table_array：代表需要在其中查找数据的单元格区域。

col_index_num：在 table_array 区域中待返回的匹配值的列序号(当 col_index_num 为 2 时，返回 table_array 第 2 列中的数值，为 3 时，返回第 3 列的值……)。

range_lookup：为一逻辑值，如果为 TRUE 或省略，则返回近似匹配值。也就是说，如果找不到精确匹配值，则返回小于 lookup_value 的最大数值；如果为 FALSE，则返回精确匹配值；如果找不到，则返回错误值#N/A。

　　应用举例：可以使用 VLOOKUP 函数搜索某个单元格区域(区域:工作表上的两个或多个单元格。区域中的单元格可以相邻或不相邻)的第一列，然后返回该区域相同行上任何单元格中的值。例如，假设区域 A2:C21 中包含雇员列表。雇员的 ID 号存储在该区域的第一列，如果知道雇员的 ID 号，则可以使用 VLOOKUP 函数返回该雇员所在的部门或其姓名。若要获取 28 号雇员的姓名，可以使用公式"=VLOOKUP(28，A2:C21，3，FALSE)"。此公式将搜索区域 A2:C21 的第一列中的值 28，然后返回该区域同一行中第三列包含的值作为查询值("陈丽英")，如图 4.100 所示。

图 4.100 VLOOKUP 函数

> **提示**
>
> Lookup_value 参数必须在 table_array 区域的首列中；如果忽略 range_lookup 参数，则 table_array 的首列必须进行排序。根据查找需要确定数据源区域引用的绝对引用或相对引用形式。VLOOKUP 函数可以在工作表之间进行数据查询提取，进而进行数据合并。数据源中的数据可以是文本、数字或逻辑值，文本不区分大小写。
>
> 在模糊查找的情形下，当数据源第一列中没有给定的值时，则使用小于等于给定值的最大值进行查找；当查找值小于数据源第一列中的最小数值时，函数结果为错误值"#N/A"。在精确查找的情形下，当数据源第一列中没有给定的值时，函数结果为错误值"#N/A"，可以通过使用 ISERROR 或 IFERROR 函数控制错误值的显示。

5. Excel 2010 中常见错误及解决方法

在 Excel 2010 中，当单元格中的公式计算出现错误的时候，Excel 会返回一个错误值。

常见错误

(1) 错误值为"####!"：表示单元格中的数据太长或者公式中产生的结果值太大，以致单元格不能显示全部的内容。解决的方法是调整列宽，使得内容能够全部显示出来。

(2) 错误值为"#DIV/0"：表示公式中的除数为 0，或者公式中的除数为空。解决方案是修改除数或者填写除数所引用的单元格。

(3) 错误值为 "#NAME?"：表示公式中引用了一个无法识别的名称。当删除一个公式正在使用的名称或者在文本中有不相称的引用时，就会返回这种错误提示。

(4) 错误信息为"#NULL!"：表示在公式或者函数中使用了不正确的区域计算或者不正确的单元格引用。例如，余弦值只能在-1 到+1 之间，在求得反余弦值时，如果超出这个范围就会提示错误。

(5) 错误信息为 "#NUM!"：表示在需要数字参数的函数中使用了不能接受的参数；或者公式计算的结果值太大或太小，无法表示。

(6) 错误值为"#REF!"：表示公式中引用了一个无效的单元格。如果被引用的单元格被删除或者覆盖，公式所在单元格就会出现这样的信息。

(7) 错误值为"#VALUE!"：表示公式中含有一个错误类型的参数或者操作数。操作数是公式中用来计算结果的数值或者单元格引用。

4.5 Excel 2010 图表

4.5.1 图表的基本知识

Excel 中创建图表是指将工作表中的数据用图形表示出来。Excel 2010 支持多种类型的图表。创建图表或更改现有图表时，可以从各种图表类型及其子类型中进行选择，也可以通过在图表中使用多种图表类型来创建组合图表。

1. 图表的存在形式

用户可以在图表工作表上创建图表，或将图表作为工作表上的嵌入对象来使用。无论采用何种方式，图表都会链接到工作表上的源数据，这就意味着当更新工作表数据时，同时也更新图表。

图表制作结束时，可以选择其所存在的形式。

(1) 嵌入式图表：图表与其他相关联的数据同在一张工作表中，嵌入式图表可看作是一个图形对象，并作为工作表的一部分进行保存。当要与工作表数据一起显示或打印一个或多个图表时，可以使用嵌入式图表。

(2) 图表工作表：图表工作表是工作簿中具有特定工作表名称的独立工作表，当要独立于工作表数据查看或编辑大而复杂的图表，或希望节省工作表上的屏幕空间时，可以使用图表工作表。

2. 图表的类型

图表具有形象直观的特征。Excel 2010 提供了 11 种图表标准类型。其中常见的图表类型有柱形图、折线图、饼图、条形图、面积图和股价图等。各种类型的图表又含有多个子图表类型可供选择。用户可以根据需要选择合适的图表类型，动态地与工作表的一组或多组数据相链接，实时反应数据的状况，帮助用户以多种方式表示工作表中的数据，如图 4.101 所示。

图表的类型

图 4.101 图表类型

■ 柱形图：柱形图常常用来显示一段时间内数据变化或比较各项数据之间的情况。在柱形图中，通常沿水平轴组织类别，而沿垂直轴组织数值。Excel 表格中列或行的数据都可以绘制到柱形图中。

■ 折线图：折线图常常用来显示随时间而变化的连续数据，因此非常适用于显示在相等时间间隔内数据的变化趋势。

■ 饼图：饼图常用于显示一个数据系列中各项的大小与各项总和的比例，也可以显示出整个饼图的百分比。

■ 条形图：条形图常常用于显示各项目之间的数据比较情况。

■ 面积图：面积图用于强调数量随时间而变化的过程，也可用于人们对总值趋势的观察。

■ XY 散点图：XY 散点图常用于显示若干数据系列中各数值之间的关系，或者将两组数字绘制为 XY 坐标的一个系列，内含 5 种子图表。

■ 股价图：股价图经常用来显示股价的波动趋势。可以使用股价图来显示每天或每年温度的波动。必须按照正确的顺序来组织数据才能创建股价图，内含 4 种子图表。

■ 曲面图：曲面图用于显示两组数据之间的最佳组合。

■ 圆环图：像饼图一样，圆环图显示各个部分与整体之间的关系，但是它可以包含多个数据系列。

■ 气泡图：排列在工作表列中的数据可以绘制在气泡图中。

■ 雷达图：雷达图用于比较若干数据系列的聚合值。

对于大多数 Excel 图表，如柱形图和条形图，可以将工作表的行或列中排列的数据绘制在图表中，而有些图形类型，如饼图和气泡图，则需要特定的数据排列方式。各类图表会应用到不同的数据，用户可根据实际工作需要来应用图表。

3. 图表的构成

在创建图表前，首先了解一下图表的组成元素。图表由许多部分组成，每一部分都是一个图表项。一个完整的图表由图表标题、图表区、绘图区、数据系列、坐标轴、图例组成，如图 4.102 所示。

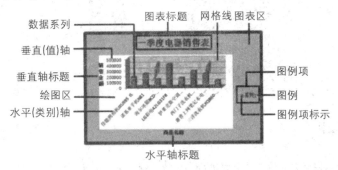

图 4.102 图表结构

■ 图表标题：图表标题一般位于图表的最上面。常常用来直观表示图表内容的名称，用户可设置是否显示及其显示位置。方框内即为图表标题。

■ 图表区：图表区指图表边框以内的区域，所有的图表元素都在该区域内。

■ 绘图区：绘图区指绘制图表的具体区域，不包括图表标题、图例等标签的绘图区域。

■ 背景墙：背景墙指用来显示数据系列的背景区域，通常只在三维图表中才存在。

■ 数据系列：数据系列指图表中对应的柱形或饼图，没有数据系列的图表就不成为图表。

■ 坐标轴：坐标轴指用于显示分类或数值的坐标，包括横坐标和纵坐标。

■ 图例：图例是用来区分不同数据系列的标识。

■ 基底：基底数据只有在三维图表中才存在。

4. 创建图表

Excel 2010 中，可以很轻松地创建具有专业外观的图表，用户只需选择图表类型、图表布局和图表样式，便可完成图表创建。具体操作步骤如下：

第 1 步：在创建图表前，首先创建数据区域。这是日常工作中创建图表最常用的方法。

创建图表

第 2 步：选择要创建图表的原始数据区域。如图 4.103 工作表中的 A1：B6 区域。

第 3 步：选择"插入"选项卡，在工具栏中找到"图表"组。在此组中有多种类型的图表。

第 4 步：选择一种需要创建的图表类型，单击此类型图标后会弹出下拉列表，在列表中选择需要的一种类型即可，如图 4.103 所示。

第 5 步：创建好图表后，有可能图形把数据区域遮挡住，这个时候可以把图表移动到其他位置或是改变图表的大小，图表效果图如图 4.104 所示。

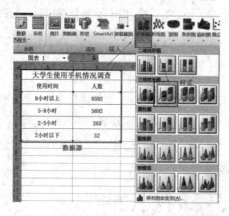

图 4.103　创建图表

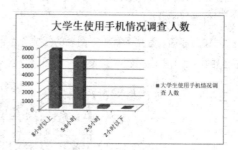

图 4.104　图表效果图

4.5.2　图表编辑

在 Excel 中，用户可以对建立的图表进行相应的编辑，更好地展示数据的变化。当选中要编辑的图表时，进入到图表的系统功能区"图表工具"，含有"设计""布局"和"格式"三个选项卡，分别集成了对图表进行设置的若干个工具按钮，如图 4.105 所示。

编辑图表

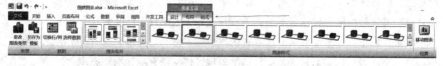

图 4.105　图表工具

(1) 删除图表。选择图表后单击键盘上的【Delete】键，即可将其删除。

(2) 调整图表的大小。选中需要调整大小的图表，将鼠标移动到图表边缘四周的中点位置或图表的角上。当鼠标改变形状为"两头为箭头"时，拖动鼠标以改变图表大小。

(3) 设置图表表区的字体。选中图表中的文字，单击"开始"菜单中"字体"，可以改变字体的大小、样式、颜色等。

(4) 更改图表的类型。对已经创建好的图表，在选中的情况下可以利用"图表工具"功能区对其进行修改。单击"设计"功能区的 "更改图表类型"，系统弹出图表类型列表，如图 4.106(a)所示。选择新的图表类型，确定后图表立即发生改变，如图 4.106(b)所示。

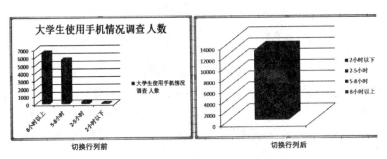

(a) 选择图表类型

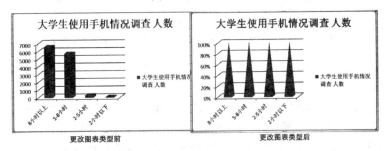

(b) 更改图表类型

图 4.106　选择及更改图表类型

(5) 切换行/列。切换行/列是指交换坐标轴上的数据，标在 X 轴上的数据将移动到 Y 轴上，反之亦然。选中图表后单击"设计"功能区"数据"组中的"切换行/列"，即可完成切换，如图 4.107 所示。

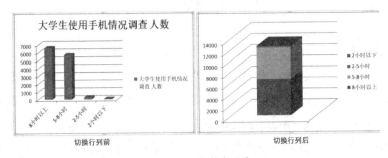

图 4.107　切换行/列

(6) 更改数据源。更改数据源是指对图表的引用数据区域进行更改，图表中相应的数据系列也会自动进行相应的调整。选中图表后在"设计"功能区的"数据"组中单击"选择数据"按钮，系统弹出如图 4.108 所示对话框，用户可根据需要重新调整图表的数据区域。

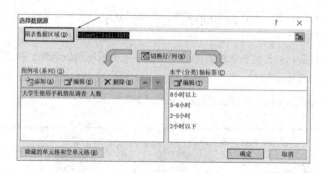

图 4.108　更改数据源

(7) 更改图表的整体外观样式。更改图表的整体外观样式是指对图表按预置的样式进行自动调整，改变其默认的效果。选中图表后在图表工具 "设计"功能区的"图表样式"组中选择所需的图表布局样式。单击右侧的 "其他"按钮，系统弹出如图 4.109 所示的样式列表，单击选择所需的样式预览图即可。

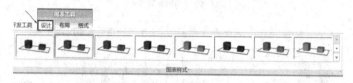

图 4.109　图表外观样式

(8) 选定图表元素。在图表中选中某一图表组成元素后，可以对其内容和格式进行修改。选定图表组成元素的方法是：直接单击图表的"组成元素"，或在图表工具"布局"功能区左端单击"图表元素"下拉列表框箭头，在弹出的列表中选择图表的组成部分，如图 4.110 所示。

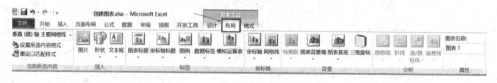

图 4.110　选定图表元素

4.5.3　图表的布局

图表布局的设置包含以下几种。

1. 更改图表的整体布局

更改图表的整体布局是指对图表中各图表组成部分的位置布局，按预定义的布局格式进行自动调整。选中图表后在图表工具"设计"功能区的"图表布局"组中选择所需的图表布局样式。

图表的布局

2. 设置图表的标签布局

通过"图表工具布局"功能区"标签"组中的相应按钮，如图 4.111 所示，可以修改或给图表添加相应的标签。

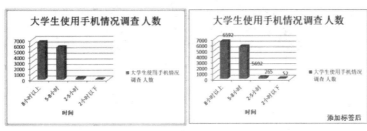

图 4.111　给图表添加标签

3．设置图表坐标轴布局

设置图表坐标轴是指对图表的坐标轴的显示方向，即显示格式进行设置。选中图表后单击"图表工具布局"功能区"坐标轴"组中的"坐标轴"，系统会弹出坐标轴可操作项目列表，直接操作即可完成。

4．设置图表的网格线布局

设置图表的网格线布局是指设置图表绘图区的横向及纵向主、次表格线。选中图表后单击"图表工具布局"选项卡中"坐标轴"组中的"网格线"，系统弹出网格线可操作项目列表，添加图表纵向主、次网格线，如图 4.112 所示。

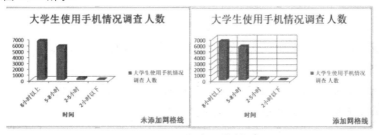

图 4.112　添加网格线

4.6　Excel 2010 的打印输出

工作表制作完毕，一般都会将其打印出来，但在打印前还需进行一系列的设置，例如，为工作表进行页面设置、设置要打印的区域、对多页工作表进行分页预览、打印前进行打印预览等，这样才能获得好的打印效果。

4.6.1　分页控制

Excel 中分页符是为了将一张工作表格分为若干单独页的分隔符。可以在打印工作表格之前调整它里面的分页符，可以手动插入分页符，以控制打印输出的分页位置。手动插入分页符后，系统会自动调整分页符的位置。其操作步骤如下：

分页控制

第 1 步：打开要分出新页的首行首列单元格。

第 2 步：单击"页面布局"功能区"页面设置"组中的"分隔符"下拉按钮，在打开的列表中选择"插入分页符"命令,如图 4.113 所示。系统在当前单元格的上方和左侧插入分页符。

图 4.113　插入分页符

 提 示

■ 手动分页符的插入位置选择很重要。插入手动分页符后,自动分页符会在手动分页符的基础上进行自动调整。

■ 在页面视图中,手动分页符和自动分页符都显示为虚线,它们的区别在于自动分页符虚线间断点较密,而手动分页符虚线点较稀疏。

4.6.2　页眉页脚

在 Excel 中,可根据需要打印的工作表的顶部或底部添加页眉或页脚。在普通视图下,Excel 的页眉和页脚不会显示在工作表中,而仅以页面布局视图显示在打印的页面上。

用户可以在页面布局视图中插入页眉或页脚,也可以在该视图中看到页眉页脚。如果要同时为多个工作表插入页眉页脚,则可以使用"页面设置"对话框。对于其他工作表类型,则只能使用"页面设置"对话框插入页眉页脚。要更改页眉或页脚,则单击页眉或页脚编辑框,然后直接更改文本。其操作方法如下:

第 1 步:点击页面上"页面布局"选项卡,弹出对话框,点击"页眉/页脚"按钮。切换到"页眉/页脚"页面,这个时候可以点击选择 Excel 自带的页眉和页脚,或者自定义页眉与页脚。

第 2 步:选择好页眉页脚后,可编辑好相应的页眉页脚内容,点击对话框下方的"确定"按钮即可完成页眉页脚的设置,如图 4.114 所示。

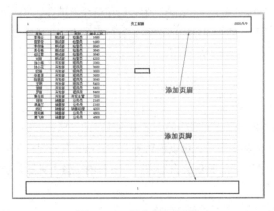

图 4.114　添加页眉页脚

添加完页眉页脚后，点击"视图"项下的"普通"就可以退出页眉页脚视图了。

4.6.3　页面设置

除了在"页面布局"功能区中进行页面设置外，在"页面设置"对话框中也可以方便地进行页面的各项设置，如图 4.115 所示。

页面设置

■ 页面：可对页面方向和纸张大小进行设置。可以进行"自定义"纸张。

■ 页边距：可设置页面上、下、左、右边距，及对页眉、页脚距页边的距离进行精确设置。

■ 打印区域与打印标题：实现选择特定打印区域，当工作表数据跨页多页时，为了阅读方便，可以在每一页上都打印出标题，即每页重复行和列标题或标签，以帮助正确标记数据，正常阅读。

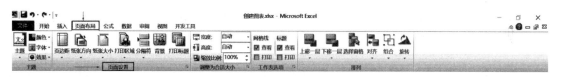

图 4.115　页面设置

4.6.4　打印

在设置好页面后，就可以对内容进行打印输出了。单击"文件"选项卡，在打开的列表中选择"打印"项，可以进行打印参数设置，右侧是对当前页面打印内容的预览图。设置好后单击"打印"按钮，即可将内容打印输出。

第5章

文稿演示软件 PowerPoint 2010

 本章导读

　　PowerPoint 是 Office 的三大核心组件之一，主要用于文稿演示和幻灯片制作。该软件在课堂教学、学术报告、产品展示、教育讲座等各种信息传播活动中应用广泛。它可以帮助用户以简单的操作，快速制作出图文并茂、富有感染力的演示文稿，并且还可以通过图示、视频和动画等多媒体形式表现复杂的内容，从而使听众能够更直观地理解。

学习目标

　　(1) 了解 PowerPoint 2010 的工作界面和视图转换。
　　(2) 掌握 PowerPoint 2010 的基本操作。
　　(3) 掌握演示文稿的制作和美化。
　　(4) 掌握演示文稿的放映操作。

5.1　PowerPoint 2010 简介

　　PowerPoint 是 Office 的一个组件，因此，与本书前几章所介绍的 Word、Excel 的通用操作以及相同按钮的功能及操作基本上是相同的。

5.1.1　PowerPoint 2010 启动与退出

　　在使用 PowerPoint 2010 制作演示文稿之前，必须先启动 PowerPoint 2010。使用 PowerPoint 2010 处理完演示文稿后，就可以退出该应用程序。

1. 启动 PowerPoint 2010

　　启动 PowerPoint 2010 的方式有多种，用户可根据个人习惯或需要进行选择。本书介绍常用的两种启动方式：

(1) 选择"开始"→"所有程序"→"Microsoft Office"→"Microsoft PowerPoint 2010"菜单命令，就可以启动 PowerPoint 2010。

(2) 如果在桌面创建了 PowerPoint 2010 快捷方式图标，双击图标就可以快速启动该软件。

2. 退出 PowerPoint 2010

退出 PowerPoint 2010 的方法有多种，一般常用的有以下几种。

(1) 单击 PowerPoint 2010 工作界面标题栏右侧的"关闭"按钮。

(2) 选择"文件"→"退出"命令退出 PowerPoint 2010。

(3) 单击窗口左上角的控制菜单，选择"关闭"命令。

(4) 按快捷组合键【Alt+F4】快速退出软件。

5.1.2　PowerPoint 2010 工作界面

PowerPoint 2010 启动后的工作界面与 Word、Excel 类似，如图 5.1 所示。该工作界面由快速访问工具栏、标题栏、"文件"选项卡、功能选项卡、功能区、"幻灯片/大纲"窗格、幻灯片窗格、状态栏和备注窗格等部分组成。

PowerPoint 2010 工作界面各部分的组成及作用如下：

■ 标题栏：用于显示演示文稿名称和程序名称，其右侧的三个按钮分别用于对窗口执行最小化、最大化(向下还原)和关闭操作。

图 5.1　PowerPoint 2010　工作界面

■ 快速访问工具栏：该工具栏上提供了最常用的几个按钮，从左至右依次为"保存"按钮、"撤销"按钮和"重复"按钮等，其中"重复"按钮会在点击了"撤销"按钮后变为"恢复"按钮。在演示文稿编辑过程中，单击对应的按钮可执行相应的操作。如果需要在快速访问工具栏中添加其他按钮，可单击其后的"自定义快速访问工具栏"按钮，在弹出的菜单中选择所需的命令即可。

■ "文件"选项卡：用于执行演示文稿的基本操作，包括新建、打开、保存、打印、关闭和最近所用文件等。

■ 功能选项卡：等同于菜单命令，它将 PowerPoint 2010 的所有命令集成在几个功能选项卡中，选择某个功能选项卡可切换到相应的功能区。

■ 功能区：在功能区中有很多自动适应窗口大小的功能组，不同的功能组中又放置了与此相关的命令按钮或列表框。

■ "幻灯片/大纲"窗格：用于显示演示文稿的幻灯片数量及位置，通过该窗格可以更加方便地掌握整个演示文稿的结构。在"幻灯片"窗格下，将显示所有幻灯片的编号及缩略图；在"大纲"窗格下可以显示和编辑各幻灯片的标题与正文信息。在普通视图下的"大纲"窗格可以用来组织和创建演示文稿的内容，也可以轻松地对幻灯片进行重新排列、添加或删除。在幻灯片窗格编辑标题或正文信息时，"大纲"窗格也同步变化。

■ "幻灯片"窗格：是整个工作界面的核心区域，用于显示和编辑幻灯片。在幻灯片窗格中可以输入文字内容、插入图片、插入音频和视频、设置动画效果等，它是使用 PowerPoint 制作演示文稿的操作平台。

■ "备注"窗格：位于幻灯片窗格的下方，可供幻灯片制作者或幻灯片演讲者查阅该幻灯片信息，或者在播放演示文稿时对需要的幻灯片添加说明和注释。

在普通视图下，"幻灯片"窗格、"备注"窗格、"幻灯片/大纲"窗格同时显示在演示文稿编辑区，用户可以同时看到三个窗格显示的内容，有利于用户从不同角度设计演示文稿。如果需要调整各窗格的大小，可以拖动演示文稿编辑区三个窗格之间的分界线来满足编辑需要。

■ 状态栏：位于工作界面最下方，用于显示演示文稿中所选的当前幻灯片页码、幻灯片总张数、幻灯片采用的模板类型、视图切换按钮以及页面显示比例等。

5.1.3　PowerPoint 2010 视图切换

PowerPoint 2010 可提供多种视图模式来显示演示文稿，这可以使用户从不同角度对演示文稿进行有效的管理。这些视图包括三类：演示文稿视图(包括普通视图、幻灯片浏览视图、备注页视图、阅读视图)、母版视图(对母版进行修改的视图，有幻灯片母版、讲义母版、备注母版)、幻灯片放映视图，其中最常使用的是普通视图和幻灯片浏览视图。采用不同的视图可为某些操作带来方便，如幻灯片浏览视图能显示更多幻灯片缩略图，在该视图下可非常方便地移动多张幻灯片；而普通视图更适合编辑幻灯片的内容。

视图之间的切换有以下两种常用方法：

(1) 单击状态栏右边的"视图切换"按钮 🖳🎞🔟🖵 (依次为普通视图、幻灯片浏览视图、阅读视图、(从当前)幻灯片(开始)放映视图)，即可切换到相应的视图模式下。

(2) 选择"视图"→"演示文稿视图"功能组，在该功能组中单击相应的按钮切换到对应的视图模式。

1. 普通视图

普通视图是 PowerPoint 2010 创建演示文稿时的默认视图，在该视图中可以同时显示幻灯片编辑区、"幻灯片/大纲"区以及备注区。它主要用于调整演示文稿的结构及编辑单张幻灯片中的内容。

在普通视图的"幻灯片/大纲"区，有"幻灯片"和"大纲"两个标签。单击"幻灯片"标签，如图 5.2 所示，PowerPoint 2010 将以缩略图的形式显示演示文稿的幻灯片，易于展示演示文稿的总体效果。从图 5.3 可以看出，单击"大纲"标签后，在大纲窗格中显示各张幻灯片的文字(不包含图形等其他对象)，幻灯片左边的数字表示幻灯片的序号，右边文字为幻灯片的各级标题，这样可以使用户更易于把握整个演示文稿的设计思路。

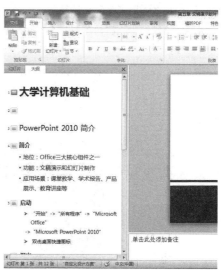

图 5.2 "幻灯片"标签下的普通视图　　　　图 5.3 "大纲"标签

2. 幻灯片浏览视图

在"幻灯片浏览视图"模式下可以浏览幻灯片在演示文稿中的整体结构和效果，如图 5.4 所示，这些幻灯片是以缩略图显示的，此时在该模式下可以改变幻灯片的版式和结构，如在幻灯片之间添加、删除和移动幻灯片以及选择幻灯片切换，还可以预览多张幻灯片上的动画，但不能对单张幻灯片的具体内容进行编辑。

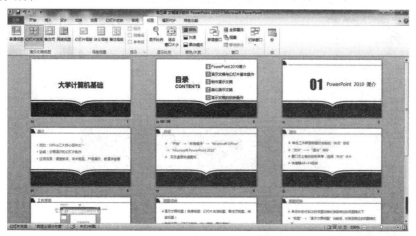

图 5.4 幻灯片浏览视图

3. 备注页视图

备注页视图与普通视图相似，只是没有"幻灯片/大纲"窗格，在此视图下幻灯片编辑区中完全显示当前幻灯片的备注信息。

备注页一般提供给演讲者使用，可以记录演讲者演讲时所需要的重点提示。备注页视图主要用来进行备注文字的编辑。备注页视图的画面分为两个部分，上面是幻灯片，下面是一个文本框，如图 5.5

所示。这个文本框用来输入和编辑备注内容，并且可以打印出来作为演讲稿。

在备注页视图中，用户不能对上方的幻灯片进行编辑，如果要编辑，则应切换到普通视图或幻灯片浏览视图。

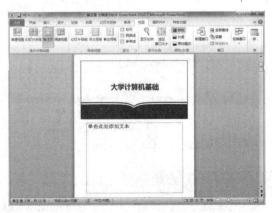

图 5.5　备注页视图

4. 阅读视图

如图 5.6 所示，阅读视图仅保留幻灯片窗格、标题栏和状态栏，目的是制作完幻灯片后进行简单的放映浏览。在该模式下，演示文稿中的幻灯片将以窗口大小进行放映。阅读视图通常是从当前幻灯片开始放映，单击可切换至下一张幻灯片，直到放映完最后一张幻灯片后退出阅读模式。放映过程中也可按【Esc】键退出阅读视图，或者使用状态栏的"视图切换"按钮切换至其他视图。

图 5.6　阅读视图

5. 幻灯片放映视图

幻灯片放映视图就像一个幻灯片放映机，在该视图模式下，演示文稿中的幻灯片将全屏动态放映，整个屏幕只显示一张幻灯片，如图 5.7 所示。该模式主要在制作完成后用于预览幻灯片的放映效果，测试插入的动画、声音以及每张幻灯片的切换效果等，以便及时对在放映中不满意的地方进行修改。

如果要结束幻灯片放映，可以按【Esc】键，或使用鼠标右键单击当前放映的幻灯片，在快捷菜单中选择"结束放映"菜单命令。

图 5.7　幻灯片放映视图

5.2　演示文稿与幻灯片的基本操作

认识了 PowerPoint 2010 的工作界面后，还需要掌握演示文稿的基本操作，才能更好地制作演示文稿。

5.2.1　创建和保存演示文稿

1. 创建演示文稿

为满足不同办公需要，PowerPoint 2010 提供多种创建演示文稿的方法，如创建空白演示文稿、使用模板创建演示文稿、使用主题创建演示文稿以及使用 Office.com 上的模板创建演示文稿等。

1) 创建空白演示文稿

空白演示文稿是由没有预先设计方案和示例文本的空白演示文稿组成的，用户可根据自己的需要选择幻灯片版式开始制作演示文稿。

启动 PowerPoint 2010 后，系统会自动新建一个空白演示文稿。除此之外，用户还可以通过命令创建空白演示文稿，常用的两种操作方法如下：

(1) 启动 PowerPoint 2010 后，选择"文件"→"新建"命令，在"可用的模板和主题"栏中单击"空白演示文稿"图标，再单击右侧的"创建"按钮，就可以创建一个空白演示文稿，如图 5.8 所示。

图 5.8　创建空白演示文稿界面

(2) 启动 PowerPoint 2010 后，按组合键【Ctrl+N】也可以快速新建一个空白演示文稿。

2) 使用模板创建演示文稿

模板是指预先设计了幻灯片的外观、标题、文本图形格式、位置、颜色以及动画播放效果的待用文档。PowerPoint 2010 提供了丰富的模板，用户只需将内容进行修改和完善即可创建美观的演示文稿。用户可以根据需要，创建基于某种模板的演示文稿的具体操作方法如下：启动 PowerPoint 2010，选择"文件"→"新建"命令，在"可用的模板和主题"选项组中单击"样本模板"选项，在打开的页面中选择所需的模板选项，单击"创建"按钮，如图 5.9 所示。返回 PowerPoint 2010 工作界面，即可以看到新建的演示文稿的效果，如图 5.10 所示。

使用模板创建
演示文稿

图 5.9　选择样本模板图

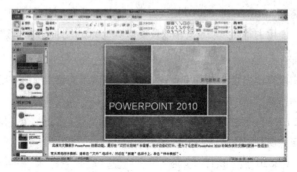

5.10　创建演示文稿效果

如果预设的模板不能够满足要求的话，可以在 office.com 网站下载新的模板。

3) 使用主题创建演示文稿

主题是事先设计好的一组演示文稿的样式框架，主题规定了演示文稿的外观样式，包括配色、母版、文字格式等的设置。

使用主题创建演示文稿，可以使用户不必费心设计演示文稿的母版和格式，直接在软件提供的各种主题中选择一个最合适的主题，使没有专业设计水平的用户设计出专业的演示文稿效果。其操作方法如下：启动 PowerPoint 2010，选择"文件"→"新建"命令，在"可用的模板和主题"栏中单击"主题"按钮，在打开的页面中选择所需的主题，最后单击页面右侧的"创建"按钮，即可创建一个有背景颜色的演示文稿，如图 5.11 所示。

使用主题创建
演示文稿

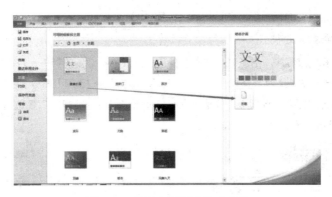

图 5.11　使用主题创建演示文稿

2. 保存演示文稿

保存演示文稿是指将制作好的演示文稿及时存储在电脑的磁盘中。正在编辑的演示文稿是驻留在内存和磁盘的临时文件，只有保存了演示文稿，编辑和修改工作才能保存下来。否则，在退出 PowerPoint 后，所编辑修改后的演示文稿就会丢失。保存演示文稿的方法有很多，主要有以下几种：

1) 保存新建的演示文稿

选择"文件"→"保存"命令或单击快速访问工具栏中的"保存"按钮，打开"另存为"对话框，要求选择保存文件的位置、文件名等信息。PowerPoint 2010 默认的文件扩展名为.pptx，也可以保存为97-2003 格式(文件后缀为.ppt)，以便将文件分享给未安装 PowerPoint 2010 的用户进行查看和交流。

2) 保存已有的演示文稿

如果不想改变原有演示文稿中的内容，则可以将当前打开的文件以另一个文件名保存后再进行编辑。其方法是：选择"文件"→"另存为"命令，打开"另存为"对话框，设置保存的位置和文件名，单击"保存"按钮，如图 5.12 所示。

图 5.12　"另存为"对话框

3) 将演示文稿保存为模板

在工作或学习的过程中，会经常使用相同类型的演示文稿，如果每次都从空白模板开始制作，一定会浪费很多时间。用户可以将自己设计好的演示文稿以模板的形式保存下来，再次使用时只需根据需求略作修改即可。其具体操作步骤为：选择"文件"→"另存为"命令，打开"另存为"对话框，在"保存类型"下拉列表框中选择"PowerPoint 模板"选项，单击"保存"按钮。

建议用户将自行设计的模板保存在系统默认位置。

4) 自动保存演示文稿

在制作演示文稿的过程中,为了减少由于意外事件造成的不必要的损失,可以将 PowerPoint 每隔一段时间自动保存一次文档。其具体操作步骤为:选择"文件"→"选项"命令,在弹出的"PowerPoint 选项"对话框中选择"保存"选项卡,勾选"保存自动恢复信息时间间隔"复选框,并输入间隔时间即可,如图 5.13 所示,单击"确定"按钮。

图 5.13　设置自动保存演示文稿

5.2.2　打开和关闭演示文稿

1. 打开演示文稿

当需要对已有的演示文稿进行编辑和查看时,必须先将其打开。打开演示文稿的方式有很多种,如果未启动 PowerPoint 2010,则可直接双击需要打开的演示文稿的图标。如果已经启动了 PowerPoint 2010,则需要通过以下几种方式来打开演示文稿。

打开演示文稿

1) 直接打开演示文稿

第 1 步:启动 PowerPoint 2010 后,选择"文件"→"打开"命令,弹出"打开"对话框。

第 2 步:在"打开"对话框的左侧窗格中选择演示文稿存放的位置,在右侧窗格列出的文件中选择需要打开的演示文稿,或直接在下面的"文件名"文本框中输入要打开的演示文稿文件名,然后单击"打开"按钮即可。

在"打开"按钮的下拉菜单中,选择"以副本方式打开",表示演示文稿以副本方式打开,打开后标题栏的文件名前出现"副本(1)"字样,对副本的编辑修改不会影响原演示文稿;如果选择"以只读方式打开",则打开后标题栏的文件名后出现"[只读]"字样,这时只能对演示文稿进行浏览,不允许编辑。

2) 打开最近使用的演示文稿

PowerPoint 2010 提供了记录最近打开演示文稿保存路径的功能。如果想打开最近关闭的演示文稿，可选择"文件"→"最近使用文件"命令，在打开的页面中将显示最近使用的演示文稿名称和保存路径，如图 5.14 所示，然后选择需打开的演示文稿完成操作。

图 5.14　最近使用的演示文稿

如果演示文稿已经被删除或改变了存储路径，则屏幕会弹出"文件路径或路径名无效。请检查路径和路径名是否正确"的提示。

2. 关闭演示文稿

对打开的演示文稿编辑和保存后，若不再需要对演示文稿进行其他操作，可将其关闭。关闭演示文稿的常用方法有以下几种。

(1) 在 PowerPoint 2010 工作界面标题栏上右击，在弹出的快捷菜单中选择"关闭"命令。

(2) 单击 PowerPoint 2010 工作界面标题栏右上角的"关闭"按钮，关闭当前演示文稿，并退出 PowerPoint 2010。

(3) 在打开的演示文稿中选择"文件"→"关闭"命令，关闭当前演示文稿，但并不退出 PowerPoint 2010。

5.2.3　新建幻灯片

演示文稿一般是由多张幻灯片组成的，用户可以根据需要在演示文稿的任意位置新建幻灯片。默认情况下启动 PowerPoint 2010 时，软件将新建一份空白演示文稿，并新建一张幻灯片。常用的新建幻灯片的方法主要有以下几种。

新建幻灯片

(1) 启动 PowerPoint 2010，在新建的空白演示文稿的"幻灯片/大纲"区空白处单击鼠标右键，在弹出的快捷菜单中选择"新建幻灯片"命令，如图 5.15 所示。

(2) 启动 PowerPoint 2010 后，选择"开始"→"幻灯片"功能组，单击"新建幻灯片"按钮，在弹出的下拉列表中选择新建幻灯片的版式，如图 5.16 所示，新建一张带有版式的幻灯片。

(3) 快速新建幻灯片。在"幻灯片/大纲"区中，选择任意一张幻灯片的缩略图，按【Enter】键即可新建一张与所选幻灯片版式相同的幻灯片。

图 5.15　利用快捷菜单新建幻灯片

图 5.16　利用命令新建幻灯片

5.2.4　修改幻灯片版式

幻灯片的版式，是指幻灯片中各种对象(包括文字、表格、图标、剪贴画等)在整个版面中的分布情况。套用了某种版式后，此幻灯片中的对象就会自动进行排版。

在"幻灯片/大纲"区，选中需要修改版式的幻灯片，在"开始"选项卡中选择"版式"选项，如图 5.17 所示，选择所需要的幻灯片版式即可，此时幻灯片的标题和内容等信息会按照刚刚选择的版式进行排版。

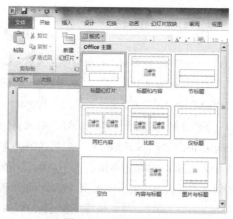

图 5.17　幻灯片版式

5.2.5　删除幻灯片

常用的删除幻灯片的方式有两种：

(1) 在"幻灯片/大纲"区，在需要删除的幻灯片上单击鼠标右键，从快捷菜单中选择"删除幻灯片"命令。

(2) 通过鼠标左键选中需要删除的幻灯片，按【Delete】键，即可删除该幻灯片。

5.2.6　移动和复制幻灯片

幻灯片的顺序不是一成不变的，在制作演示文稿的过程中，可根据需要对各幻灯片的顺序进行调整；如果制作的幻灯片与已经编辑好的某张幻灯片非常相似，可复制该幻灯片后再对其进行编辑，提高工作效率。

移动和复制幻灯片可以通过以下两种方式来进行。

1. 通过拖动鼠标移动和复制幻灯片

选择需移动的幻灯片，按住鼠标左键不放，拖动到目标位置后释放鼠标完成移动操作。

选择需复制的幻灯片，按住【Ctrl】键的同时按住鼠标左键拖动幻灯片到目标位置可实现幻灯片的复制操作。

2. 通过菜单命令移动和复制幻灯片

在"幻灯片/大纲"区中，选择需要移动或复制的幻灯片，单击鼠标右键，在弹出的快捷菜单中选择"剪切"或"复制"命令，然后将鼠标定位到目标位置，单击鼠标右键，在弹出的快捷菜单中选择"粘贴"命令，即完成幻灯片的移动或复制。

5.2.7　隐藏幻灯片

如果在某些场合用户不想放映演示文稿中的部分幻灯片，但是也不想将这部分幻灯片删除，可通过隐藏功能将幻灯片隐藏。其具体操作方法：在"幻灯片/大纲"区中，在需要隐藏的幻灯片上单击鼠标右键，从弹出的快捷菜单中选择"隐藏幻灯片"命令，如图 5.18 所示。此时，幻灯片上的标号上会显示标记，表示该幻灯片已被隐藏，在放映时不会出现。

图 5.18　隐藏幻灯片

如果想取消隐藏，则在已隐藏的幻灯片上单击鼠标右键，在弹出的快捷菜单中选择"隐藏幻灯片"命令即可。需要说明的是，隐藏幻灯片与取消隐藏幻灯片命令相同。

5.2.8　调整幻灯片顺序

演示文稿中幻灯片的顺序有时需要进行调整，可以在幻灯片普通视图或浏览视图中进行操作，具体操作步骤如下：

第1步：在普通视图或幻灯片浏览视图下选定要移动的幻灯片。

第2步：按住鼠标左键并拖动鼠标，在普通视图中会出现一个横条来表示选定幻灯片的新位置；在浏览视图中，拖动时会出现一个竖条来表示选定幻灯片的新位置。

5.3　制作演示文稿

制作一篇优秀的演示文稿，前期要做好总体策划、收集材料等准备工作，然后再使用软件PowerPoint进行演示文稿的制作。制作演示文稿的一般流程为：总体策划→收集素材→开始制作。

总体策划是对演示文稿的主题、组成内容、切入点、用哪些元素表达、要达到的效果等进行规划，做到心中有数，然后再确定总体结构。

收集素材包括收集图片、文字和音频、视频等资料。

制作幻灯片的基本步骤包括：创建演示文稿，在幻灯片中插入文本、格式化文本、插入图片、设置动画效果和放映效果等。

制作幻灯片在表现形式上一定要灵活。制作时，尽量少出现文字，能使用图片、图形、音频、视频等多媒体对象代替的尽量不要使用文字。

5.3.1　输入和编辑文本

演示文稿由若干张幻灯片组成，幻灯片根据需要可以出现文字、图片、表格、图表等表现形式。文本是演示文稿最基本的表现形式，也是演示文稿的基础。虽然图片、表格、背景等对演示文稿的播放增色不少，但实质内容还是依靠幻灯片的文字来进行表达的。因此，掌握文本的输入、删除、插入、修改等编辑操作十分重要。

1. 输入文本

1）在占位符中输入文本

当新建一个空演示文稿时，PowerPoint会自动创建一张标题幻灯片。在该幻灯片中包含两个虚线框，框内有提示文字(提示文字为"单击此处添加标题"和"单击此处添加副标题")，这个虚线框称为占位符，可以用实际所需的文本取代占位符中的提示文字。

新建的标题幻灯片包含两个占位符，分别为标题和副标题。单击"单击此处添加标题"字符，输入演示文稿的主题，在副标题占位符处输入演讲人员、演讲时间等信息，如图5.19所示。也可根据实际需要不写副标题，此时无需删除副标题占位符。文字编辑完成后，单击演示文稿空白位置即可。

占位符的位置和大小可根据需要进行调整。位置调整方法：将鼠标放在占位符边框上，拖动鼠标改变占位符的位置。大小调整方法：单击占位符，占位符周围会出现八个控制点，用鼠标拖曳控制点调整大小。

图 5.19　在占位符中输入文本

2) 使用文本框输入文本

要在占位符之外的位置输入文本，就需要在幻灯片中插入文本框。插入文本框的方法是：单击"插入"→"文本框"→"横排文本框/垂直文本框"按钮，如图 5.20 所示。然后单击刚插入的文本框位置，即可开始输入文本。文字输入完成后，单击文本框外空白位置即可。

图 5.20　插入文本框

3) 在"大纲"标签下快速输入文本

当幻灯片很多时，在普通视图的幻灯片编辑区中对文本进行编辑很繁琐，可通过使用"大纲"标签来创建演示文稿，简化操作。

在"大纲"标签下输入文本，可按照以下步骤进行操作。

第 1 步：在普通视图下，单击"幻灯片/大纲"窗格中的"大纲"选项卡，可向右侧拖动该窗格边框，适当增加"幻灯片/大纲"窗格的空间。

在"大纲"标签下
快速输入文本

第 2 步：单击数字"1"后空白处，输入第一张幻灯片的标题。按回车键【Enter】，这时会在"大纲"窗格创建下一张幻灯片，这时在数字"2"后空白处输入第二张幻灯片的标题，如图 5.21 所示。

图 5.21　输入第一张幻灯片标题

第 3 步：按照第 2 步方法在"大纲"窗格依次输入每张幻灯片的标题。在输入最后一张幻灯片的标题后不要再按回车键【Enter】，如图 5.22 所示。

图 5.22　输入所有幻灯片标题

第 4 步：将插入点移动到某个要添加正文的标题末尾，按回车键【Enter】产生一个新的幻灯片图标，如图 5.23 所示。

图 5.23　插入新幻灯片后的演示文稿

第 5 步：选择"开始"→"段落"→"提高列表级别"命令或直接按【Tab】键，将文字降低一个级别，此时产生的段落将成为上一张幻灯片的正文，同时产生一个项目符号，如图 5.24 所示。

图 5.24　准备输入正文文字

第 6 步：如果还需要继续为此幻灯片输入正文文字，只需要继续按回车键【Enter】，并输入文本即可，如图 5.25 所示。

第 7 步：重复第 4~6 步为其他幻灯片添加正文文字。

最后将演示文稿保存，如需修改，可在"大纲"窗格中进行修改或重新编辑。

图 5.25　输入正文文字

2. 编辑文本

1) 设置文本格式

幻灯片是由大量的文本对象和图形对象组成的，文本对象是幻灯片的基本组成部分。PowerPoint 2010 提供了强大的格式设置功能对文本进行格式设置。文本格式设置有以下几种方法：

(1) 利用"字体"功能模板进行设置：选中文本，在"开始"选项卡的"字体"组中对字体、字号、颜色等进行设置。

(2) 使用"字体"对话框进行设置：单击"字体"组右下角的扩展按钮 ，打开如图 5.26 所示的"字体"对话框，对字体样式、大小、效果等进行设置。

图 5.26　"字体"对话框

2) 设置段落格式

在 PowerPoint 2010 中，用户可以对段落的项目编号、文字方向、对齐方式、行间距、段间距等段落格式进行设置。段落格式设置有以下几种方法。

(1) 利用"段落"组功能面板进行设置：选中文本，在"开始"选项卡的"段落"组中对段落格式进行设置，如图 5.27 所示。

图 5.27　"段落"组功能面板

(2) 利用"段落"对话框进行设置：单击"段落"组功能面板右下角的扩展按钮 ，打开如图 5.28 所示的"段落"对话框，对段落格式进行设置。

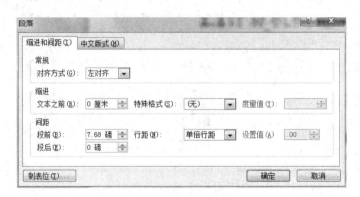

图 5.28 "段落"对话框

3) 设置占位符格式

通过设置占位符格式使得占位符展现不同的效果,其具体操作步骤如下:单击需要设置格式的占位符,在标题栏会出现一个"绘图工具"的"格式"选项卡,单击"格式"选项卡,如图 5.29 所示,在"形状样式"组功能面板中设置占位符的形状填充、形状轮廓、形状效果;在"大小"组功能面板中设置占位符的高和宽。

图 5.29 设置占位符格式

5.3.2 插入表格

PowerPoint 2010 可通过与 Word 类似的方法来制作表格。在幻灯片中可通过以下两种方法插入表格。

(1) 选择"插入"→"表格"→"插入表格"命令,打开"插入表格"对话框,如图 5.30 所示,输入列数和行数,单击"确定"按钮即可插入表格。

(2) 在内容占位符上直接单击"插入表格"按钮▦,在弹出的"插入表格"对话框中输入列数和行数,单击"确定"即可。

图 5.30 "插入表格"对话框

插入表格后,在标题栏会出现名为"表格工具"的工具栏,如图 5.31 所示,该工具栏包含"设计"和"布局"两个选项卡,通过这两个选项卡可设置表格样式、绘图边框、单元格大小、对齐方式、表格尺寸等。

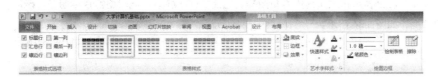

图 5.31　"表格工具"工具栏

5.3.3　插入图表

图表是一种以图形显示的方式来进行数据表达的方法。相较于单纯使用表格描述数据，利用图表表达信息会更清晰和直观，演示效果也更好。可通过以下步骤在幻灯片中插入图表。

第 1 步：单击"插入"→"图表"命令，或在内容占位符上直接单击"插入图表"按钮 ，将会弹出"插入图表"对话框，如图 5.32 所示。

图 5.32　"插入图表"对话框

第 2 步：选择模板。如要选择"簇状柱形图"，可通过选择"柱形图"→"簇状柱形图"图标，单击"确定"按钮，即可在当前幻灯片中插入一个图表，同时会弹出一个名为"Microsoft PowerPoint 中的图表"的工作簿，如图 5.33 所示。

图 5.33　插入图表产生的工作簿

第 3 步：根据需求在工作簿中编辑数据，然后关闭工作簿。此时幻灯片中图表显示的数据就是工作簿的数据，如图 5.34 所示。

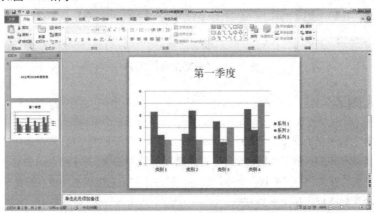

图 5.34　幻灯片中插入图表效果

图表插入后可以对图表格式进行修改，其具体步骤为：选中图表，在标题栏会出现名为"图表工具"的工具栏(包括"设计""布局""格式"三个选项卡)，可以对图表布局、图表样式、标签、坐标轴、背景、形状样式等进行设置。

5.3.4　插入剪贴画

为了让演示文稿内容更丰富，可向幻灯片中插入系统自带的剪贴画。其具体操作步骤如下：

第 1 步：选择"插入"→"剪贴画"命令，或者在内容占位符中单击"剪贴画"按钮，出现"剪贴画"任务窗格，如图 5.35 所示。

第 2 步：在"搜索文字"下方的文本框中输入要插入的剪贴画的说明文字，并单击"搜索"按钮，即可显示搜索结果，如图 5.35 所示。

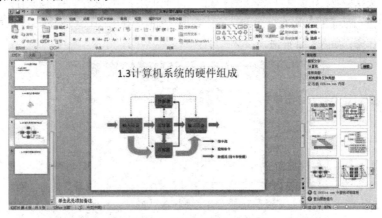

图 5.35　"剪贴画"任务窗格

第 3 步：选择需要插入的剪贴画，将剪贴画插入到幻灯片中。

插入"剪贴画"后，可以通过标题栏的"绘图工具"下的"格式"选项卡对剪贴画的形状、大小等进行修改。

5.3.5　插入图片和相册

如果用户需要向幻灯片单独插入一张图片，或者同时添加多张图片，则可以分别通过向幻灯片插入图片和相册来实现。

1. 插入图片

可通过以下步骤向幻灯片中插入图片。

第 1 步：在普通视图下，选择要插入图片的幻灯片，选择"插入"→"图片"命令，或者在内容占位符中选择"插入图片"按钮 ，出现如图 5.36 所示的"插入图片"对话框。

图 5.36　"插入图片"对话框

第 2 步：找到图片所在的驱动器和文件夹。

第 3 步：选择文件列表中的文件，按下【Ctrl】键，同时选定多张图片。

第 4 步：单击"插入"按钮，将图片插入到幻灯片中，如图 5.37 所示。

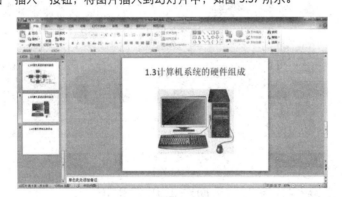

图 5.37　插入图片的幻灯片

2. 插入相册

插入少量图片可以采用上述方式，但如果需要向演示文稿中添加很多图片，则可以使用 PowerPoint 2010 的"插入相册"方法批量插入。具体步骤如下：

第 1 步：把所需要插入的图片集中放在同一个文件夹下，然后选择"插入"→"相册"命令，会弹出如图 5.38 所示的"相册"对话框。

第 2 步：在"相册"对话框中单击"文件/磁盘"按钮，在出现的"插入新图片"对话框中选择第

1 步中图片所放的文件夹并打开,按住【Ctrl】按键将所需图片全部选中,单击"插入"按钮。

第 3 步:如果需要为相册集添加说明性文本框,可点击图 5.38 所示的"新建文本框"按钮。文本内容需要在相册建立后编辑。

第 4 步:如果需要调整图片亮度、对比度,则可选择图片后利用图 5.38 所示的"预览"下方的按钮进行调整。

第 5 步:在图 5.38"相册版式"选项组中,可以选择相册在幻灯片中的"图片版式""相框形状"和"主题"。

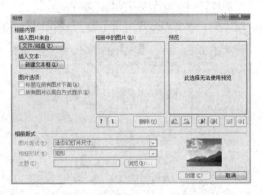

图 5.38 "相册"对话框

第 6 步:单击"创建"按钮,系统会自动创建一张以第一张幻灯片为标题的、其余的幻灯片为图片组成的演示文稿,如图 5.39 所示。

图 5.39 新建相册幻灯片

5.3.6 插入 SmartArt 图形、平面图形和艺术字

SmartArt 图形是 PowerPoint 2010 自带的图形,是信息和观点的视觉表示形式。可以通过从多种布局中进行选择来创建 SmartArt 图形,从而快速、轻松、有效地传达信息。向幻灯片中插入、编辑 SmartArt 图形的具体操作步骤与 Word 操作中的插入方法相同。

PowerPoint 2010 有一个自带的绘图工具,可以绘制一些简单的平面图形。选择"插入"→"插图"→"形状"命令,选择所需形状,在幻灯片中绘制各种图

插入 SmartArt 图形

形。PowerPoint 2010 绘制图形的方法与在 Word 文档中绘制图形的方法基本相同。

　　PowerPoint 2010 可插入艺术字，其操作方法为：单击"插入"→"文本"→"艺术字"命令，选择所需艺术字样式，向幻灯片中插入艺术字，具体操作与在 Word 文档中插入艺术字相同。

5.3.7　插入音频和视频

　　在幻灯片中插入音频和视频等多媒体文件，可以丰富演示文稿的内容，使得演示文稿的播放过程生动有趣。

1. 插入音频

　　在幻灯片中插入音频文件的具体操作如下：

　　第 1 步：选中需要插入声音文件的幻灯片后，选择"插入"→"媒体"，点击"音频"下拉三角会出现如图 5.40 所示的下拉列表，如果使用已经录制好或者下载好的音频，则选择"文件中的音频"，会弹出如图 5.41 所示的"插入音频"对话框。

　　第 2 步：找到音频文件所在的磁盘和文件夹后，选择所需音频文件，单击"插入"按钮，即在幻灯片中插入音频文件，如图 5.42 所示。

　　第 3 步：选择"音频文件"图标，在标题栏出现"音频工具"，包括"格式"和"播放"两个选项卡，如图 5.42 所示。在"格式"选项卡中可以对音频图标的外观进行设置；在"播放"选项卡中可以对音频文件的播放细节进行设置，如图 5.43 所示。

図 5.40　"音频"下拉列表图　　　　　　图 5.41 "插入音频"对话框

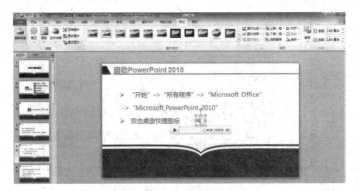

图 5.42　幻灯片中插入音频文件

如果对插入幻灯片的音频文件不进行任何设置，那么在播放幻灯片时默认单击图标表示开始播放音频文件，并且只能对当前幻灯片进行播放。很多时候演讲者需要音频能够自动播放或跨幻灯片播放，这时候就需要设置"播放"选项卡的信息。

■ 自动播放设置方法：单击图 5.43 所示的"音频选项"功能面板中的"开始"下拉列表框，选择"自动"选项，则当幻灯片播放时音频文件会自动播放。

■ 跨幻灯片播放设置方法：单击图 5.43 所示的"音频选项"功能面板中"开始"下拉列表框，选择"跨幻灯片播放"选项，则音频文件可以在当前幻灯片和之后的幻灯片中播放。此时也可以同时勾选"循环播放，直到停止"复选框，如果音频文件播放完成后幻灯片的播放还未结束，音频文件会自动从头播放。

图 5.43 "播放"选项卡

2. 插入视频

在幻灯片中插入视频文件方法与插入音频文件类似：选中需要插入视频文件的幻灯片，选择"插入"→"媒体"，点击"视频"下拉箭头，选择嵌入本地视频、链接本地视频或插入网络视频。

■ 嵌入本地视频：将本地视频文件嵌入到 PPT 中，不会因为本地视频文件保存路径发生改变而无法播放，在路径中找到并选中视频，点击"打开"完成嵌入。

■ 链接本地视频：本地视频文件与 PPT 建立链接，而不是将视频文件嵌入到 PPT 中，因此当本地视频文件保存路径发生改变时视频将无法播放，这时应再在路径中找到并选中视频，点击"打开"完成链接。

■ 插入网络视频：复制网络视频地址后粘贴到 PPT 的地址栏，并点击"插入"。

按以上三种视频插入方法插入视频后，点击选中视频，出现八个控制点，可以调整视频窗口大小，如图 5.44 所示。

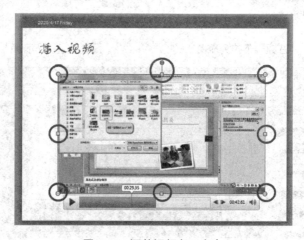

图 5.44 调整视频窗口大小

5.4　美化演示文稿

通过 PowerPoint 可以制作出集文字、图形、图像、声音以及视频剪辑等多媒体元素于一体的演示文稿，但是一个好的演示文稿不是素材的堆砌，一致的外观可以让演示文稿显得整齐美观。为使 PowerPoint 演示文稿中所有幻灯片具有一致的外观，可以通过使用背景、母版和设计模板来实现。

5.4.1　使用背景

幻灯片的背景对幻灯片的放映效果起重要作用，PowerPoint 允许用户为幻灯片设置颜色、图片、纹理等背景。可针对单张幻灯片进行设置，也可对多张幻灯片进行设置。设置步骤如下：

第 1 步：在普通视图下，选择需要设置背景的幻灯片，选中幻灯片并单击鼠标右键，选择"设置背景格式"命令，将弹出如图 5.45 所示的"设置背景格式"对话框。

图 5.45　"设置背景格式"对话框

第 2 步：在"设置背景格式"对话框中，根据需要对背景进行设置。如果希望背景设置只对当前幻灯片有效，只需单击"关闭"按钮即可；如果希望该背景格式应用到所有幻灯片中，则需单击"全部应用"按钮，然后单击"关闭"按钮结束设置。

5.4.2　使用母版

母版是演示文稿中特有的概念，表示某类项目的版式。通过设计、制作母版，可以快速使设置内容在多张幻灯片、讲义或备注中生效。

幻灯片母版是一张特殊的幻灯片，控制着幻灯片中标题和文本的格式及类型。

母版

幻灯片母版包含了设定格式的占位符,这些占位符是为标题、主要文本和所有幻灯片中出现的前景项目而设置的。如果要修改多张幻灯片的外观,不必一张一张进行修改,只需在幻灯片母版上进行一次修改即可,PowerPoint 将自动更新已有的幻灯片,并对以后新添加的幻灯片也应用这些更改。如果要更改文本格式,则可选择占位符中的文本并进行更改。例如,在母版中将占位符中文本的颜色改为蓝色,将使已有幻灯片和新添幻灯片的文本自动变为蓝色。

在 PowerPoint 2010 中存在 3 种母版,一是幻灯片母版,二是讲义母版,三是备注母版。其作用分别如下:

(1) 幻灯片母版:幻灯片母版用于存储关于模板信息的设计模板,这些模板信息包括字形、占位符大小和位置、背景设计和配色方案等,只要在母版中更改了样式,则对应幻灯片中的相应样式也会随之改变。

(2) 讲义母版:讲义母版是指为方便演讲者在演示文稿时使用的纸稿,纸稿中显示了每张幻灯片的大致内容、要点等。讲义母版就是设置该内容在纸稿中的显示方式。若要更改讲义中页眉和页脚的文本、日期或页码的外观、位置和大小,则可以更改讲义母版。若要使讲义的每页中都显示名称或徽标,则将其添加到讲义母版中即可。

(3) 备注母版:备注母版指演讲者在幻灯片下方输入的内容,根据需要可将这些内容打印出来。若要备注应用于演示文稿中的所有备注页,则可以更改备注母版。例如,要在所有的备注页上放置公司徽标或其他艺术图案,可将其添加到备注母版中。若要更改备注所使用的字型,则在备注母版中更改即可。还可以更改幻灯片区域、备注区域、页眉、页脚、页码及日期的外观和位置等。

修改母版的方法:选择"视图"→"母版视图"中相应的命令(幻灯片母版、讲义母版、备注母版等)进行修改。这时母版幻灯片就会显示在幻灯片窗格中,可以像在幻灯片窗格中编辑幻灯片一样,编辑、修改母版。修改完成后,选择"XX 母版"→"关闭"→"关闭 XX 视图"按钮。

编辑、修改母版,主要使用"XX 母版"功能区的按钮进行。

幻灯片母版在幻灯片的制作中使用频率最高。幻灯片母版的设置过程为:选择"视图"→"幻灯片母版",即可切换到幻灯片母版视图,如图 5.46 所示。在该视图下创建和编辑幻灯片母版。

图 5.46　幻灯片母版

在幻灯片母版视图中,可以分别对不同版式的幻灯片母版进行设置。一般幻灯片母版包含五个区域,分别为标题区域、对象区域、日期区域、页脚区域和数字区域。用户可编辑这些由虚线构建的占位符,如设置标题文字格式等。具体操作步骤如下:

1. 更改标题格式

每个幻灯片母版都会包含一个标题占位符，在标题区域单击该占位符，即可选中标题，选择"开始"选项卡，修改字体等样式改变字体格式。

单击"幻灯片母版"选项卡下的"关闭母版视图"可返回普通视图，这时会发现每张幻灯片的格式都会发生变化。

2. 向母版中插入对象

用户可以向幻灯片母版中插入对象(包括文字、图片、图表、表格、SmartArt图形、多媒体、剪贴画等)，使得每张幻灯片都自动出现该对象。例如，向母版中插入一幅图片，再单击"关闭母版视图"返回普通视图，可发现每张幻灯片中都会显示该图片。值得注意的是在普通视图下不能删除该图片，只能返回母版视图删除。

各种对象的插入方法与在幻灯片中插入对象的方法相同。

3. 设置页眉页脚

页眉页脚包含日期、文本和幻灯片编号，它们默认出现在幻灯片的底部，可根据需求在母版中改变占位符的位置。页眉和页脚需要经过设置后才能出现在需要播放的单张或所有幻灯片中，具体操作方法如下：

第1步：单击"插入"→"文本"→"页眉和页脚"命令，打开如图5.47所示的"页眉和页脚"对话框。

图5.47 "页眉和页脚"对话框

第2步：首先，添加日期和时间。勾选图5.47中"日期和时间"复选框，根据需求选择"自动更新"或"固定"单选按钮。两者区别是：选中"自动更新"按钮，幻灯片显示的时间和日期将会按照演示的时间自动更新；选中"固定"按钮，需要在下方文本框中输入日期和时间，幻灯片将插入并显示该日期和时间。然后，添加幻灯片编号。勾选图5.47中"幻灯片编号"复选框即可。最后，添加附注性文本。勾选图5.47中"页脚"复选框，根据需要在下方文本框中输入附注性文字即可。

第3步：如果不需要在标题幻灯片中显示页眉和页脚信息，则勾选"标题幻灯片中不显示"复选框。

第4步：如果只需要在当前幻灯片显示页眉和页脚信息，则单击"应用"按钮即可；如果需要应用到所有幻灯片上，则单击"全部应用"按钮。

5.4.3　使用设计模板

PowerPoint 2010 自带大量设计模板。设计模板是配色方案、母版等外观设计的集成，每一种应用设计模板都由一个模板文件进行保存。使用设计模板可以快速地使演示文稿具有统一外观。

单击"设计"选项卡，在"主题"功能面板中选择相应的模板，如图 5.48 所示，如"透明"模板的应用效果如图 5.49　所示。

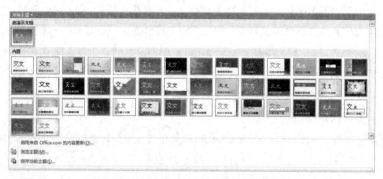

图 5.48　所有主题模板

图 5.49　应用"透明"模板

5.5　演示文稿的放映操作

制作好的演示文稿可以直接在计算机上放映，或通过投影仪在大屏幕上显示。演示文稿放映的显著特点是可以设计动画效果、加入视频和音乐、设计炫酷的切换方式和适合各种场合的放映方式。

5.5.1　设置放映方式

在放映幻灯片前，单击"幻灯片放映"→"设置幻灯片放映"按钮，弹出如图 5.50 所示的"设置放映方式"对话框，用户可以按照不同场合需求运行演示文稿。演示文稿"放映类型"有三种：演讲者放映(全屏幕)、观众自行浏览(窗口)和在展台浏览(全屏幕)。

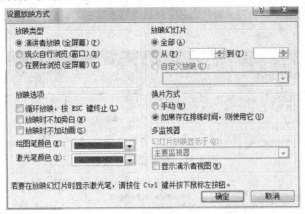

图 5.50　设置放映方式

1. 放映类型

1) 演讲者放映(全屏幕)

演讲者放映是常规的全屏幻灯片放映方式，在没有预先设置的情况下都采用这种播放方式，通常用于演讲者亲自播放演示文稿。该放映方式适合在演讲或讲解的场合下使用，不需要观众了解所有演示文稿的框架结构，节奏由演讲者把控。可以手动控制幻灯片和动画，或使用"幻灯片放映"→"设置"→"排练计时"命令设置时间进行放映。演讲者可以将演示文稿暂停、添加会议细节，也可以在放映的过程中录下旁白。

这种放映方式适合会议或教学的场合。

2) 观众自行浏览(窗口)

观众自行浏览方式用于在标准窗口中观看放映，界面包含自定义菜单和命令，便于观众自己浏览演示文稿。以该种方式进行演示文稿放映时，演示文稿会出现在小型窗口内，并提供相应的操作命令，包括移动、编辑、复制和打印幻灯片。观众可自行浏览，自由度高。

这种放映方式适合小规模场景进行演示，在展览会上如果允许观众交互式控制放映过程，则可采用这方式。

3) 在展台浏览(全屏幕)

在展台浏览方式可以实现自动放映演示文稿，只要提前设定好演示文稿的播放顺序和时间，不需演讲者操作。演示文稿自动循环放映，观众只能观看不能控制。采用这种方式演示文稿应事先进行排练计时，并在"设置放映方式"对话框的"换片方式"选项组中选择"如果存在排练计时，则使用它"按钮，让幻灯片按预先排练时间进行播放。若选择这种方式，软件会自动采用循环放映，如果想终止放映按【Esc】键退出即可。

这种放映方式适用于自动全屏放映，适合无人看管的场合。在展会现场或会议中，如果摊位、展台或其他地点需要运行无人管理的幻灯片，可以将演示文稿设置为这种方式。

2. 放映范围

幻灯片的放映范围包括全部放映或指定放映范围。默认放映范围是全部放映。如果要指定放映范围，则可点击"自定义幻灯片放映"→"自定义放映"，如图 5.51 所示，将弹出如图 5.52 所示的"自定义放映"对话框,点击"新建"按钮,弹出如图 5.52 所示的"定义自定义放映"对话框。在"幻灯片放映名称"后的文本框中给自定义放映命名,然后选择要放映的幻灯片并点击"添加"按钮,点击"确定"按钮即可。

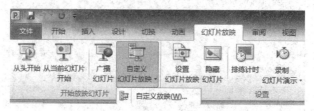

图 5.51　选择自定义放映

图 5.52　设置自定义放映

在放映幻灯片时,如果创建了自定义放映,则可以选择"自定义放映"单选按钮,并在下面的下拉列表框中选择自定义放映的名称。如果该演示文稿没有创建过自定义放映,则该选项将不可用。

3. 换片方式

换片方式有两种:一种是根据预设的时间进行自动放映,另一种是人工放映。默认的换片方式是"如果存在排练时间,则使用它",即如果已经设置了放映时间,则按放映时间演示幻灯片,否则就按人工方式切换幻灯片。

采用人工方式切换幻灯片时,可单击鼠标右键,使用快捷菜单中的"下一页"命令,或使用键盘上的【↑】、【↓】、【←】、【→】、【Pg Up】和【Pg Dn】键。

前两种幻灯片放映方式强调自行控制放映,所以常采用"手动"换片方式,后一种幻灯片放映方式用于无人控制场合,应事先对演示文稿进行排练计时,并选择人工放映换片方式。

5.5.2　设置超链接和动作按钮

像 Web 页面一样,演示文稿中可以插入超链接,从而在幻灯片放映时,可以从当前幻灯片跳转到其他位置。这些位置可以是某个文件或 Web 页面、本演示文稿的其他位置、新建文档、超链接和动作按钮、电子邮件地址等。

可以为幻灯片上的某个对象(文本、图形、图表、图片等)建立超链接。建立超链接的一般操作步骤如下:

第 1 步:选定要建立超链接的对象(包括文本、图形、图表、图片等)。

第 2 步:选择"插入"→"链接"→"超链接"命令,这时出现"插入超链接"对话框,如图 5.53 所示。

图 5.53　"插入超链接"对话框

第 3 步：在对话框中进行相关设置。该对话框的"链接到"列表框中有 4 个按钮，分别用来设置：现有文件或网页、本文档中的位置、新建文档、电子邮件地址。

第 4 步：单击"确定"按钮。在幻灯片放映时，超链接的操作与 Web 页面上超链接的操作是一样的。

1. 链接到某个文件或 Web 页

单击"插入超链接"对话框的"链接到"下的"现有文件或网页"按钮，出现如图 5.53 所示的对话框。链接到的某个文件的文件路径或网页的地址，可用下列方法之一来设置。

(1) 直接输入。在"地址"栏中直接输入文件的路径或网页的地址。

(2) 从列表中选取。在"查找范围"下拉列表框及其左下侧列表框中选择一项：当前文件夹、浏览过的网页、最近使用过的文件，在右侧的列表框中选取文件或网页。

(3) 查找文件或网页。单击该对话框"查找范围"右侧的"浏览文件"按钮或"浏览 Web"按钮查找要链接的文件或网页。

如果需要在幻灯片放映、鼠标指针停留在建立超链接的对象上时，能自动显示一些提示信息，可以单击该对话框上的"屏幕提示"按钮，然后输入提示文字。如果不输入提示文字，系统将默认使用文件的路径或 Web 页地址作为屏幕提示。

2. 链接到本文档中的某个位置

单击"插入超链接"对话框的"链接到"下的"本文档中的位置"按钮，这时的对话框如图 5.54 所示。

在对话框的"请选择文档中的位置"列表框中，可以选择本演示文稿的位置：第一张幻灯片、最后一张幻灯片、下一张幻灯片、上一张幻灯片，或根据幻灯片标题来选择某张幻灯片。

若不设置"屏幕提示"，则无提示信息显示。

图 5.54　链接到"本文档中的位置"

3. 链接到新建文档

单击"插入超链接"对话框的"链接到"下的"新建文档"按钮,这时的对话框如图 5.55 所示。

图 5.55 链接到"新建文档"

在"新建文档名称"文本框中输入文件名,其路径可通过"更改"按钮进行选择。对新建文档的编辑时间,可以通过"何时编辑"下的复选框来确定。

这里的"屏幕提示"若不设置,则使用新文档的路径作为屏幕提示。

4. 链接到电子邮件地址

单击"插入超链接"对话框的"链接到"下的"电子邮件地址(M)"按钮,这时的对话框如图 5.56 所示。

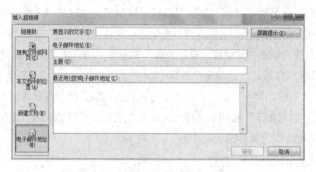

图 5.56 链接到"电子邮件地址"

在"电子邮件地址"文本框中输入要链接的电子邮件地址,或在"最近用过的电子邮件地址"列表框中选择一个要链接的电子邮件地址。在"主题"文本框中输入电子邮件的主题。

这里的"屏幕提示"若不设置,则使用电子邮件地址和主题文本框中的内容作为屏幕提示。

5. 编辑或删除超链接

对于已存在的超链接,可以进行编辑或删除操作,其操作步骤如下:

第 1 步:将插入点移动到超链接对象,或选中超链接对象。

第 2 步:选择"插入"→"超链接"命令,这时出现"编辑超链接"对话框,该对话框和"插入超链接"对话框是相同的。

第 3 步:编辑或删除超链接即可。

6. 动作按钮

PowerPoint 提供了一些动作按钮,用户可以将动作按钮插入幻灯片中,并为这些按钮定义超链接,也就是在放映过程中激活另一个程序或链接至某个对象。

　　动作按钮包括一些易于理解的符号，如图 5.57 所示，可以使幻灯片动作按钮在演示时，通过单击鼠标迅速转移到下一张、上一张、第一张和最后一张等。

图 5.57　动作按钮

创建动作按钮的操作步骤如下：

第 1 步：选择要创建动作按钮的幻灯片。

第 2 步：选择"插入"→"形状"→"动作按钮"中相应的动作按钮。

第 3 步：在幻灯片的适当位置拖动鼠标，画出动作按钮。释放鼠标，会出现一个如图 5.58 所示的"动作设置"对话框。或在某张幻灯片中，选定要设置动作的对象(如文本、图片、形状等)，选择"插入"→"链接"→"动作"命令，弹出如图 5.58 所示的对话框。

第 4 步：在"动作设置"对话框中设置超链接或播放声音，也可以运行应用程序、播放宏等。

图 5.58　"动作设置"对话框

　　若要编辑动作按钮，首先选中该按钮，选择快捷菜单中的"超链接"→"编辑超链接"菜单命令，再次打开"动作设置"对话框进行编辑即可。

　　动作按钮与形状一样，还可以输入文字。

　　若要删除动作按钮，则选中动作按钮后按【Delete】键即可。

5.5.3　自定义动画

　　在 PowerPoint 2010 演示文稿放映过程中，常常需要对幻灯片中的对象(包括文字、图片、图表、表格、SmartArt 图形、媒体、剪贴画等)设置动画效果，这样既能根据需要设计各个对象出现的顺序，也能够突出重点，吸引观众注意力。

设置动画

　　自定义动画有以下分类。

(1) 进入动画：对象进入幻灯片时的动画效果。

(2) 退出动画：对象离开幻灯片时的动画效果。

(3) 强调动画：对象在幻灯片中运动的动画效果。

(4) 路径动画：让对象按照指定的路径运动的动画效果。

　　用户根据需要选择某种动画，设置动画的具体操作如下：

第 1 步：设置动画效果。在普通视图下，在幻灯片中选中要设置动画的对象，单击"动画"选项卡，从"动画"功能面板选择一种"进入动画"效果，如图 5.59 所示，或者单击"动画"功能面板中的"其他"按钮，打开如图 5.60 所示动画效果进行更多选择。

图 5.59 "动画"选项卡

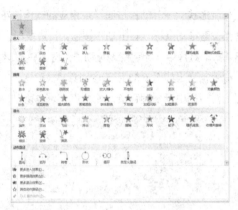

图 5.60 动画效果

第 2 步：细节修改。选好动画效果后，可单击右侧"效果选项"按钮对所选样式进行细节修改；在"高级动画"功能面板区，单击"添加动画"按钮可以为同一个对象添加不同的动画效果；在"计时"功能面板中设置动画放映方式、持续时间等，还可以对动画播放的先后顺序进行调整。

5.5.4 设置自动放映

幻灯片默认的放映方式是手动点击鼠标进行切换，但在实际应用中，有时需要幻灯片像影片一样不需人工干涉进行自动播放，这时候就要求在幻灯片放映前，用户根据实际需求来设置每张幻灯片的放映时间。设置自动放映的方法有两种：一种方法是通过人工为每张幻灯片设置播放时间；另一种方法是通过排练的方式播放演示文稿，使用排练计时功能记录排练时每张幻灯片播放的时间。

1. 人工设置放映时间

人工设置放映时间可通过以下两个步骤进行。

第 1 步：选定要设置放映时间的幻灯片，勾选"切换"→"计时"功能面板的"设置自动换片时间"复选框，如图 5.61 所示，然后在右侧的文本框中输入当前幻灯片在屏幕上播放的秒数。

第 2 步：如果单击"全部应用"按钮，如图 5.61 所示，则所有幻灯片的换片间隔时间都相同，否则设置仅对当前幻灯片有效。

图 5.61 人工设置放映时间

2. 使用排练计时功能

排练计时功能是指可以在文稿演示前先预演一遍，即进行一次模拟讲演，一边播放幻灯片，一边根据实际需要进行讲解，软件会自动记录每张幻灯片播放时所用的时间，后期根据实际需要再灵活调整时间分配。使用排练计时来设置幻灯片切换时间的操作步骤具体如下：

第 1 步：打开演示文稿，单击"幻灯片放映"→"设置"→"排练计时"命令，如图 5.62 所示，软件将切换到幻灯片放映视图。

第 2 步：在放映过程中，屏幕上会出现"录制"工具栏，如图 5.63 所示。使用"录制"工具栏的按钮可实现暂停、重复、切换到下一张幻灯片等功能。

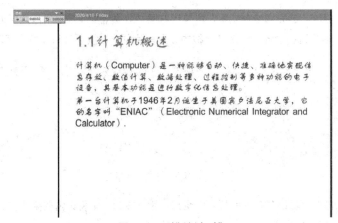

图 5.62　"排练计时"

图 5.63　"录制"工具栏

第 3 步：排练结束后，会出现幻灯片放映时间记录并提示幻灯片排练时间是否保留的对话框，如图 5.64 所示。如果单击"是"，则保存排练时间；如果单击"否"，则不会保留本次排练时间。

图 5.64　排练时间是否保留对话框

5.5.5　幻灯片切换效果

幻灯片切换动画又称为翻页动画，可以为单张或多张幻灯片实现切换动画效果。具体设置方式如下：

第 1 步：设置切换样式。在"切换"选项卡中选择切换样式，切换样式如图 5.65 所示。

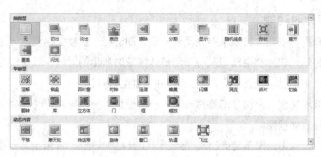

图 5.65　切换样式

第 2 步：细节修改。选完切换样式后，可单击右侧"效果选项"按钮对所选样式进行细节修改，如图 5.66 所示。同时也可在"计时"功能面板中设置换片方式、换片时间、换片声音等。

图 5.66　修改"效果选项"

第 3 步：如果单击"计时"功能面板中"全部应用"按钮，则将设置的换片方式应用到所有幻灯片中，否则只对当前幻灯片有效。

第6章

计算机网络安全与信息安全

本章导读

计算机网络及移动互联网的发展深刻改变了人们的生活、学习、购物、就业、社交的方式，掌握一定的网络及信息安全基础知识是当代大学生的基本素养。本章讲述了计算机网络安全与信息安全的基础知识，包括：计算机网络体系基础；局域网技术；互联网基础与应用；网络安全、信息系统安全及手机安全。

学习目标

(1) 了解计算机网络的发展史，掌握其组成与分类。

(2) 了解 OSI；掌握 TCP/IP 基本体系结构，熟悉 IP 地址及 DNS 系统。

(3) 理解常见以太网与无线局域网技术。

(4) 掌握如何接入 Internet 及因特网基础知识，熟悉 Internet 的基础服务。

(5) 掌握网络安全与信息安全的概念。

(6) 掌握防火墙、防病毒、手机安全的知识。

6.1　网络基础知识

计算机网络技术是计算机科学技术和通信技术相互结合的产物，是计算机应用中的一个重要领域，它给人类生活、生产方式带来巨大的变革。如今，人们可以坐在家中一边悠闲地喝着咖啡，一边在"魔兽世界"里闯关练级；一边看着网上股票行情进行买卖交易，一边在网上商店购物……这些多年来人们习以为常的生活方式，都离不开计算机网络的支持。

6.1.1 计算机网络的定义、产生与发展

1. 计算机网络的定义

计算机网络是指将地理位置不同的具有独立功能的多台计算机及其外部设备，通过通信线路连接起来，在网络操作系统、网络管理软件及网络通信协议的管理和协调下，实现资源共享和信息传递的计算机系统。

2. 计算机网络的产生和发展

自从计算机网络出现以后，它的发展速度与应用的广泛程度十分惊人。纵观计算机网络的发展，其大致经历了以下四个阶段：

第一阶段，面向终端的计算机网络。20 世纪 60 年代中期之前的第一代计算机网络是以单个计算机为中心的远程联机系统，如图 6.1 所示。其典型应用是由一台计算机和全美范围内 2000 多个终端组成的飞机订票系统，终端是一台计算机的外围设备，包括显示器和键盘，无 CPU 和内存。随着远程终端的增多，在主机前增加了前端机(FEP)。当时，人们把计算机网络定义为"以传输信息为目的而连接起来，实现远程信息处理或进一步达到资源共享的系统"，这样的通信系统已具备网络的雏形。

第二阶段，多台计算机互联的计算机网络。20 世纪 60 年代中期至 70 年代的第二代计算机网络将多个主机通过通信线路互联起来，为用户提供服务，如图 6.2 所示。它兴起于 60 年代后期，典型代表是美国国防部高级研究计划局协助开发的 ARPANET。主机之间不是直接用线路相连，而是由接口报文处理机(IMP)转接后互联的。IMP 和它们之间互联的通信线路一起负责主机间的通信任务，构成了通信子网。通信子网互联的主机负责运行程序，提供资源共享，组成资源子网。这个时期，网络的概念为"以能够相互共享资源为目的的互联起来的具有独立功能的计算机之集合体"，形成了计算机网络的基本概念。

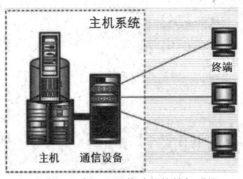
图 6.1 具有远程通信功能的单机系统

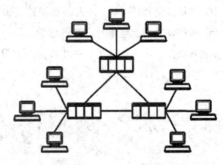
图 6.2 具有远程通信功能的多机系统

第三阶段，面向标准化的计算机网络。20 世纪 70 年代末至 90 年代的第三代计算机网络是具有统一的网络体系结构并遵守国际标准的开放式和标准化的网络。ARPANET 兴起后，计算机网络发展迅猛，各大计算机公司相继推出自己的网络体系结构及实现这些结构的软硬件产品。但由于没有统一的标准，不同厂商的产品之间互联很困难，人们迫切需要一种开放性的标准化实用网络环境，这样应运而生了两种国际通用的最重要的体系结构，即 TCP/IP 体系结构和国际标准化组织的 OSI 体系结构。

第四阶段，面向全球互联的计算机网络。20 世纪 90 年代以后，随着数字通信的出现，计算机网络进入到第四个发展阶段，其主要特征是综合化、高速化、智能化和全球化。这一时期在计算机通信与网络技术方面以高速率、高服务质量、高可靠性等为指标，出现了高速以太网、VPN、无线网络、P2P 网络、NGN 等技术，计算机网络的发展与应用进入了人们生活的各个方面，进入了一个多层次的发展阶段。各个国家都建立了自己的高速因特网，这些因特网的互联构成了全球互联的因特网(Internet)，并且渗透到社会的各个层次。

6.1.2　计算机网络的组成、功能和分类

1. 计算机网络的基本组成

一般来说，按体系结构划分，计算机网络系统由硬件系统和软件系统两部分组成。在网络系统中，硬件系统对网络的性能起着决定性作用，是网络运行的实体；而软件系统则是支持网络运行、利用网络资源的工具。

1) 计算机网络的硬件系统

计算机网络常见的硬件系统有各种类型的计算机(服务器和客户机)、网络适配器、传输介质、网络通信和互联设备等。

(1) 服务器(Server)。服务器指一个管理资源并为用户提供服务的计算机。常见的服务器有 Web 服务器、数据库服务器和应用程序服务器等。运行以上软件的计算机或计算机系统也被称为服务器。相对于普通 PC 来说，服务器在稳定性、安全性、性能等方面都要求更高，因此它的 CPU、磁盘系统等硬件和普通 PC 会有所不同。

(2) 客户机(Client)。客户机用于向服务器发出各种请求，访问服务器的各种服务，以此构建网络中常见的客户机/服务器模式(C/S 模式)，如图 6.3 所示。客户机也可以作为独立的计算机为用户端的用户使用。另一种网络边缘端系统之间的通信方式为对等网模式(P2P 模式)。

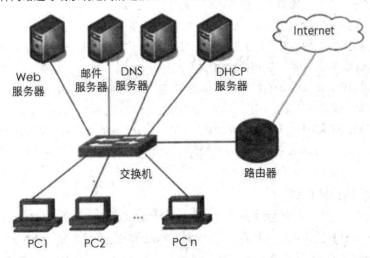

图 6.3　客户机/服务器模式

(3) 网络适配器(Network Interface Card, NIC)。网络适配器一般指网卡，是计算机与通信介质的接口。网卡的主要功能是实现网络数据格式与计算机数据格式的转换、网络数据的接收和发送等。

每一台网络服务器和客户机至少都有一块网卡，通过通信介质连接到网络上。图 6.4 是常见的台式机以太网卡。

(4) 传输介质。传输介质是网络传输信息的通道，是传送信息的载体。它分为无线传输介质和有线传输介质两种。常见的有线传输介质有电话线、双绞线、同轴电缆和光纤，无线传输介质有微波、红外线、无线电波等。

图 6.4　台式机以太网卡

(5) 网络通信和互联设备。网络的互联是指将两个以上的计算机网络，通过一定的方法，用一种或多种通信处理设备相互连接起来，以构成更大的网络系统。常用的网络互联设备有调制解调器(Modem)、中继器、集线器、网桥、网络交换机、路由器和网关等，如图 6.5 所示。局域网章节将介绍常用网络设备。

调制解调器　　　　集线器　　　　　　交换机　　　　　　　路由器

图 6.5　网络通信与互联设备

2) 计算机网络的软件系统

计算机网络的软件系统包含网络操作系统、网络应用软件、网络通信协议等。

(1) 网络操作系统(Network Operating System，NOS)。网络操作系统是运行在网络硬件基础之上的，为网络用户提供共享资源管理服务、基本通信服务、网络系统安全服务及其他网络服务的软件系统。网络操作系统是计算机网络的核心软件，其他客户机应用软件需要网络操作系统的支持才能运行。可以把网络操作系统比喻成网络的心脏和灵魂。

(2) 网络应用软件。网络应用软件都是安装和运行在网络客户机上的，所以往往也被称为网络客户软件。如浏览器、QQ、游戏软件、炒股软件、磁力下载工具等。

(3) 网络通信协议。网络通信协议是通信双方在通信时遵循的规则和约定，是信息网络中使用的特性语言。根据组网需求的不同，可以选择相应的网络协议。TCP/IP 是 Internet 进行通信的标准协议之一，使用该协议，可以方便地将计算机连接到 Internet 网中。

按逻辑结构划分，计算机网络又可以分为通信子网、资源子网、通信协议三部分。

(1) 通信子网。通信子网就是计算机网络中负责数据通信的部分。

(2) 资源子网。资源子网是计算机网络中面向用户的部分，负责全网络面向应用的数据处理工作。

(3) 通信协议。通信双方必须共同遵守的规则和约定称为通信协议，它的存在与否是计算机网络与一般计算机互联系统的根本区别。

2. 计算机网络的功能

(1) 信息交换和通信。信息交换和通信是计算机网络的基本功能，可实现不同地理位置的计算机与终端、计算机与计算机之间的数据传输。它可以快速可靠地相互传递数据、程序或文件。例如，用户可以在网上传送电子邮件、交换数据，可以实现商业部门或公司之间订单、发票等商业文件安全准确地交换。

(2) 资源共享。资源共享包括计算机硬件资源、软件资源和数据资源的共享。硬件资源的共享提高了计算机硬件资源的利用率。由于受经济和其他因素的制约，这些硬件资源不可能所有用户都有，所以使用计算机网络可以共享网络上的硬件资源。软件资源和数据资源的共享可以充分利用已有的信息资源，减少软件开发过程中的劳动，避免大型数据库的重复建设。

(3) 集中管理与分布式处理。通过集中管理不仅可以控制计算机的权限和资源的分配，还可以协调分布处理和服务的同步实现。对解决复杂问题来讲，多台计算机联合使用并构成高性能的计算机体系，这种集中管理、协同工作、并行处理的方式要比购置单个大型计算机的成本低很多。

(4) 负载均衡。负载均衡是指工作被均匀地分配给网络上的各台计算机。网络控制中心负责负载分配和超载检测，当某台计算机负载过重时，系统会自动转移部分工作到负载较轻的计算机中去处理。

3. 计算机网络的分类

虽然网络类型划分的标准各种各样，但是从地理范围划分是一种广泛认可的通用网络划分标准。按这种标准可以把计算机网络划分为个域网(PAN)、局域网(LAN)、城域网(MAN)和广域网(WAN)，它们的关系如图 6.6 所示。此外，还可以按照工作模式把计算机网络分为对等网模式(P2P 模式)和客户端/服务器模式(C/S 模式)；按照传输技术分为点到点网络与广播式网络；按照传输介质分为有线网和无线网；按照拓扑结构分为星形、树形、总线形、环形网络。计算机网络拓扑结构是指网络中各个站点相互连接的形式，在局域网中是指文件服务器、工作站和电缆等的连接形式。

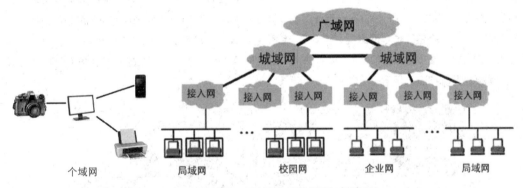

图 6.6　个域网、局域网、城域网与广域网

■ 局域网(LAN)是指在某一区域内由多台计算机相互连接形成的计算机网络，其覆盖范围为几百米到几千米。局域网常被用于连接工作场所中的个人计算机，以便共享资源(例如打印机资源的共享)和交换信息。

■ 城域网(MAN)是一种大型的局域网，采用和局域网类似的技术。城域网覆盖面积比局域网更广，可以达到几十千米，其传输速率也高于局域网。比较典型的是有线电视网。城域网通过接入点拉光纤等进入小区，在小区使用同轴电缆进入千家万户。

■ 广域网(WAN)也叫远程网，是一种地理范围巨大的网络，通常广域网的覆盖范围可达到几千千米。广域网覆盖一个国家、地区或横跨几个洲，形成国际性的远程网络。广域网的通信子网主要使用分组交换技术，利用公用分组交换网、卫星通信网和无线分组交换网将不同地区的计算机互联起来，达到资源共享的目的。我们常说的 Internet 就是世界上最大的广域网。

■ 个域网(PAN)覆盖范围一般小于 10 米，通俗地讲把一个人的个人电子设备连接起来形成的网络，就是"个域网"。常见的个域网有很多，比如蓝牙、USB、近场通信(NFC)等。我们可以利用个域网进行电子邮件、数码照片以及音乐等的传输。

6.1.3　ISO/OSI 与 TCP/IP 分层体系结构

计算机网络学习的核心内容就是网络协议。网络协议是为计算机网络中进行数据交换而建立的规则、标准，或者说是约定的集合。因为不同用户的数据终端采取的字符集可能是不同的，两者需要进行通信，就必须要在一定的标准上进行。一个很形象的比喻就是我们的语言。中国地广人多，地方性语言也非常丰富，而且方言之间差距巨大，所以要为全国人民进行沟通建立一个语言标准，这就是普通话。计算机网络协议同我们的语言一样，多种多样。目前，TCP/IP 协议已经成为 Internet 中的"通用语言"。

1.　ISO/OSI 分层体系结构

计算机网络是一个涉及计算机技术、通信技术等诸多领域的复杂系统，所以 ARPANET 设计之初就提出了分层的概念，即把复杂的网络问题分解为若干简单层次问题。分层的思想为：每层完成一种(类)特定服务/功能，每层依赖低层提供的服务，通过层内动作完成相应功能。

目前，由国际化标准组织 ISO 制定的网络体系结构国际标准是 OSI 七层参考模型，但实际中应用最广泛的是 TCP/IP 体系结构。OSI 七层模型是理论上的、官方制定的国际标准，而 TCP/IP 体系结构是事实上的国际标准。TCP/IP 协议在一定程度上参考了 OSI 的体系结构。OSI 模型共有七层，从下到上分别是物理层、数据链路层、网络层、传输层、会话层、表示层和应用层。在 TCP/IP 协议中，它们被简化为四个层次，图 6.7 为它们之间的对应关系。TCP/IP 模型与 OSI 参考模型的不同点在于 TCP/IP 把表示层和会话层都归于应用层。

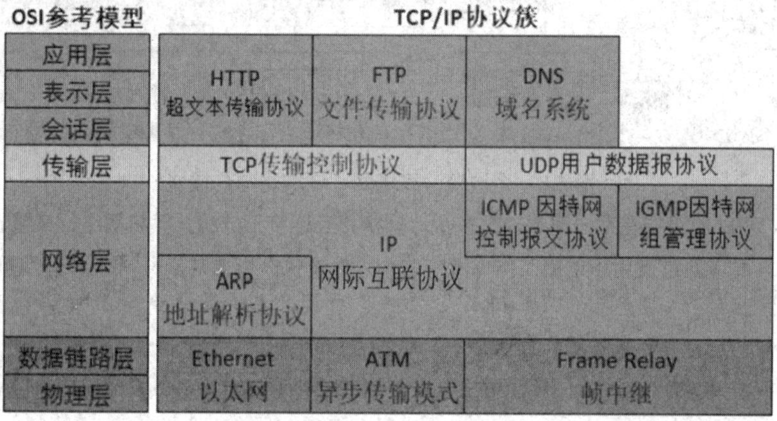

图 6.7　ISO/OSI 与 TCP/IP 模型

2. TCP/IP 协议簇

网络协议是指为计算机网络中进行数据交换而建立的规则、标准或约定的集合，是管理网络上所有实体(网络服务器、客户机、交换机、路由器、防火墙等)之间通信规则的集合。TCP/IP 协议是 Internet 最基本的协议，从下到上为物理层、链路层、网络层、传输层、应用层。

(1) 物理层。物理层虽然处于最低层，却是整个协议簇的基础。为传输数据提供物理链路的创建、维持、拆除。简单地说，物理层确保原始的数据可在各种物理媒介上传输。

(2) 链路层。链路层也称作数据链路层或网络接口层，是用来处理连接网络的硬件部分。它包括控制操作系统、硬件的设备驱动、网络适配器，及光纤等物理可见部分(还包括连接器等一切传输媒介)。硬件上的范畴均在链路层的作用范围之内，通常包括操作系统中的设备驱动程序和计算机中对应的网络接口卡，它们一起处理与电缆(或其他任何传输媒介)的物理接口细节。ARP(地址解析协议)和 RARP(逆地址解析协议)是某些网络接口(如以太网和令牌环网)使用的特殊协议，用来转换 IP 层和网络接口层使用的地址。

(3) 网络层。网络层也称作互联网层，用来处理在网络上流动的数据包。数据包是网络传输的最小数据单位。该层规定了通过怎样的路径(所谓的传输路线)到达对方计算机，并把数据包传送给对方。与对方计算机之间通过多台计算机或网络设备进行传输时，网络层所起的作用就是在众多的选项中选择一条传输路线。网络层负责处理分组在网络中的活动，例如分组的选路。在 TCP/IP 协议簇中，网络层协议包括 IP (网际互联协议)、ICMP (因特网控制报文协议)、IGMP (因特网组管理协议)及 ARP(地址解析协议)。

① IP 是一种网络层协议，提供的是一种不可靠的服务，它只是尽可能快地把分组从源结点送到目的结点，但是并不提供任何可靠性保证，同时被 TCP 和 UDP 使用。TCP 和 UDP 的每组数据都通过端系统和每个中间路由器中的 IP 层在互联网中进行传输。

② ICMP 是 IP 的附属协议。IP 用它来与其他主机或路由器交换错误报文和其他重要信息。

③ IGMP 是 Internet 组管理协议。它用来把一个 UDP 数据报到多个主机上。

④ ARP 是地址解析协议，通过已知的 IP，寻找对应主机的 MAC 地址。

(4) 传输层。传输层用于提供处于网络连接中的两台计算机之间的数据传输。在传输层有两个性质不同的协议：TCP(Transmission Control Protocol，传输控制协议)和 UDP(User Data Protocol，用户数据报协议)。它们主要为两台主机上的应用程序提供端到端的通信。

① TCP 为两台主机提供高可靠性的数据通信。它所做的工作包括把应用程序交给它的数据分成合适的小块交给下面的网络层、确认接收到的分组、设置发送最后确认分组的超时时钟等。由于运输层提供了高可靠性的端到端通信，因此应用层可以忽略所有这些细节。为了提供可靠的服务，TCP 采用了超时重传、发送和接收端到端的确认分组等机制。

② UDP 则为应用层提供一种非常简单的服务。它只是把称作数据报的分组从一台主机发送到另一台主机上，但并不保证该数据报能到达另一端。一个数据报是指从发送方传输到接收方的一个信息单元(例如，发送方指定的一定字节数的信息)。UDP 必须使用应用层来提高可靠性。

简单来说，我们可以用打电话比喻 TCP 协议，需要连通才能传输语音(数据)；用寄信件来比喻 UDP 协议，只管向地址发送书信(数据)。

(5) 应用层。应用层一般是面向用户的服务，决定了向用户提供应用服务时通信的活动，负责处理特定的应用程序细节。TCP/IP 协议簇内预存了各类通用的应用服务，比如 DNS、FTP、Telnet、SMTP、HTTP、RIP、NFS 等协议。

① HTTP：HTTP (HyperText Transfer Protocol，超文本传输协议) 基于 TCP，使用端口号 80 或 8080。每当在浏览器里输入一个网址或点击一个链接时，浏览器就会通过 HTTP 将网页信息从服务器中提取

再显示出来，这是现在使用频率最高的应用层协议。

② DNS：DNS(Domain Name System，域名系统)基于 UDP，使用端口号 53。由于由数字组成的 IP 地址很难记忆，所以我们上网使用网站 IP 地址的别名——域名。实际使用中，域名与 IP 地址是对应的。

③ FTP：FTP (File Transfer Protocol，文件传输协议) 基于 TCP，使用端口号 20(数据)和 21(控制)。它的主要功能是减少或消除在不同操作系统下处理文件的不兼容性，以达到便捷高效的文件传输效果。

6.2 局域网技术

20 世纪 70 年代中期，由于大规模和超大规模集成电路的发展，计算机在功能上大大增强的同时，价格也在不断下降，这个时候人们开始关注如何将这些小范围的多台计算机互联起来的问题，从而达到资源共享和相互通信的目的，局域网应运而生。

6.2.1 局域网概述

局域网(Local Area Network，LAN)是局部区域内由多台计算机互联组成的计算机组，其特点是分布地区范围有限，大到一栋建筑与相邻建筑之间的连接，小到办公室内的设备互联。局域网是把计算机、打印机、应用软件、数据库、路由器、交换机等软硬件及设备连接起来组成的计算机通信网络，可以实现文件管理，内部通信，打印机、扫描仪、应用软件等资源共享。局域网相比其他网络传输速度更快、性能更稳定、框架简易，并且是封闭性的，这也是许多机构选择局域网组网的原因。

1. 局域网的特点

局域网一般限制在一定距离的区域内，具有以下主要特点：

(1) 经营权和管理权一般为一个部门或一个单位所拥有，并且地理范围有限。

(2) 信息传输速率较高，传输速率为 10 Mb/s～1 Gb/s，目前更有 10 Gb/s 的光纤局域网出现，甚至 100 Gb/s 的局域网标准也将实现商用(表述网络传输速度一般以比特率(b/s)为单位，其含义是每秒钟传输的二进制数的位数)。

(3) 通信质量较好，传输误码率低。

(4) 支持多种通信传输介质。根据网络本身的性能要求，局域网中可使用多种通信介质，如双绞线、光纤等有线传输介质，同时还可以利用空气中的无线电波进行无线传输，传输介质灵活多样。

(5) 组网简单、成本低。

2. 局域网的组成

局域网自身大体由计算机设备、网络连接设备、网络传输介质三大部分构成。其中，计算机设备又包括服务器与工作站；网络连接设备包含网卡、集线器、交换机；网络传输介质分为有线和无线，有线一般指同轴电缆、双绞线及光缆，无线一般有红外线和微波。一个比较典型的局域网拓扑结构如图 6.8 所示。

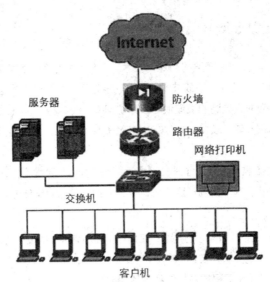

图 6.8　小型局域网典型拓扑结构图

3. IEEE 802 局域网标准

常见的局域网类型包括以太网(Ethernet)、令牌环网(Token-ring)、FDDI 网(光纤分布式数据接口)、无线局域网(WLAN)等。它们由 IEEE(电气和电子工程师协会)的 802 分委员会(局域网/城域网标准委员会)制定，有 11 个与局域网有关的标准，以下是其中几个常见标准。

■ IEEE 802.1：描述各协议间的关系、参考模型及与较高层协议的关系。

■ IEEE 802.2：通用的逻辑链路控制层。

■ IEEE 802.3：以太网 CSMA/CD 媒体访问控制协议及相应的物理层规范，具体包括：

IEEE 802.3u 标准：百兆快速以太网。

IEEE 802.3z 标准：光纤千兆以太网。

IEEE 802.3ab 标准：五类无屏蔽双绞线千兆以太网。

IEEE 802.3ae 标准：万兆以太网。

■ IEEE 802.4：令牌总线网(Token-bus)的介质访问控制协议及物理层技术规范。

■ IEEE 802.5：令牌环网(Token-ring)的介质访问控制协议及物理层技术规范。

■ IEEE 802.10：可互操作的局域网安全性规范(SILS)。

■ IEEE 802.11：无线局域网(WLAN)的介质访问控制协议及物理层技术规范。

IEEE 802 局域网标准如图 6.9 所示，IEEE 802 对应于 OSI 参考模型的第二层——数据链路层。

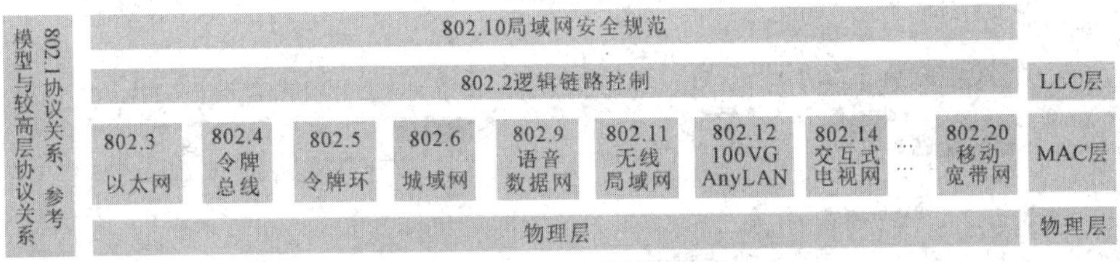

图 6.9　IEEE 802 局域网标准

6.2.2 IEEE 802.3 以太网

以太网(Ethernet)是当前应用最普遍的局域网技术，取代了其他局域网标准，如令牌环、FDDI 和 ARCNET。IEEE 802.3 标准制定了以太网的技术标准。它规定了包括物理层的连线、电子信号和介质访问层协议的内容；定义了带冲突检测的载波侦听多路访问 CSMA/CD 方式，借助于这种方式，两个或多个站能共享一个公共的总线传输介质。CSMA/CD 的工作机制可概括为：先听后讲；边讲边听；冲突停止；延迟重发。

局域网主要由网络服务器、用户工作站、网络适配器(网卡)、网络传输介质、网络互联设备五个部分组成。服务器、工作站、网卡前面已经介绍。以下介绍常见的网络传输介质和网络互联设备。

1. 网络传输介质

传输介质是连接局域网各节点的物理通路。在局域网中，常用的网络传输介质有双绞线、同轴电缆、光纤电缆与无线电。无线介质将在 6.2.3 节中介绍。

(1) 双绞线。双绞线由两根、四根或八根绝缘导线组成，两根为一线对而做一条通信链路，为了减少各线对之间的电磁干扰，各线对以均匀对称的方式螺旋状绞在一起，图 6.10 是超五类双绞线。双绞线电缆定义了 9 种不同的型号，这里介绍家庭、企业组网常见的第五类和超五类。

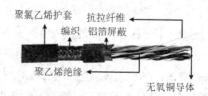

图 6.10　超五类双绞线

■ 第五类：该类电缆增加了绕线密度，外套一种高质量的绝缘材料，传输频率为 100 MHz，用于语音传输和最高传输速率为 100 Mb/s 的数据传输，主要用于 100 Base-T 和 1000Base-T 网络，是最常用的以太网电缆。

■ 超五类：与第五类相比，超五类在近端串扰、串扰总和、衰减和信噪比等 4 个主要指标上都有较大的改进，主要用于千兆位以太网(1000 Mb/s)。

(2) 同轴电缆。同轴电缆(Coaxial Cable)中心轴线是条铜导线，外加一层绝缘材料，在这层绝缘材料外边由一根空心的圆柱网状铜导体包裹，最外一层是绝缘层，其结构如图 6.11 所示。与双绞线相比，同轴电缆的抗干扰能力强、屏蔽性能好、传输数据稳定、价格便宜，而且它不用连接在集线器或交换机上即可使用。

(3) 光纤电缆。光纤电缆简称为光缆。一条光缆包含多条光纤。每条光纤是由玻璃或塑料拉成极细的能传导光波的细丝，外面再包裹多层材料组成的，如图 6.12 所示。光纤通过内部的全反射来传输一束经过编码的光信号。光缆因其数据传输速率高、抗干扰性强、误码率低及安全保密性好的特点，被认为是最有前途的传输介质。

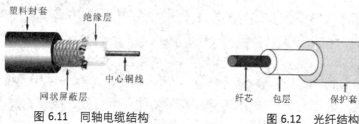

图 6.11　同轴电缆结构　　　　　　　　　　图 6.12　光纤结构

2. 常用的网络互联设备

局域网常用的网络互联设备有中继器、集线器、网桥、交换机、路由器、网关、防火墙等。

(1) 中继器(Repeater)：也称为转发器，其功能是放大信号，缓解其衰减变形，延伸传输媒介的距离，如以太网中继器可以用来连接不同的以太网网段，以构成一个以太网。

(2) 集线器(Hub)：集线器可看成多端口中继器(中继器是双端口)，它有多个端口(如 8 口、16 口、24 口等型号)。它起的作用主要有两个：一是实现整形和放大，二是设备的集中。

中继器和集线器都是工作在物理层的网络设备。

(3) 网桥(Bridge)：可将两个以上独立的物理局域网连成一个独立的逻辑上的局域网，是同时工作在物理层和数据链路层的网络连接设备。

(4) 交换机(Switch)：交换机和网桥属于同类设备，工作在数据链路层上。网络交换机的端口数多，且交换速度快。在这个意义上，网络交换机可以看作是多端口的高速网桥，其外观如图 6.13 所示。 交换机比网桥优越的地方是：交换速度快，可实现线速转发；能解决主干网络上的通信拥挤问题；端口密度高，一台交换机可连接多个网段，降低了组网成本。

(5) 路由器(Router)：是工作在网络层的多个网络间的互联设备，其外观如图 6.14 所示。它可在网络间提供路径选择的功能；在网络之间转发网络分组；为网络分组寻找最佳传输路径；实现子网隔离，限制广播风暴；提供逻辑地址，以识别互联网上的主机；提供广域网服务。

(6) 网关(Gateway)：可看成是多个网络间互联设备的统称，但一般指在 OSI 模型的第 4 层(传输层)以上实现不同通信协议结构互联的设备。它是硬件和软件的结合体，又称应用层网关。

图 6.13　网络交换机　　　　　　　　　　图 6.14　各种路由器

6.2.3　无线网络及无线局域网

1. 无线网络概述

无线网络(Wireless Network)是采用无线通信技术实现的网络。无线网络既包括允许用户建立的远距离无线连接的全球语音和数据网络，也包括为近距离无线连接进行优化的红外线技术及射频技术。其与有线网络的用途基本一致，最大的不同在于传输媒介的不同，无线网络是利用无线电技术取代网线，可以和有线网络互为备份。主流应用的无线网络分为通过公众移动通信网实现的无线网络(如 4G、3G 或 GPRS)和无线局域网(WLAN)两种方式。

由于无线局域网(WLAN)具有易安装、易扩展、易管理、易维护、高移动性、保密性强、抗干扰等特点，因而各团体、企事业单位广泛采用了 WLAN 技术来构建其办公网络。1990 年 IEEE 802 标准化委员会成立 IEEE 802.11 WLAN 标准工作组，随后 WLAN 技术得到了快速的发展。

2. 无线通信技术

无线通信(Wireless Communication)是利用电磁波信号可以在自由空间中传播的特性进行信息交换的一种通信方式。无线通信主要包括微波通信和卫星通信，其中微波通信有蓝牙、Wi-Fi以及红外线等。

蓝牙技术(Bluetooth)是一种无线技术标准，可实现固定设备、移动设备和楼宇个域网之间的短距离数据交换(使用2.4 GHz～2.4835 GHz的ISM频段的UHF无线电波)。它是全球范围内无需取得执照(但并非无管制的)的工业、科学和医疗用ISM频段的2.4 GHz短距离无线电频段。蓝牙存在于很多产品中，如电话、媒体播放器、机器人系统、手持设备(如平板电脑、手机)、笔记本电脑、游戏手柄以及一些高音质耳机、调制解调器、手表等。蓝牙技术对于在低带宽条件下临近的两个或多个设备间的信息传输十分有效。蓝牙常用于电话语音传输(如蓝牙耳机)或手持计算机设备的字节数据传输(文件传输)。

Wi-Fi也称为无线保真，是一种可以将个人电脑、手持设备等终端以无线方式互相连接的技术，事实上它是一个高频无线电信号。"无线保真"是一个无线网络通信技术的品牌，由Wi-Fi联盟所持有，目的是改善基于IEEE 802.11标准的无线网络产品之间的互通性。虽然由无线保真技术传输的无线通信质量不是很好，数据安全性能也比蓝牙差一些，传输质量也有待改进，但传输速度非常快，可以达到600 Mb/s，符合个人和社会信息化的需求。Wi-Fi最主要的优势在于不需要布线，可以不受布线条件的限制，因此非常适合移动办公用户的需要，并且由于其发射信号功率低于100 MW，低于手机发射功率，所以Wi-Fi上网相对是安全健康的。

3. 无线局域网简介

无线局域网(Wireless Local Area Networks，WLAN)是不使用任何导线或传输电缆连接的局域网，它使用无线电波作为数据传送的媒介，传送距离一般只有几十米。无线局域网的主干网通常使用有线电缆，用户通过一个或多个无线接入点(Access Point，AP)接入无线局域网。目前无线局域网已经深深融入大众的生活当中，例如在家里中使用的路由器，手机开启的热点连接，公交车上的Wi-Fi覆盖……都是无线局域网的使用场景。它使用不必授权的ISM频段中的2.4 GHz或5 GHz射频波段进行无线连接。目前已被广泛应用于家庭和企业作为Internet接入热点。

无线局域网的网络标准主要采用IEEE 802.11协议。IEEE 802.11标准规范了无线局域网物理层PHY和媒体访问控制层MAC的协议，即OSI参考模型的下面两层。IEEE 802.11标准的内容很多，其中子部分802.11b/g/n工作在2.4 GHz频段中，802.11a/n/ac工作在5 GHz频段中，其发展历程如图6.15所示。802.11ac是802.11n的继承者，2013年推出的第一批802.11ac产品称为Wave 1，2016年推出的较新的高带宽产品称为Wave 2。它们的频段、兼容性、速率如表6.1所示。在以上标准中，使用最多的应该是802.11n标准，工作在2.4 GHz频段，速率可达600 Mb/s(理论值)。在802.11无线局域网协议中，冲突检测存在一定的问题，为了使用无线介质的特点，MAC子层采用了载波侦听多点接入/避免冲撞协议(CSMA/CA)。

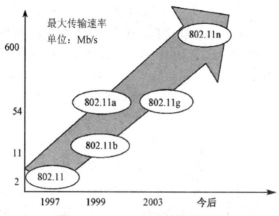

图 6.15　IEEE 802.11 的发展历程

表 6.1　802.11 子部分的频段、兼容性、速率

协　议	使用频段	兼容性	理论最高速率	实际速率
802.11a	5 GHz	—	54 Mb/s	22 Mb/s
802.11b	2.4 GHz	—	11 Mb/s	5 Mb/s
802.11g	2.4 GHz	兼容 802.11b	54 Mb/s	22 Mb/s
802.11n	2.4 GHz/5 GHz	兼容 802.11a/b/g	600 Mbps	100 Mb/s
802.11ac Wave 1	5 GHz	兼容 802.11a 和 802.11n	1.3 Mb/s	800 Mb/s
802.11ac Wave 2	5 GHz	兼容 802.11a/b/g/n	3.47 Mb/s	2.2 Gb/s

4. 无线局域网的组成

无线局域网由无线网卡和无线接入点(AP)等设备构成。简单地讲，无线局域网是一个不需要网线就可以发送和接收数据的局域网，只要通过安装无线路由器或无线 AP，在终端安装无线网卡，就可以实现无线连接。一个无线局域网的硬件设备包括无线网卡和无线路由器，还包括移动 PC、手机等。图 6.16 是一个常见的无线局域网拓扑结构。

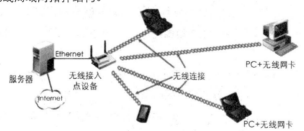

图 6.16　无线局域网拓扑结构

(1) 无线网卡。无线网卡实际上是一种终端无线网络设备，它需要在无线局域网的无线覆盖下通过无线连接到网络使用。也就是说，有了无线网卡还需要一个可以连接的无线网络，因此就需要配合无线路由器或者无线 AP 使用，方可上网。

(2) 无线 AP。无线 AP 即无线接入点，旨在将有线网络转换成无线网络，是无线网和有线网之间沟通的桥梁。无线 AP 定位于 WLAN 无线信号覆盖，因此其天线通常是全向的，覆盖范围一般在 100 米以内。在实际应用时，无线 AP 可以单独使用，终端设备(如手机、笔记本电脑)通过连接无线 AP 的无线信号连接网络。

(3) 无线路由器。无线路由器用于用户上网、带有无线覆盖功能的路由器。无线路由器其实就是无线 AP+路由器，现在很多的无线路由器都拥有 AP 功能。市场上流行的无线路由器一般都支持专线 XDSl/cable、动态 XDSI、PPTP 四种接入互联网的方式，它还具有一些其他网络管理的功能，如 DHCP 服务、NAT 防火墙、MAC 地址过滤、动态域名等。一般的无线路由器信号范围为半径 50 米，已经有部分无线路由器的信号范围达到了半径 300 米。常见无线路由器如图 6.17 所示。

图 6.17　常见无线路由器

6.3　Internet 及其应用

与我们日常生活息息相关的 Internet 就是一个 WAN，一个覆盖全世界范围的 WAN。Internet 由 ISP 构建，向各个 LAN 提供 Internet 服务。

6.3.1　Internet 概述

1．Internet 简介

Internet 的前身是 1969 年美国国防部高级研究计划局(Advanced Research Projects Agency，ARPA)建立的一个只有四个节点的存储转发方式的分组交换广域网 ARPANET(阿帕网)。经过几十年的发展，Internet 成为全球信息网络的原型、当今世界范围内资源共享的国际互联网、全球电子信息的"信息高速公路"。

Internet 又称因特网，是国际计算机互联网的英文简称，是世界上规模最大的计算机网络，准确地说是网络中的网络。Internet 是由各种网络组成的一个全球信息网，是由成千上万个具有特殊功能的专用计算机通过各种通信线路，把地理位置不同的网络在物理上连接起来的网络。而人们常说互联网、因特网、万维网，三者的关系是：互联网包含因特网，因特网包含万维网，凡是能彼此通信的设备组成的网络就叫互联网。

因特网组建的最初目的是为研究部门和大学服务，便于研究人员及学者探讨学术方面的问题，因此有科研教育网(或国际学术网)之称。进入 20 世纪 90 年代，因特网向社会开放，利用该网络开展商贸活动成为热门话题。大量的人力和财力的投入，使得因特网得到迅速的发展，成为企业生产、制造、销售、服务、人们日常工作、学习、娱乐等生活中不可缺少的部分。

因特网是基于 TCP/IP 协议实现的，其中，位于应用层的协议就有很多，比如 FTP、SMTP、HTTP

等，分别对应文件传输、电子邮件传输、超文本传输等因特网服务，这些服务将在 6.4 节进行介绍。比如应用层使用的是 HTTP 协议，就能访问万维网。用户在浏览器地址栏输入百度网址时，能看见百度网提供的网页，就是因为个人浏览器和百度网的服务器之间使用的是 HTTP 协议。

2. 相关概念

(1) URL (Uniform Resource Locator，统一资源定位器)，是专为标识 Internet 上的资源位置而设置的一种编址方式，也就是一个位置，大多数时候指网址。URL 可单独识别网际网路上的电脑、目录或档案位置，也可以指定通信协定，例如 FTP、HTTP 等。它一般由三部分组成：传输协议://主机 IP 地址或域名地址/资源所在的路径和文件名，如西南科技大学城市学院的 URL 为 http://www.ccswust.edu.cn/index.php。这里 http 指超文本传输协议，www 代表主机头，ccswust.edu.cn 是学院域名，index.php 才是相应的网页文件。又比如我们访问百度的 URL，https://www.baidu.com，其中协议使用的就是加密的 HTTPS 协议。

(2) ISP 和 ICP。ISP(Internet Service Provider，互联网服务提供商)是向广大用户综合提供互联网接入业务、信息业务和增值业务的电信运营商，比如中国联通、中国移动、中国电信。ICP(Internet Content Provider, 互联网内容提供商)提供 Internet 信息搜索、整理加工等服务。国内知名 ICP 有新浪、搜狐、163 等。ISP 和 ICP 的区别可以这样打比方说明，ICP 是厨师为你提供食物，ISP 是传菜工把食物送到你面前。

3. Internet 的特点

(1) 因特网是由许多属于不同国家、部门和机构的网络互联起来的网络(网间网)。任何运行因特网协议(TCP/IP 协议)，且愿意接入因特网的网络都可以成为因特网的一部分，其用户可以共享因特网的资源，用户自身的资源也可向因特网开放。

(2) 因特网不属于任何个人、企业和部门，也没有任何固定的设备和传输媒介。

(3) 因特网是一个无所不在的网络，它覆盖了世界各地、各行各业。

(4) 因特网的成员可以自由地"接入"和"退出"因特网，没有任何限制。

(5) 因特网是一个包罗万象的网络，蕴含的内容异常丰富：天文地理、政治时事、人文喜好等，具有无穷的资源。

6.3.2　Internet 的结构

Internet 具有分级的网络结构，一般可分三层。最下面一层为校园网和企业网，中间层是地区网络，最上面一层是中国互联网骨干网。

1. 中国互联网骨干网

传统的中国四大互联网骨干网为：中国科技网(CSTNET)、中国公用计算机互联网(CHINANET)、中国教育和科研计算机网(CERNET)、中国金桥信息网(CHINAGBN)。四大骨干网再接入全球 Internet 共享资源与服务，如图 6.18 所示。我们能接触到的是驻地电信运营商，而各个运营商是依托于这四大骨干网来承载网络业务的。

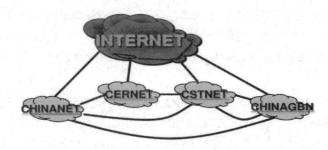

图 6.18　中国四大互联网骨干网接入 Internet

(1) 中国科学技术网(CSTNET)。CSTNET 由中国科学院主持，联合清华、北大共同建设。1994 年 4 月开通了与 Internet 的专线连接。1994 年 5 月 21 日完成了我国最高域名 CN 主服务器的设置，实现了与 Internet 的 TCP/IP 连接。1995 年底基本完成"百所联网"工程，成为中国地域广、用量大、性能好、通信量大、服务设施齐全的全国性科研教育网络。

(2) 中国公用计算机互联网(CHINANET)。CHINANET 是中国公用 Internet 网，它由骨干网、接入网组成，骨干网是其主要信息通路，由直辖市和各省会城市的网络节点构成；接入网是各省(区)建设的网络接点形成的网络。CHINANET 灵活的接入方式和遍布全国各城市的接入点，可以方便地接入国际 Internet，享用 Internet 上丰富的信息资源和各种服务，并可为国内的计算机互联、信息资源共享提供方便的网络环境。

(3) 中国教育和科研计算机网(CERNET)。CERNET 是面向全国高校建立的。CERNET 主干网的网络中心设在清华大学，下设北京、上海、南京、西安、广州、武汉、成都、沈阳八个地区网络中心。第一批入网的高校有 108 所。现在全国大部分高校和部分中、小学已经接入"CERNET"，极大地改善了我国高校的教学、科研条件，促进了高校的校园网建设，对我国国民经济信息化建设也产生了深远的影响。

(4) 中国金桥信息网(CHINAGBN)。CHINAGBN 也称国家公用经济信息通信网，由原电子工业部管理，面向政府、企业、事业单位和社会公众提供数据通信和信息服务。金桥网于 2018 年底与 Internet 连通，已开通 24 个城市，发展了 1000 多个本地和远程仿真终端，提供全面的 Internet 服务。

2. Internet 的结构

从逻辑上看，为了便于管理，因特网采用了层次网络的结构，即采用主干网、次级网和园区网逐级覆盖的结构，如图 6.19 所示。

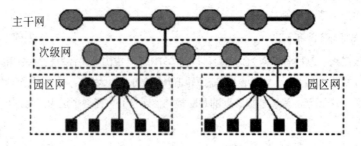

图 6.19　因特网的层次网络结构示意图

(1) 主干网：由代表国家或者行业的有限个中心结点通过专线连接形成，覆盖到国家一级，并连接各个国家的因特网互联中心，如中国互联网信息中心(CNNIC)。

(2) 次级网(区域网)：由若干个作为中心结点的代理的次中心结点组成，如教育网各地区网络中心、电信网各省互联网中心等。

(3) 园区网(校园网、企业网)：直接面向用户的网络，比如某高校的校园网就是一个园区网。

6.3.3 Internet 接入

Internet 网络可以划分为核心网络和接入网，其中接入网主要用于完成用户接入核心网的任务。简单而言，接入是将计算机连接到因特网上，使之可以与其他计算机通信，实现资源共享。接入因特网需要向 ISP 提出申请。ISP 的服务主要是指因特网接入服务，即通过网络连线把计算机或其他终端设备连入因特网，如中国电信、网通、联通等数据业务部门。目前最常用的上网方式主要有：使用 Modem 拨号上网、使用 ADSL 宽带拨号上网、使用网线接入局域网、使用无线网卡接入无线网络、使用手机上网等。下面选择典型的接入方式并按时间节点分别进行介绍。

(1) 20 世纪 90 年代初的拨号接入。拨号接入是利用 PSTN(Public Switched Telephone Network，公用电话交换网)通过调制解调器 Modem 拨号实现用户接入的方式。只要有电话线，就可以上网，安装简单。拨号上网时，Modem 通过拨 ISP 提供的接入电话号(如 96169、95578 等)实现接入。它的缺点表现为：一是其传输速率低(56kb/s)，这个是理论值，实际的连接速率至多达到 52kb/s，上传文件只能达到 33.6kb/s。二是对通信线路质量要求很高，任何线路干扰都会使速率马上降到 33.6kb/s 以下。三是无法享受一边上网，一边打电话的乐趣。目前很少有人采用拨号接入，其接入方式如图 6.20 所示。

图 6.20　电话拨号接入 Internet

(2) 20 世纪 90 年代末的 ADSL 接入。ADSL(Asymmetrical Digital Subscriber Line，非对称数字用户环路)是一种能够通过普通电话线提供宽带数据业务的技术，它具有下行速率高、频带宽、性能优、安装方便、不需交纳电话费等优点，成为继 Modem、ISDN 之后的又一种全新的高效接入方式。同样通过电话线接入 Internet，ADSL 方案的最大特点是不需要改造信号传输线路，完全可以利用普通铜质电话线作为传输介质，关键是通过两个设备：ADSL Modem 和 DSLAM(数字用户线路接入复用器)，结构如图 6.21 所示。不同于模拟电话线上用调制解调器的拨号，ADSL 采用 PPP over Ethernet 协议，拨号后用户需输入用户名与密码，检验通过后就建立起一条高速并且是"虚拟"的用户数字专线，分配相应的动态 IP 地址。其接入速度为上行 64 kb/s，下行 1 Mb/s～2 Mb/s，其有效的传输距离在 3～5 公里范围内。在 ADSL 接入方案中，每个用户都有单独的一条线路与 ADSL 局端相连，它的结构可以看作星形结构，数据传输带宽是由每一个用户独享的。ADSL 接入曾一度成为最流行的接入方式，目前仍在使用。

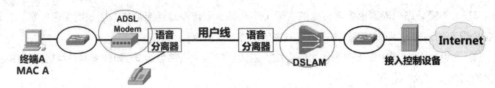

图 6.21　ADSL 接入 Internet

　　(3) 20 世纪 90 年代末的以太网接入。以太网接入方式也称 LAN 方式。以太网接入方式一般可以采用 NAT(网络地址转换)或代理服务器技术,让网络中的用户访问因特网。以太网接入是目前最流行的接入方式。它是利用以太网技术,采用光缆+双绞线的方式进行综合布线。以社区为例,具体实施方案是:从社区机房铺设光缆至住户单元楼,楼内布线采用五类双绞线铺设至用户家里,双绞线总长度一般不超过 100 米,用户家里的电脑通过五类双绞线接入墙上的五类模块就可以实现上网。社区机房的出口通过光缆或其他介质接入城域网。

　　采用 LAN 方式接入可以充分利用小区局域网的资源优势,为居民提供 10 M 以上的共享带宽,这比拨号上网速度快 180 多倍,并可根据用户的需求升级到 100 M 以上。

　　以太网技术成熟、成本低、结构简单、稳定性和可扩充性好、便于网络升级,同时可实现实时监控、智能化物业管理、小区/大楼/家庭安保、家庭自动化(如远程遥控家电、可视门铃等)、远程抄表等,可提供智能化、信息化的办公与家居环境,满足不同层次的人们对信息化的需求。其组网结构如图 6.22所示。

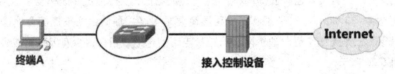

图 6.22　以太网接入 Internet

　　(4) 21 世纪初期的无线路由器接入。无线路由器解决了家庭移动端接入问题,接入速度为 10 Mb/s～100 Mb/s,是目前家庭最常见的接入方式。无线路由器是用于把家庭或者企业局域网连接到互联网的关键设备。 相比有线路由器,无线路由器比有线路由器能够向便携式 PC 提供更大的移动灵活性。路由器像防火墙一样工作,因为它们可隐藏来自互联网的每一台 PC 的 IP 地址。新的无线路由器采用 802.11g 标准,在短距离内提供最多可达 54Mb/s 的带宽。无线路由器接入 Internet 如图 6.23 所示。

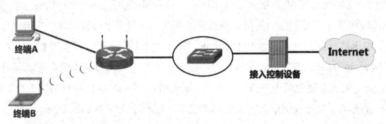

图 6.23　无线路由器接入 Internet

6.3.4　IP 地址及 DNS 域名系统

　　当计算机想要和一个因特网主机连接时,可以申请 DNS 服务用于连接该机 IP 地址,例如使用百度搜索引擎。当我们在浏览器地址栏中输入网址 www.baidu.com 建立连接的时候，DNS 会提供一个 IP 地址供服务器去找寻，获取到百度 IP 后跳转到页面。

1. IP 地址

IP (Internet Protocol)又称互联网协议，是支持网间互联的数据报协议，它与 TCP (传输控制协议) 一起构成了 TCP/IP 协议的核心。IP 地址是协议提供的一种统一的地址格式，它为互联网上的每一个网络和每一台主机分配一个逻辑地址，以此来屏蔽物理地址的差异(比如局域网中每块网卡都有 48 位的 MAC 地址)。

IP 地址一般由网络号、主机号组成。IP 网络上有很多路由器，路由器之间转发、通信都只认这个 IP 地址。比如寄包裹，需要写上发件人的地址和姓名、收件人的地址和姓名。发件人地址就是计算机的 IP 的网络号，发件人姓名就是计算机的主机号。收件人的地址就是你要访问的 IP 的网络号，收件人的姓名就是访问 IP 的主机号。

TCP/IP 协议分为 IPv4 和 IPv6 两个版本，若无特别说明以下内容均指 IPv4。

1) IP 地址的表示方法及结构

IP 地址是一个 32 位的二进制数，通常被分割为 4 个 "8 位二进制数"(也就是 4 个字节)。IP 地址通常用 "点分十进制" 表示成(a.b.c.d)的形式。其中，a、b、c、d 都是 0～255 之间的十进制整数。例：点分十进制 IP 地址(100.4.5.6)，实际上是 32 位二进制数(01100100.00000100.00000101.00000110)。

一个 IP 地址划分为两个部分，网络地址用于识别主机所在的网络，主机地址用于识别该网络中的主机，如图 6.24 所示。IP 地址由因特网信息中心(NIC)统一分配。NIC 负责分配最高级 IP 地址，并给下一级网络中心授权，在其自治系统中再次分配 IP 地址。在国内，用户可向电信公司、ISP 申请 IP 地址，这个 IP 地址在因特网中是唯一的。如果是使用 TCP/IP 协议构成局域网，则可自行分配 IP 地址，该地址在局域网内是唯一的，但对外通信时要经过代理服务器。

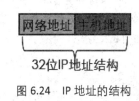

32位IP地址结构

图 6.24 IP 地址的结构

2) IP 地址的分类

IPv4 结构的地址长度为 4 字节(32 位)，根据网络地址和主机地址的不同划分，编址方案将 IP 地址分为 A、B、C、D、E 五类，A、B、C 是基本分类，D、E 类保留使用。IP 地址的分类如图 6.25 所示。

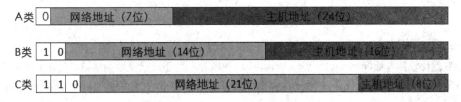

图 6.25 IP 地址的分类

■ A 类地址：A 类地址的网络标识由第一组 8 位二进制数表示，网络中的主机标识点由 3 组 8 位二进制数表示。A 类地址的特点是网络标识的第一位二进制数，取值必须为 "0"。不难算出，A 类地址允许有 126 个网络，每个网络大约允许有 1670 万台主机，通常分配给拥有大量主机的网络(如主干网)。

■ B 类地址：B 类地址的网络标识由前两组 8 位二进制数表示，网络中的主机标识占两组 8 位二进制数。B 类地址的特点是网络标识的前两位二进制数取值必须为 "10"。B 类地址允许有 16384 个网络，每个网络允许有 65536 台主机，适用于节点比较多的网络(如区域网)。

■ C 类地址：C 类地址的网络标识由前 3 组 8 位二进制数表示，网络中主机标识占 1 组 8 位二进制数。C 类地址的特点是网络标识的前 3 位二进制数取值必须为 "110"。C 类地址的网络允许有 254 台主机，适用于节点比较少的网络(如园区网/校园网)。

3) 子网与子网掩码

子网就是将主机地址的几位用作网络地址，从而将网络划分为若干个子网，便于管理还能减少 IP 的浪费。

子网掩码，又叫网络掩码，是一种用来指明一个 IP 地址哪些位标识的是主机所在的子网，哪些是主机的位掩码。换句话说，子网掩码存在的目的是为了让目标主机识别 IP 地址的网络号部分和主机号部分。子网掩码不能单独存在，必须配合 IP 使用。通过子网掩码可计算出一台主机所在的子网和其他网络的关系，从而进行正确的通信。

缺省子网掩码为：

A 类 IP 地址：255.0.0.0。

B 类 IP 地址：255.255.0.0。

C 类 IP 地址：255.255.255.0。

IP 地址和子网掩码做 "与" 运算便可得出主机网段地址。其详细过程为：将点分十进制的 IP 地址和子网掩码分别转换为 32 位二进制数，然后按位做 "与" 运算，最后得到的结果就是子网网络地址，如图 6.26 所示。

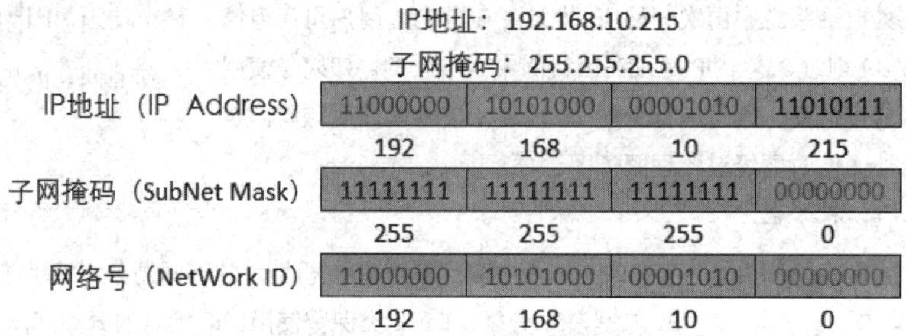

图 6.26　IP 地址和子网掩码做 "与" 运算计算所在网段

4) IPv6 地址

互联网协议第 6 版(Internet Protocol Version 6，IPv6)被称为下一代互联网协议，其最显著的特征是使用 128 位长度的 IP 地址。IPv4 最大网络地址数为 2^{32} 个(32 位)，即不到 43 亿个地址，因此 IPv4 最大的问题在于网络地址资源有限，严重制约了互联网的应用和发展。IPv6 的使用，不仅能解决网络地址资源数量的问题，而且也解决了多种接入设备连入互联网的障碍。2019 年 11 月 25 日，欧洲网络协调中心(RIPE NCC)宣布 IPv4 地址已全部耗尽。而 IPv6 地址可达到 2^{128} 个(128 位)地址，可以多到给地球上每一粒沙子分一个地址。因为是 128 位长，于是 IPv4 的点分十进制格式不再适用，采用十六进制表示，通常写作 8 组，每组为四个十六进制数的形式。例如：2001:0db8:85a3:08d3:1319:8a2e:0370:7344 是一个 IPv6 地址。

2. DNS 域名系统

一般来讲，访问因特网必须知道对端的 IP 地址，可是我们一般只知道域名。域名就是网站的网址 URL，比如头条的 URL 为 https://www.toutiao.com。这时候 DNS 就有用处了，计算机先访问 DNS 服务器，提问："头条的 IP 是什么？"，DNS 服务器会搜索它的数据库，回答"头条的 IP 地址是 139.209.206.235"。于是，计算机就知道要发包到 139.209.206.235 了。DNS 服务器就是存储了网络里的域名和 IP 地址对应关系的服务器。

1) 域名(Domain Name)

IP 地址是数字标识，使用时不好记忆和书写，因此在 IP 地址的基础上又发展出一种符号化的地址方案，来代替数字型的 IP 地址。每一个符号化的地址都与特定的 IP 地址对应，这个与网络上的数字型 IP 地址相对应的字符型地址，就称为域名。目前域名已经成为互联网品牌、网上商标保护必备的要素之一，它除了具有识别功能外，还有引导、宣传等作用。

每一个域名都是由标号(Label)序列组成的，而各标号之间用点(小数点)隔开。如图 6.27 所示是中央电视台用于收发电子邮件的计算机的域名，它由三个标号组成，其中标号 com 是一级域名，标号 cctv 是二级域名，标号 mail 是三级域名。级别最低的域名写在最左边，而级别最高的域名写在最右边。各级域名由其上一级的域名管理机构管理，而级别最高的顶级域名则由 ICANN 进行管理。用这种方法可使每一个域名在整个互联网范围内是唯一的，并且也容易设计出一种查找域名的机制。

通常顶级域名既可以表示地理性顶级域名，也可以表示组织性顶级域名，如表 6.2 所示。地理性顶级域名为两个字母缩写形式，表示某个国家或地区；组织性顶级域名表示组织、机构类型。

图 6.27　域名组成

表 6.2　顶级域名

组织性顶级域名	含　义	地理性顶级域名	含　义
com	商业组织	cn	中国
net	主要网络支持中心	us	美国
org	上述以外的组织	uk	英国
int	国际组织	jp	日本
edu	教育组织	de	德国
gov	政府部门	kr	韩国
mil	军事部门	ru	俄罗斯

2) 域名解析(DNS)

DNS 服务和万维网、FTP、电子邮件等服务都是 Internet 的基本服务。DNS 服务是把网站域名指向网站的 IP 地址，让人们通过域名可以方便快捷地访问到网站的一种服务。说得通俗一点就是将好记的域名解析成 IP，服务由 DNS 服务器完成。域名的获得需要在域名服务提供商注册之后才可使用。注册后获得了域名就可以利用域名解析服务器来进行域名解析，将域名指向网络服务供应商(如电信、移动等运营商)提供的固定的网络 IP 地址。

6.4 互联网的基本服务

因特网上提供了许多种类的服务，包括电子邮件服务(E-mail)、万维网服务(WWW)、文件传输服务(FTP)、远程登录服务(Telnet)、新闻组服务(Usenet)、电子新闻(Usenet News)、广域信息服务系统 (Wide Area Information Server，WAIS)、电子公告牌(Bulletin Board System，BBS)、搜索引擎及文献检索电子商务、博客、网络聊天、网络电话等。以下选择介绍其中几种重要服务。

6.4.1 万维网

网上冲浪是指在 Internet 互联网上获取各种信息，进行工作、娱乐。英文中的上网是"surfing the Internet"，因"surfing"的意思是冲浪，故上网又被称为"网上冲浪"。网上冲浪的主要工具是浏览器，在浏览器的地址栏输入 URL 地址，在 Web 页面上可以移动鼠标到不同的地方进行浏览，这就是所谓的网上冲浪。现在网上冲浪已经不局限于仅仅通过电脑端的浏览器来访问 Internet，还包括用手机、移动设备等访问移动互联网的一系列上网行为。网上冲浪主要指万维网的访问。

万维网 WWW 是 World Wide Web 的简称，也称为 Web、3W 等。WWW 是基于客户机/服务器模式的信息发现技术和超文本技术的综合。WWW 服务器通过超文本标记语言(HTML)把信息组织成为图文并茂的超文本，利用超链接从一个站点跳到另一个站点。

(1) 网页、网页文件和网站。

网页是网站的基本信息单位，是 WWW 的基本文档。它由文字、图片、动画、声音等多种媒体信息以及链接组成，是用 HTML(标准通用标记语言下的一个应用)编写的，通过链接实现与其他网页或网站的关联和跳转。

网页文件是指用 HTML 编写的、可在 WWW 上传输、能被浏览器识别显示的文本文件，其扩展名是.htm 和.html。

网站由众多不同内容的网页构成，网页的内容可体现网站的全部功能。通常把进入网站首先看到的网页称为首页或主页(Homepage)，例如，新浪、网易、搜狐就是国内比较知名的大型门户网站。

(2) 超链接与超文本标记语言。

超文本标记语言是构建网页的语言，而网页之间通过超链接进行跳转。

超链接属于网页的一部分，它是让网页和网页连接的元素。只有通过超链接把多个网页连接起来才能算得上是一个网站。超链接是指从一个网页指向另一个目标的连接关系，目标可以是网页、位置(相同网页的不同位置)、图片等。在网页中用来超链接的对象可以是文本、图片等。

超文本标记语言(Hyper Text Makeup Language，HTML)是一种用来创作万维网页面的描述语言。HTML 使用 HTML 标签来定义文档的格式、组成和链接关系，如字形、字体、表单、标题和统一资源地址(URL)等。万维网采用 HTML 来组织文件，用 HTML 组织的文件本身属于普通的文档文件，可以用一般常见的文字编辑器，如 Windows 记事本来编辑，或用其他专门的 HTML 文件编辑器来编辑。

(3) 冲浪工具——浏览器。

浏览器是用来显示万维网上的文字、图像及其他信息的软件，它还可以让用户与这些文件进行交互操作。主流的网页浏览器有：Mozilla Firefox(火狐)、Internet Explorer(微软 IE 浏览器)、Microsoft Edge(微软边缘)、Google Chrome(谷歌)、Safari(苹果手机端浏览器)等。浏览器为 WWW 的客户端程序，它通过 HTTP 协议与 WWW 服务器相连接，使用户可浏览 Internet 上的网页。

6.4.2　FTP 服务与文件下载

资源共享是网络的基本功能之一，而要使用 Internet 上他人分享的文件，则可以使用 FTP 服务与文件下载。

1. FTP 服务

FTP 服务允许 Internet 用户将本地计算机上的文件与远程计算机上的文件双向传输。使用 FTP 几乎可以传送所有类型的文件：文本文件、可执行文件、图像文件、声音文件、数据库文件、压缩文件等。互联网络上有许多公共 FTP 服务器，提供大量的资讯和软件供用户免费下载。

FTP (File Transfer Protocol，文件传输协议)，是 TCP/IP 协议簇应用层协议，它由一系列规格说明文档组成，目的是提高文件的共享性，使存储介质对用户透明、可靠、高效地传送数据。通俗地讲，FTP 就是完成用户与服务器之间文件的双向传输。从远程计算机拷贝文件至自己的计算机上，称为"下载(Download)"文件。若将文件从自己的计算机中拷贝至远程计算机上，则称为"上传(Upload)"文件。FTP 的客户端/服务器模式的上传/下载如图 6.28 所示。

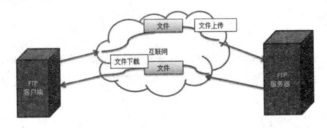

图 6.28　FTP 的客户端/服务器模式的上传/下载

可以通过 URL 访问 FTP 服务器传输文件，也可以使用 FTP 工具来连接 FTP 服务器。常见的 FTP 软件有 XFTP、FlashFXP 等。由于时代的变迁，现在 FTP 服务更多的是用于网站的维护与站点中文件的更新。而文件的上传和下载，我们更多用的是下载。

2. 文件下载

电脑下载工具软件诞生于互联网出现的初期，因为那时候网络线路较少，带宽非常低，IE 浏览器自带的单线程下载功能非常慢，而且下载过程一旦中断，就只能重新再来，非常浪费时间和精力。下载工具是一种可以更快地从网上下载信息资源的软件。用下载工具下载资源迅速的原因在于"多点连接(分段下载)"技术的采用，充分利用了网络上的多余带宽以及"断点续传"技术，随时从上次中止部位继续下载，有效避免了重复劳动，大大节省了下载者的连线下载时间。

1) P2P 下载

FTP 及电子邮件等都采用了 C/S(客户端/服务器)模式，另外一种应用模式称作点对点应用

(Peer-To-Peer，P2P)，后者中没有服务器和客户机的区别，每一个主机既是客户机又是服务器，它们的角色是对等的。由于能够极大缓解传统架构中服务器端压力过大、单一失效点等问题，又能充分利用终端的丰富资源，所以 P2P 技术被广泛应用于计算机网络的各个应用领域，如分布式科学计算、文件共享、流媒体直播与点播、语音通信及在线游戏支撑平台等。

2) BT 下载

BT 曾是中国最流行的文件下载方式。"BT"是 BitTorrent 的简称，是一种依赖 P2P 方式、将文件在大量互联网用户之间进行共享与传输的协议，对应的客户端软件有 BitTorrent、BitComet 和 BitSpirit 等。由于其实现简单、使用方便，在中国被广泛使用。BitTorrent 中的节点在共享一个文件时，首先将文件分片并将文件和分片信息保存在一个流(Torrent)类型文件中，这种节点被形象地称作"种子"结点。其他用户在下载该文件时根据 Torrent 文件的信息，将文件的部分分片下载下来，然后在其他下载该文件的结点之间共享自己已经下载的分片，互通有无，从而实现文件的快速分发。由于每个结点在下载文件的同时也在为其他用户上传该文件的分片，所以整体来看，不会随着用户数的增加而降低下载速度，反而下载的人越多，速度越快。

3) 迅雷下载

在国内，提起迅雷这个名字，大多数 70 年—90 年出生的网友都耳熟能详，因为迅雷绝对是 PC 互联网时代的资源下载神器，也一度成为了装机必备软件。伴随着科技的进步，互联网带宽越来越大，迅雷不再是装机的必需品，但不可否认的是，迅雷在 PC 端仍然具有很大的装机量，仍然是最好用的电脑下载工具软件之一。

6.4.3　电子邮件

电子邮件(E-mail)是 Internet 提供的最基本、最重要的服务功能。E-mail 是利用计算机进行信息交换的电子媒体信件，也称电子信箱。它是依靠计算机网络而实现的，并通过网络的通信手段实现普通邮件信息的传输。

1. 电子邮件系统的组成

电子邮件是一种通过计算机网络与其他用户进行联系的快速、简便、高效、价廉的现代化通信手段。如果要使用 E-mail，首先必须拥有一个电子邮箱，它是由 E-mail 服务提供者为其用户建立在 E-mail 服务器磁盘上的专用于存放电子邮件的存储区域，并由 E-mail 服务器进行管理。用户将使用 E-mail 软件在自己的电子邮箱里收发电子邮件。

电子邮件系统基于客户端/服务器模式，整个系统由 E-mail 客户端、E-mail 服务器端、通信协议三部分组成。

(1) E-mail 客户端。E-mail 客户端软件也称为用户代理，它是用户用来收发和管理电子邮件的工具。

(2) E-mail 服务器端。E-mail 服务器主要充当"邮局"的角色，它除了为用户提供电子邮箱外，还承担着信件的投递业务。当用户发送一个电子邮件后，E-mail 服务器通过网络上若干中间结点的"存储—转发"式的传递，最终把信件投递到目的地。

(3) 通信协议。通信协议包括 SMTP(Simple Mail Transfer Protocol，简单邮件传输协议)和 POP(Post Office Protocol，邮局协议)。这两个协议都属于 TCP/IP 协议簇应用层协议。在 TCP/IP 网络上的大多数邮件管理程序都使用 SMTP 来发信,采用 POP3 协议来保管未及时取走的邮件。简单地说,SMTP 管"发",POP3 管"收"。SMTP 是一组从源地址到目的地址传输邮件的规范,通过它来控制邮件的中转方式。它帮助每台计算机在发送或中转信件时找到下一个目的地。SMTP 服务器就是遵循 SMTP 协议的发送邮件服务器。POP3 即邮局协议的第 3 个版本,它是规定怎样将个人计算机连接到 Internet 的邮件服务器和下载电子邮件的电子协议。POP3 是因特网电子邮件的第一个离线协议标准,它允许用户从服务器上把邮件存储到本地主机上,同时删除保存在邮件服务器上的邮件。POP3 邮件服务器则是遵循 POP3 协议的邮件接收服务器。收发电子邮件的过程如图 6.29 所示。

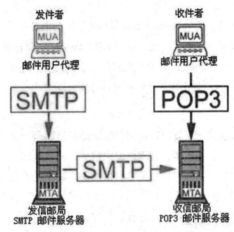

图 6.29　收发电子邮件的过程

2. 收发电子邮件的方式

和投递传统书信或者寄快递一样,投递电子邮件也需要寄件人、寄件地址和收件人、收件地址。在投递内容上,一个是传统纸质文件或者包裹,一个是电子档的信件和各种文件类型的附件。

电子邮件地址格式通常由"用户名+电子邮箱域名+电子邮箱网站注册的域名"组成。根据国际惯例,@符号为典型的电子邮箱地址格式分隔符,在@之前为电子邮箱的用户名,在@之后为电子邮箱的服务器域名地址(与邮箱注册网站的地址一致)。比如 user@mail.server.name 就是一个电子邮件地址。在国内,不同的电子邮箱可以互相发送邮件,不受邮箱地址限制。

收发电子邮件有两种方式:服务器端的浏览器方式和客户机端的专用软件方式。无论使用哪一种方式,用户都需先登录提供电子邮件信箱服务的网站申请免费邮箱或付费邮箱,注册并获取用户名和口令(密码)。

(1) 服务器端的浏览器方式(Web 方式)。用户在任何一台联网的计算机上启动浏览器,访问提供电子邮件服务的网站,在其登录界面输入自己的用户名和口令,就可使用网站提供的页面接收、编辑、发送电子邮件。其优点是用户无需在客户机安装专用的软件,使用方便;缺点是本地机与服务器交换信息频繁,占用网络线路时间较多,容易受到网络阻塞的影响。

在 Internet 上,有许多 ISP 提供免费电子邮箱服务,提供免费邮件服务的网站也很多,如 163 网易免费邮箱(Email.163.com)、126 网易免费邮箱(www.126.com)、网易免费邮箱(www.yeah.net)、新浪免费邮箱(mail.sina.com.cn)、QQ 邮箱(mail.qq.com)等, 用户可以从中挑选邮箱存储空间大、服务质量好、网速快的网

收发电子邮件

站进行申请。

(2) 客户机端的专用软件方式(POP3 方式)。用户使用客户机上安装的专用电子邮件应用软件来接收、编辑、发送电子邮件。常用的软件有 Foxmail、Outlook Express 等。其优点是编辑、阅读邮件在本地机进行，占用网络线路时间较少，下载保存邮件方便；缺点是它只有在安装了专用电子邮件应用软件的机器上才能使用。

6.4.4 搜索引擎及数字图书馆

Internet 上的信息资源很丰富。在 Internet 上查找信息的途径有很多种，可大致分为以下几种：(1) 偶然发现。这是在 Internet 中发现信息的原始方法。(2) 浏览(Browsing)。浏览就如同走进图书馆的书库，然后在书架上直接翻看。(3) 搜索(Searching)。搜索就像通过索引或分类卡片来帮助查找。(4) 通过资源指南(Resource Guide)来查找相应的信息。其中搜索是常用且有效的方法。

1. 搜索引擎

搜索引擎是指根据用户需求与一定算法，运用特定策略从互联网检索出指定信息并反馈给用户的一种检索技术。搜索引擎依托于多种技术，如网络爬虫技术、检索排序技术、网页处理技术、大数据处理技术、自然语言处理技术等，为信息检索用户提供快速、高相关性的信息服务。搜索引擎技术的核心模块一般包括爬虫、索引、检索和排序等，同时可添加其他一系列辅助模块，以期为用户创造更好的网络使用环境。常见的搜索引擎有百度、搜狗、谷歌、360 搜索等。比如我们生活中需要查询相关信息，一般使用百度或搜索微信公众号的文章等。

在搜索引擎中输入关键词，然后单击"搜索"，系统会很快返回查询结果，这是最简单的查询方法，使用方便，但是查询的结果却不一定准确，可能包含许多无用的信息，因此常常会使用一些分词方法和搜索技巧。

(1) 使用双引号("")可以精确搜索。给要查询的关键词加上双引号(半角，以下要加的其他符号同此)，可以实现精确的查询，这种方法要求查询结果要精确匹配，不包括演变形式。例如在搜索引擎的文字框中输入"不能分开"，搜索的每一个结果都是精确匹配关键字"不能分开"。

(2) 使用加号(+)可以多关键词搜索。在关键词的前面使用加号，也就等于告诉搜索引擎该单词必须出现在搜索结果中的网页上。例如，在搜索引擎中输入"华为+5G + 中国"就表示要查找的内容必须要同时包含"华为、5G、中国"这三个关键词。

(3) 使用减号(-)可以减少关键词筛选。在关键词的前面使用减号，也就意味着在查询结果中不能出现该关键词。例如，在搜索引擎中输入"电视台-四川电视台"，就表示最后的查询结果中一定不包含"四川电视台"。

(4) 使用逻辑检索。逻辑检索又称布尔检索，是指通过标准的布尔逻辑关系来表达关键词与关键词之间逻辑关系的一种查询方法，这种查询方法允许我们输入多个关键词，各个关键词之间的关系可以用逻辑关系词来表示，如 And/Or/Not(与/或/非)。用 And 连接关键词，表示同时满足多个关键词条件；用 Or 连接关键词，表示满足其中一个关键词条件；用 Not 连接关键词，表示从前一个关键词中排除后一个关键词的结果，类似于使用减号(-)搜索。

2. 数字图书馆

数字图书馆是传统图书馆在信息时代的延伸，它不仅包含了传统图书馆的功能，向社会公众提供相应的服务，还融合了其他信息资源(如博物馆、档案馆等)的一些功能，提供综合的公共信息访问服务。可以这样说，数字图书馆将成为未来社会的公共信息中心和枢纽。常用的数字图书馆主要有超星数字图书馆、中国知网等。

超星数字图书馆拥有丰富的图书资源，是用来阅读图书的网站。有的学校和超星数字图书馆有合作，可以在图书馆免费下载图书资源。手机上安装超星 APP 阅读图书，可以查找校图书馆的借阅情况。中国知网是用来阅读论文的网站，可以下载大量的各个领域的专业论文，也可用于专本硕博毕业论文的查重。

(1) 超星数字图书馆是目前世界上最大的中文在线数字图书馆，提供大量电子图书资源，其中包括文学、经济、计算机等五十余大类，数百万册电子图书、500 万篇论文，全文总量 13 亿余页，数据总量约 1 000 000 GB，还有大量免费电子图书、超 16 万集的学术视频，拥有超过 35 万授权作者、5300 位名师、一千万注册用户，并且每天仍在不断地增加与更新。

要访问超星数字图书馆，可以在浏览器的地址栏中输入 www.sslibrary.com。在超星数字图书馆中，可以通过检索书名、作者或全文检索的方式来检索需要阅读的书籍或文章。如果用户需要精确地搜索某一本书时，可以进行高级搜索。单击主页上的"高级搜索"按钮，会进入如图 6.30 所示的页面，用户可以在此输入关键字进行精确搜索。

书名		分类	全部
作者		中图分类号	
主题词		搜索结果显示条数	每页显示10条
年代	请选择 至 请先选择开始年		检索

图 6.30　超星数字图书馆高级搜索

(2) 中国知网(www.cnki.net)是国家知识基础设施(National Knowledge Infrastructure，NKI)的概念，由世界银行于 1998 年提出。中国知网是全球领先的数字出版平台，是国家致力于为海内外各行各业工作者提供知识与情报服务的专业网站。目前中国知网服务的读者已超过 4000 万，中心网站及镜像站点年文献下载量突破 30 亿次，是全球备受推崇的知识服务品牌。

中国知网的服务内容包括：

(1) 中国知识资源总库。

(2) 数字出版平台。

(3) 文献数据评价。

(4) 知识检索。

如何使用中国知网

6.5　网络安全与信息安全

计算机作为采集、加工、存储、传输、检索及共享等信息处理的重要工具，被广泛应用于信息社会的各个领域。网络作为信息的载体，是当今社会的信息化高速公路，维护网络系统的硬件、软件以及网络系统中的数据越发显得重要。同时,信息安全技术作为合理、安全地使用信息资源的保护手段,正受到世界各国的广泛重视。世界上经济越发达、综合国力越强的国家对信息安全技术越重视。

6.4.1　网络安全与信息安全概述

因特网的迅速发展给社会生活带来了前所未有的便利,这主要得益于因特网的开放性、匿名性等特性,然而也正是这些特性决定了因特网不可避免地存在信息安全隐患。

1.　网络安全概述

网络安全(Network Security)是指网络系统的硬件、软件及其系统中的数据受到保护,不因偶然的或者恶意的原因而遭受破坏、更改、泄露,系统能连续、可靠、正常地运行,网络服务不中断。网络安全从其本质上来讲就是网络上信息的安全。2019 年国际网络安全事件包含:(1) Facebook 被曝明文存储 6 亿用户密码,已被查看 900 万次;(2) 丰田服务器遭黑客入侵,威胁 310 万用户信息;(3) 俄罗斯联邦安全局遭史上最大黑客攻击,7.5 TB 数据被盗;(4) 首例"太空犯罪":美宇航员被控从空间站入侵银行账户;(5) 印度最大的核电站遭到网络攻击……

1)　网络安全的分类

从计算机网络体系结构来看,网络安全包含计算机自身的安全、互联的安全(含通信设备、通信链路、网络协议)、各种网络应用和服务的安全。

2)　计算机网络面临的威胁类型

计算机网络面临的威胁分为截获(被动攻击)、中断(主动攻击)、篡改(主动攻击)、伪造(主动攻击)四种类型,如图 6.31 所示。

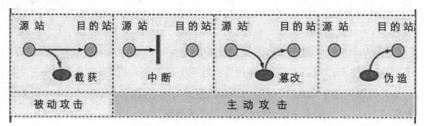

图 6.31　网络安全威胁的四种类型

3)　网络安全法的实施

为了保障网络安全,维护网络空间主权和国家安全、社会公共利益,保护公民、法人和其他组织的合法权益,促进经济社会信息化健康发展,国家制定了《中华人民共和国网络安全法》,用法律的形式为网络安全保驾护航,并从 2017 年 6 月 1 日开始施行。

对当前我国网络安全方面存在的热点、难点问题,该法都有明确规定。针对个人信息泄露问题,网络安全法规定:网络产品、服务具有收集用户信息功能的,其提供者应当向用户明示并取得同意;网络运营者不得泄露、篡改、毁损其收集的个人信息;任何个人和组织不得窃取或者以其他非法方式获取个人信息,不得非法出售或者非法向他人提供个人信息,并规定了相应的法律责任。

针对网络诈骗多发态势,网络安全法规定,任何个人和组织不得设立用于实施诈骗,传授犯罪方法,制作或者销售违禁物品、管制物品等违法犯罪活动的网站、通讯群组,不得利用网络发布涉及实施诈骗、制作或者销售违禁物品、管制物品以及其他违法犯罪活动的信息，并规定了相应的法律责任。

2. 信息安全概述

关于信息安全(Information Security)的定义，不同组织机构有所不同，国际标准化组织(ISO)将信息安全定义为：信息安全是为数据处理系统建立和采取的技术和管理的安全保护，保护计算机硬件、软件和数据不因偶然和恶意的原因而遭到破坏、更改和泄漏。信息安全是综合数学、物理、生物、量子力学、电子、通信、计算机、系统工程、语言学、统计学、心理学(蜜罐)、法律、管理、教育等学科演绎而成的交叉学科。

计算机信息安全技术分两个层次：第一层为计算机系统安全，第二层为计算机数据安全。针对两个不同层次，可以采取相应的安全技术。

(1) 计算机系统安全技术。计算机系统安全技术可分成两个部分：物理安全技术和网络安全技术。物理安全技术是计算机信息安全技术的重要组成部分，它研究影响系统保密性、完整性、可用性的外部因素和应采取的防护措施。

通常采取的防护措施有：① 减少自然灾害(如火灾、水灾、地震等)对计算机硬件及软件资源的破坏。② 减少外界环境(如温度、湿度、灰尘、供电系统、外界强电磁干扰等)对计算机系统运行可靠性造成的不良影响。③ 减少计算机系统电磁辐射造成的信息泄露。④ 减少非授权用户对计算机系统的访问和使用等。

(2) 计算机数据安全技术。由于计算机系统的脆弱性及系统安全技术的局限性，要彻底消除信息被窃取、丢失或其他有关影响数据安全的隐患，还需要寻找一种保证计算机信息系统数据安全的技术，包括网络通信中的数据加密技术、签名与认证技术，以及关于网络安全威胁的理论和解决方案等。以下仅简单介绍数据加密技术。

对数据进行加密，即数据加密技术，是一种保证数据安全行之有效的方法。在计算机信息安全中，密码学主要用于数据加密。在计算机网络内部及各网络间的通信过程中，为了保证通信保密，可采用密码编码技术。

加密技术是最常用的安全保密手段，它把重要的数据变为乱码(加密)传送，到达目的地后再用相同或不同的手段还原(解密)。加密技术包括两个元素：算法和密钥。算法是将普通的信息或者可以理解的信息与一串数字(密钥)结合，产生不可理解的密文的步骤。密钥是用来对数据进行编码和解密的一种算法，可通过适当的密钥技术和管理机制来保证网络信息的通信安全。加密解密过程如图 6.32 所示。

图 6.32　加密解密过程

3. 网络安全与信息安全的区别和联系

从历史角度来看，信息安全早于网络安全。随着信息化的深入，信息安全和网络安全的内涵不断丰富。随着网络的发展，人们对信息安全提出了新的目标和要求，网络安全技术在此过程中也得到不断创新和发展。

信息安全与网络安全有很多相似之处，两者都对信息(数据)的生产、传输、存储和使用等过程有相同的基本要求，如可用性、保密性、完整性和不可否认性等。但两者又有区别，普遍认为网络安全是信息安全的子集。

(1) 包含和被包含的关系。

信息安全包括网络安全。信息安全还包括操作系统安全、数据库安全、硬件设备和设施安全、物理安全、人员安全、软件开发、应用安全等。

(2) 针对的设备不同。

网络安全侧重于研究网络环境下的计算机安全；信息安全侧重于计算机数据和信息的安全。

(3) 侧重点不同。

网络安全更注重在网络层面，例如通过部署防火墙、入侵检测等硬件设备来实现链路层面的安全防护；而信息安全的层面要比网络安全的覆盖面大得多，且信息安全是从数据的角度来看安全防护。

信息安全通常采用的手段包括防火墙、入侵检测、审计、渗透测试、风险评估等，安全防护不仅仅是在网络层面，更加关注应用层面，可以说信息安全更贴近于用户的实际需求及想法。

4. 研究网络与信息安全的重要性

(1) 网络作为信息主要的收集、存储、分配、传输和应用的载体，其安全对整个信息安全起着至关重要甚至是决定性的作用。

(2) 基于 TCP/IP 协议簇实现的 Internet 的体系结构和通信协议，有各种各样的安全漏洞，带来的安全事件层出不穷。

因此，研究网络与信息安全势在必行。

6.4.2 计算机病毒及防治

在大多数情况下，计算机病毒并不是独立存在的，而是"寄生"在其他计算机文件中的。由于它像生物病毒一样，具有传染性、破坏性并且能够自我复制，因此也称为病毒。

1.计算机病毒的定义

计算机病毒由来已久，最初它们只是一些恶作剧，如今有的病毒甚至已经发展成了军事武器。计算机病毒史有名的病毒有：① 1999 年 CIH 病毒。CIH 具备空前的破坏力，让它得以在电脑病毒编年史上留名。除了摧毁硬盘数据，它是历史上第一款能导致硬件损坏的病毒。② 2006 年"熊猫烧香"病毒。它是中国警方破获的首例计算机病毒大案，是国人最熟悉的病毒。使用 Windows 系统的用户中毒后，后缀名为.exe 的文件无法执行，并且文件的图标会变成熊猫举着三根烧着的香的图案。③ 2010 年 Stuxnet 震网。它是首个针对工业控制系统的计算机蠕虫，该蠕虫病毒感染并破坏了伊朗纳坦兹的核设施，并最终使伊朗的布什尔核电站推迟启动。

计算机病毒就是对计算机资源进行破坏的一组程序或指令集合。该组程序或指令集合能通过某种途径潜伏在计算机存储介质或程序里，当达到某种条件时即被激活，它用修改其他程序的方法将自己的精确拷贝或者可能演化的形式放入其他程序中，从而感染它们。

一旦计算机感染了病毒，就会引起大多数软件故障，造成系统运行缓慢、不断重启或用户无法正常操作电脑、硬件损坏等严重危害。发展到现在，新的病毒会盗取用户隐私与盗刷网络支付平台的资金余额，甚至虚拟币矿机、锁定电脑勒索获利。

2. 计算机病毒的分类

计算机病毒的分类方法很多，按病毒存在的媒体可以分为：

(1) 网络病毒：通过网络传播，感染网络中的可执行文件。

(2) 文件病毒：感染计算机中的文件。

(3) 引导型病毒：感染启动扇区和硬盘的系统引导扇区。

按病毒传染的方法可分为：

(1) 驻留型病毒：驻留内存，并一直处于激活状态。

(2) 非驻留型病毒：在得到机会时才会激活，继而去感染计算机。

其他分类方法还有：如按照计算机病毒侵入的系统可分为 Windows 系统下的病毒、UNIX 系统下的病毒、Android 手机病毒等；按照病毒的破坏情况可分为良性病毒、恶性病毒；按照计算机病毒的链接方式可分为源码型病毒、嵌入型病毒、外壳型病毒、操作系统型病毒等。

3. 计算机病毒六大特性

(1) 传染性。传染性是计算机病毒最重要的特征，是判断一段程序代码是否为计算机病毒的依据。病毒程序一旦侵入计算机系统就开始搜索可以传染的程序或者磁介质，然后通过自我复制迅速传播。由于目前计算机网络日益发达，计算机病毒可以在极短的时间内通过 Internet 传遍世界。

(2) 可执行性。可执行性严格讲是非授权可执行性。用户通常调用执行一个程序时，把系统控制权交给这个程序，并给它分配相应的系统资源，如内存，从而使之能够运行并完成用户的需求，因此程序执行的过程对用户是透明的。计算机病毒是非法程序，正常用户是不会主动执行病毒程序的，而病毒设计者一般采取诱骗用户的形式。由于计算机病毒具有正常程序的一切特性：可存储性和可执行性，因此它可隐藏在合法的程序或数据中，当用户运行正常程序时，病毒伺机窃取到系统的控制权，得以抢先运行，然而此时用户还认为在执行正常程序。

(3) 破坏性。无论何种病毒程序一旦侵入系统都会对操作系统的运行造成不同程度的影响，即使不直接产生破坏作用的病毒程序也要占用系统资源(如占用内存空间、磁盘存储空间以及系统运行时间等)。而绝大多数病毒程序要显示一些文字或图像，影响系统的正常运行，还有一些病毒程序会删除文件、加密磁盘中的数据，甚至摧毁整个系统和数据，使之无法恢复，造成无可挽回的损失。因此，病毒程序的副作用轻者降低系统工作效率，重者导致系统崩溃、数据丢失。病毒程序的破坏性体现了病毒设计者的真正意图。

(4) 潜伏性。一个编制精巧的计算机病毒程序，进入系统之后一般不会马上发作，而是在几周或者几个月内甚至几年内隐藏在合法文件中，对其他系统进行传染，而不被人发现。潜伏性愈好，其在系统中的存在时间就会愈长，病毒的传染范围就会愈大。潜伏性的第一种表现是指，病毒程序不用专用检测程序是检查不出来的，因此病毒可以静静地躲在磁盘里待上几天，甚至几年，一旦时机成熟，得到运行机会，就四处繁殖、扩散。潜伏性的第二种表现是指，计算机病毒的内部往往有一种触发机制，不满足触发条件时，计算机病毒除了传染外不做什么破坏。而触发条件一旦得到满足，有的在屏幕上显示信息、图形或特殊标识，有的则执行破坏系统的操作，如格式化磁盘、删除磁盘文件、加密数据文件、封锁键盘以及使系统死锁等。

(5) 可触发性。计算机病毒一般都有一个或者几个触发条件。当满足其触发条件或者激活病毒的传染机制时，病毒开始进行传染。触发的实质是一种条件控制，病毒程序可以依据设计者的要求，在一定条件下实施攻击。这个条件可以是敲入特定字符、使用特定文件、某个特定日期或特定时刻，或者是病毒内置的计数器达到一定次数等。

(6) 隐蔽性。病毒一般是具有很高编程技巧、短小精悍的程序。它通常附在正常程序中或磁盘较隐蔽的地方，也有个别的以隐含文件形式出现，目的是不让用户发现它的存在。如果不经过代码分析，病毒程序与正常程序是不容易区别开来的。一般在没有防护措施的情况下，计算机病毒程序取得系统控制权后，可以在很短的时间里传染大量程序。而且受到传染后，计算机系统通常仍能正常运行，使用户不会感到任何异常。正是由于隐蔽性，计算机病毒得以在用户没有察觉的情况下扩散并游荡于世界上无数的计算机中。

4. 几种典型的计算机病毒

(1) Trojan 木马。特洛伊木马(简称木马)是以盗取用户个人信息，甚至是远程控制用户计算机为主要目的的恶意代码。由于它像间谍一样潜入用户的电脑，与特洛伊战争中的"木马"战术十分相似，因而得名。一个功能强大的特洛伊木马一旦被植入计算机，攻击者就像那个希腊首领一样，利用木马监视用户的操作，并控制计算机。

特洛伊木马通常有客户端和服务器端两个执行程序，其中客户端用于远程控制植入特洛伊木马的计算机，服务器端程序即是特洛伊木马程序。攻击者要通过木马攻击计算机系统，首先要把特洛伊木马的服务器端程序植入到计算机，如通过邮件或下载等手段把特洛伊木马执行文档插入到计算机系统，然后提示并误导用户打开特洛伊木马执行文档。例如谎称这个特洛伊木马执行文档是来自朋友的贺卡，当用户打开这个文档后，也许确有贺卡的画面出现，但特洛伊木马已经神不知鬼不觉地在计算机后台开始运行了。

特洛伊木马文档在被植入计算机后，会像藏在木马里的希腊士兵向首领汇报特洛伊城的重要情报一样，把 IP 地址、特洛伊木马植入的端口等发送给攻击者，计算机系统便处于被监视与控制中。特洛伊木马程序采用客户端/服务器的运行模式，在用户上网时控制计算机。攻击者利用它窃取用户口令，浏览计算机驱动器，修改文档、登录注册表等。

按照功能，木马程序可进一步分为盗号木马、网银木马、窃密木马、远程控制木马、流量劫持木马等。

(2) 后门。后门是指在用户不知道也不允许的情况下，在被感染的系统上以隐蔽的方式运行的病毒。它可以对被感染的系统进行远程控制，而且用户无法通过正常的方法禁止其运行。"后门"其实是木马的一种特例，它们之间的区别在于"后门"可以对被感染的系统进行远程控制(如文件管理、进程控制等)。典型后门病毒如"灰鸽子"。

(3) 蠕虫。蠕虫指利用系统的漏洞、外发邮件、共享目录、可传输文件的软件(如 MSN、QQ、IRC 等)、可移动存储介质(如 U 盘、软盘)传播自己的病毒。通常蠕虫病毒会将病毒代码附加到被感染的宿主文件(如 PE 文件、DOS 下的 COM 文件、VBS 文件、具有可运行宏的文件)中，使病毒代码在被感染宿主文件运行时取得运行权。典型的蠕虫病毒如"超级火焰""勒索病毒""冲击波""震荡波"。

5. 计算机病毒的防治

1) 如何判断计算机中了病毒

计算机受到病毒感染后，会表现出不同的症状，比如，

(1) 机器不能正常启动：接通电源后机器根本不能启动，或者可以启动，但所需要的时间比原来的启动时间变长。有时会突然出现黑屏现象。

(2) 运行速度降低：如果发现在运行某个程序时，读取数据的时间比原来长，存文件或调文件的时间都增加了，那就可能是由于病毒造成的。

(3) 磁盘空间迅速变小：由于病毒程序要进驻内存，而且又能繁殖，因此会使内存空间变小甚至变为 "0"，用户也无法读写内存。

(4) 文件内容和长度有所改变：一个文件存入磁盘后，本来它的长度和其内容都不会改变，可是由于病毒的干扰，文件长度可能改变，文件内容也可能出现乱码。有时文件内容无法显示或显示后又消失了。

(5) 经常出现 "死机" 现象：正常的操作是不会造成死机现象的，如果机器经常死机，那可能是由于系统被病毒感染了。

(6) 外部设备工作异常：因为外部设备受系统的控制，如果机器中有病毒，那么外部设备在工作时可能会出现一些异常情况。

以上仅列出一些比较常见的病毒表现形式，肯定还会遇到一些其他的特殊现象，这就需要由用户自己判断了。

2) 计算机病毒的防治

阻止计算机病毒侵入的最好方法是阻断病毒的传播途径，也可以使用硬件预防的方法，改变计算机系统结构或者插入附加固件，例如将防毒卡插到主机板上，当系统启动后先自动执行，取得 CPU 的控制权。也有人为了避免磁盘被感染病毒，特意加上了写保护，但这样做是于事无补的。尽管在你写保护时病毒不能进入磁盘，但是每次往磁盘上保存文档时，写保护是必须要去掉的。去掉了写保护，磁盘对于病毒来讲就是敞开大门了。病毒检测软件的使用是抵御病毒侵袭行之有效的方法。病毒检测软件不仅能够检测出病毒以及所属的病毒种类，并具有清除病毒的功能，现在的杀毒软件已经发展成为安全软件，在杀毒的同时具有升级系统补丁、加固优化操作系统、拦截广告、查杀恶意代码等功能。常见的杀毒软件有火绒、360 杀毒等。

如何有效防范病毒？对于个人用户要做到以下几点：

(1) 关闭或删除系统中不需要的服务，及时给系统打补丁。

(2) 常升级安全补丁、使用复杂的密码并定期修改。

(3) 安装专业的杀毒软件，定期扫描整个系统，定期更新杀毒软件并确保为最新版本。

(4) 安装个人防火墙软件防黑客。

(5) 不要在不正规的网站任意点击链接或下载软件，如需下载软件应到正规官方网站进行下载。由于盗号行为与病毒的横行，不要点击 QQ 等社交工具的不明链接与不明文件。

(6) 学习反病毒知识，加强学习之后还可以通过修改注册表、组策略等工具手动清除病毒。

使用杀毒软件

6.4.3　黑客攻击与防火墙技术

现在互联网越来越普及了，手机、电脑对人们来说也越来越重要了，但是随之而来的是黑客技术。很多人对黑客特别感兴趣，觉得他们是神一样的人物，可以保护我们的计算机，也有人觉得他们是恶魔一般的存在，只会攻破我们的计算机与防火墙，盗取我们计算机里面的重要文件。那么黑客是怎么进行攻击的，而我们又该怎么保护我们的防火墙呢？

1. 黑客攻击

电影《黑客帝国》讲述了一名年轻的网络黑客尼奥发现看似正常的现实世界实际上是由一个名为"矩阵"的计算机人工智能系统控制的，尼奥在一名神秘女郎崔妮蒂的引导下见到了黑客组织的首领墨菲斯，三人走上了抗争"矩阵"征途的故事。黑客(Hacker)原意为热衷于计算机程序的设计者，指对于任何计算机操作系统的奥秘都有强烈兴趣的人。而入侵者(Cracker，攻击者)指怀着不良的企图，闯入远程计算机系统甚至破坏远程计算机系统完整性的人。

网络存在不安全因素的主要原因是网络软硬件存在漏洞，给攻击者以可乘之机，因此消除漏洞、防止攻击、进行安全检测是十分重要的。

1) 黑客攻击的步骤

一般黑客攻击行为主要分为三个过程：攻击前、攻击过程中、攻击完成后。

(1) 攻击前。攻击前的主要工作就是收集信息。

攻击者在入侵网络前，必须通过各种方法了解网络或主机(如 IP 地址范围、开放的服务和端口、应用软件版本等)的情况，找出其中的弱点，才能进行攻击。通常用到的手段主要有扫描、寻找活动主机、开放端口、画出网络拓扑图，除技术手段外还会用到欺骗、假冒、甚至一顿晚餐、一个电话、一份丢弃的文件，都可能使用户将自己的弱点暴露出来。一些常用的程序有 Ping、Quickping、TraceRoute、Whois、SNMP。

(2) 攻击过程中。攻击过程中包括以下步骤。

① 端口探测：使用 SuperScan、X-Scan、Nmap 等工具。

协议栈指纹技术：用于确定目标主机运行的操作系统类型。它检测主机 TCP/IP 栈，进行多种栈"测试"，从而区分不同的操作系统。主要用到 FIN 端口探测、ACK 值取样、Bogus 标志探测、TCP 选项处理、初始序列号取样、TCP 窗口大小、分片处理、SYN 洪泛、ICMP 错误消息抑制、ICMP 错误消息反馈、服务类型等。

② 应用程序旗标探测：旗标探测(Banner grabbing)直接对主机进行 Telnet 或者 FTP 链接，默认情况下将得到远程主机返回的 Banner 信息。

③ 漏洞探测：在收集到初始信息后，攻击者们会探测目标网络上的每台主机，来寻求系统内部安全漏洞，经常使用 X-scan、SSS 等扫描工具。

④ 自编程序：较高水平的攻击者会利用用户未打补丁程序这段时间，自编程序进入到系统中进行破坏。

⑤ 体系结构探测：攻击者们将一些 TCP/IP 数据包传送给目标主机，使其做出响应。由于每种操作系统的响应时间和方式都是不一样的，因此他们利用这种特征把得到的结果与准备好的数据库中的资料相对比，便可以轻而易举地判断出目标主机操作系统所使用的版本及其他信息。

⑥ 破解密码，使用漏洞：获取系统 root 权限或者 administrator 权限，实现窃取信息等目的。

(3) 攻击完成后。

① 攻击者在完成攻击后一定会采取某些措施来隐藏自己的踪迹，否则一旦被人发现就会受到相应的制裁。这些措施包括去除日志文件、文件信息(文件的访问、修改时间等)、网络通信监控和保护设备入侵痕迹等。

② 创建后门：留下后门和陷阱，以便下次继续入侵。

2) 常见黑客攻击

虽然黑客攻击的手法多种多样，但绝大多数攻击者所采用的手法和工具仍具有许多共性。如下是一些常见的黑客攻击类型。

① 密码攻击。密码攻击可通过多种方法实现，包括暴力破解攻击(Brute Force Attack)、特洛伊木马程序、IP 欺骗和报文嗅探。尽管报文嗅探和 IP 欺骗可以捕获用户账号和密码，但密码攻击通常指的是反复的试探、验证用户账号或密码。这种反复试探称之为暴力破解攻击。

② 拒绝服务(Denial of Service，DoS)攻击。拒绝服务攻击是目前最常见的一种攻击类型。从网络攻击的各种方法和所产生的破坏情况来看，DoS 算是一种很简单，但又很有效的进攻方式。它的目的就是拒绝用户的服务访问，破坏组织的正常运行，最终使网络连接堵塞，或者因疲于处理攻击者发送的数据包而使服务器系统的相关服务崩溃、系统资源耗尽。

③ 网络监听。在网络中，当信息进行传播的时候，可以利用工具，将网络接口设置在监听的模式，便可将网络中正在传播的信息截获或者捕获，从而进行攻击。网络监听在网络中的任何一个位置模式下都可实施进行。而黑客一般都是利用网络监听来截取用户口令的。比如当有人占领了一台主机之后，他想要再将战果扩大到这个主机所在的整个局域网的话，监听往往是他们选择的捷径。

事实上，专业的黑客不会对个人用户这样的低价值目标感兴趣，因而使用个人防火墙就可以阻挡大多数攻击。

2. 防火墙技术

1) 防火墙的定义

防火墙指的是一个由软件和硬件设备组合而成、在内部网和外部网之间、专用网与公共网之间的界面上构造的保护屏障。它是一种计算机硬件和软件的结合，使 Internet 与 Intranet 之间建立起一个安全网关(Security Gateway)，从而保护内部网免受非法用户的侵入，如图 6.33 所示。

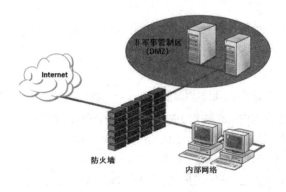

图 6.33　防火墙示意图

防火墙主要由服务访问规则、验证工具、包过滤和应用网关等 4 个部分组成。防火墙就是一个位于计算机和它所连接的网络之间的软件或硬件，该计算机流入流出的所有网络通信和数据包均要经过此防火墙。

在网络中，"防火墙"是指一种将内部网和公众访问网(如Internet)分开的方法，它实际上是一种隔离技术。防火墙是在两个网络通信时执行的一种访问控制尺度，它能允许用户"同意"的人和数据进入他的网络，同时将他"不同意"的人和数据拒之门外，最大限度地阻止网络中黑客的访问。

 2) 防火墙的作用

(1) 有效地记录因特网上的活动，并提供网络是否受到监测和攻击的详细信息。

(2) 可以强化网络安全策略。

(3) 防止内部信息的外泄。

(4) 支持具有 Internet 服务特性的企业内部网络技术体系 VPN(虚拟专用网)。

(5) 提供数据安全与用户认证，防止病毒与黑客侵入等。

 3) 防火墙的类型

防火墙通常可以分为网络层防火墙与应用层防火墙。

(1) 网络层防火墙，即数据包过滤防火墙。它可被视为一种 IP 封包过滤器(允许或拒绝封包资料通过的软硬结合装置)，运作在底层的 TCP/IP 协议堆栈上。我们可以以枚举的方式，只允许符合特定规则的封包通过，其余的一概禁止穿越防火墙(病毒除外，防火墙不能防止病毒侵入)。这些规则通常可以由管理员定义或修改，不过某些防火墙设备可能只能套用内置的规则。我们也能以另一种较宽松的角度来制定防火墙规则，只要封包不符合任何一项"否定规则"就予以放行。现在的操作系统及网络设备大多已内置防火墙功能。较新的防火墙能利用封包的多样属性来进行过滤，例如：来源 IP 地址、来源端口号、目的 IP 地址或端口号、服务类型(如 WWW 或是 FTP)，也能由通信协议、TTL 值、来源的网域名称或网段等属性来进行过滤。

(2) 应用层防火墙。应用层防火墙是在 TCP/IP 协议堆栈的"应用层"上运作的，使用浏览器时所产生的数据流或是使用 FTP 时的数据流都属于这一层。应用层防火墙可以拦截某应用程序的所有封包，并且封锁其他的封包(通常是直接将封包丢弃)。理论上，这一类的防火墙可以完全阻绝外部的数据流进入受保护的机器里。防火墙借由监测所有的封包并找出不符规则的内容，可以防范电脑蠕虫或是木马程序的快速蔓延，但这个方法既繁且杂(因为软件有千百种)，所以大部分的防火墙都不会考虑以这种方法设计。

防火墙还可以根据物理特性分为硬件防火墙与软件防火墙，一般来说硬件防火墙优于软件防火墙，并多用于企业，而软件防火墙多用于个人。

 4) 个人防火墙介绍

个人版防火墙是安装在用户 PC 机系统里的一段"代码墙"，它把用户的电脑和 Internet 分隔开。它检查到达防火墙两端的所有进入和输出的数据包，从而决定是否拦截这个包。也就是说，在不妨碍用户正常上网浏览的同时，应阻止 Internet 上的其他用户对计算机进行的非法访问。

常见的个人防火墙软件有天网防火墙、科摩多(Comodo)防火墙、瑞星个人防火墙等，Windows 10 自带的防火墙功能也非常强大，下面介绍如何开启 Windows 10 防火墙。

(1) 鼠标右键点击 Windows "开始"图标，在弹出的菜单中选择"控制面板"。

(2) 在"控制面板"窗口中，单击"类别"，选择"小图标"。

(3) 在"控制面板"小图标的显示中，找到并打开"Windows 防火墙"。

(4) 在"Windonws 防火墙"的窗口面板中，选择左侧窗口中的"启用或关闭 Windows 防火墙"选项。

(5) 在弹出的窗口中，勾选"专用网络设置"和"公用网络设置"两个选项中的"启用 Windows 防火墙"选项。

(6) 设置好以后，点击"确定"按钮。

这个时候 Windows 防火墙就启动了。

6.4.4　手机安全与手机支付

现在的移动设备上面安装了许多重要应用，尤其是各类金融应用，如网上银行、支付、理财等。可以说，手机已经成为消费者的第二个钱包，是消费者的电子钱包。而且随着我们逐步地进入到无现金社会，手机安全的重要性可谓日益提高。

1. 手机安全概述

实际上手机安全不止包括支付安全，还包括手机自身的安全、手机正常使用时的安全、手机信息存储到服务器上的安全，以及存储在手机中个人信息的安全。

(1) 手机自身的安全。手机自身的安全包括硬件部分、操作系统部分及自带应用部分。

① 硬件部分。

手机的硬件部分涉及安全的有哪些？最基础的莫过于出现威胁到人身财产安全的因素，比如自燃乃至爆燃、漏电、屏幕或者外壳碎裂的时候伤人的风险、手机辐射过大等。如 2016 年三星电池门事件，三星 Galaxy Note7 手机发布一个多月，已在全球范围内发生三十多起因电池缺陷造成的爆炸和起火事故。

② 操作系统部分。

除了硬件部分外，操作系统的安全是判断一部手机是否安全至关重要的因素。其中包括安全框架是否完整、逻辑是否有漏洞、操作系统是否有被发现而未修补的安全漏洞、系统权限是否会被破解、权限管理是否周密以及病毒和木马防护是否到位、流量监测以及电池管控是否严密等。

③ 自带应用部分。

对于系统的应用，主要有两点安全问题：一是应用自己会获取超需求的权限，然后获取不必要的信息；另一方面是它会存在漏洞，假如被别人控制，则会造成私人信息的泄露。

(2) 手机正常使用时的安全。

手机一旦使用，就需要面对各种数据和场景，这个时候是真正考验手机安全的时候，也是我们选择一款手机的重要考虑因素。手机安全有以下分类。

① 通信安全：手机能自动识别并屏蔽来自伪基站的电话和短信；能提示推销电话、广告电话、诈骗电话等；能屏蔽诈骗短信、广告推销短信等。

② 身份验证：解锁方式安全，如密码、图案、指纹、人脸等；能提供私密空间、访客模式等；让手机的部分信息处于对外人不可见状态。

③ 手机录音、手机摄像头、手机网络等不能随便被未授权或者不该授权的应用所启动并上传数据。

④ 手机网络共享时，不被别人破解密码；手机 APP 不能自己打开网络下载应用或者弹出广告。

⑤ 手机存储的指纹信息不会被上传；手机丢失后可通过远程控制清除数据以及找回，比如华为手机具有手机丢失寻回功能。

(3) 手机信息存储到服务器上的安全。2014 年苹果的 iCloud 服务黑客攻击事件曝光了许多名人的私密照片。由于网络的发展和网速的提高，许多人都会将手机号码、短信、通话记录、照片、视频以及文件等信息备份到网络上，有些是备份到手机设备商的云盘里，有些是备份到第三方的网盘上。这些数据不在本地，面临的安全风险其实又多了几层：这些云端数据会不会丢失？账号密码会不会盗走后被人删除数据/盗走信息？云端信息是否会被提供云服务的厂商所盗？他们的服务器会不会被人攻破而盗走数据等。选择一家相对靠谱的网盘供应商很重要。

(4) 手机中个人信息的安全。手机中个人信息一般指个人资料、隐私信息、通话记录、个人照片、短信记录等存储在手机 SIM 卡与 TF 卡上的内容。

2. 手机支付安全

随着智能手机和移动互联网越来越多地渗透到人们生活的方方面面，手机支付从 2013 年开始也获得了爆发式的增长。人们通过手机购物、转账、扫码付费、还信用卡、订车票、话费充值等，并变得日益普遍。可谓"手机在手，支付不愁"。手机在绑定银行卡、支付宝、微信等工具时，在支付上"享受"着便利，但又"承担"着风险。特别是在蹭免费 Wi-Fi、扫不明二维码、点陌生人发来的链接、用生日作密码时，安全系数大大降低。

与手机支付相关的病毒、木马等风险因素急剧增长，成为威胁用户资产非常重要的原因。垃圾短信、骚扰电话、诱骗欺诈、恶意扣费、隐私获取，是用户遇到最多的手机支付安全的危害。恶意软件、钓鱼网站、山寨应用等也是手机支付的主要风险。

目前移动支付上存在的信息安全问题主要集中在以下两个方面：一是手机丢失或被盗，即不法分子盗取受害者手机后，利用手机的移动支付功能窃取受害者的财物；二是用户信息安全意识不足，轻信钓鱼网站。当不法分子要求受害者告知对方敏感信息时无警惕之心，从而导致财物被盗。手机支付是通过移动互联网进行交易的，安全防范工作一定要做足，不然智能手机也会"引狼入室"。

第 7 章

计算机公共基础知识

本章导读

　　计算机公共基础知识是全国计算机等级考试(二级)必考知识，依据教育部考试中心最新发布的《全国计算机等级考试(二级)新大纲》，本章以软件工程思想开发软件的全过程为主线，介绍数据结构与算法、程序设计基础、软件工程基础、数据库设计基础等相关知识。

学习目标

　　(1) 了解算法的基本概念和常用算法。

　　(2) 了解数据的逻辑结构、存储结构和运算。

　　(3) 了解程序设计方法。

　　(4) 了解软件工程的概念、软件设计与测试。

　　(5) 了解数据库的概念、数据模型。

7.1　数据结构与算法

7.1.1　算法

1．算法的基本概念

　　算法(Algorithm)是对特定问题求解步骤的一种描述，它是指令的有限序列，其中每一条指令表示一个或多个操作。简单地说，算法就是计算机解决一个问题的方法和步骤。

　　1) 算法的基本特征

　　算法不等于数学上的计算方法，也不等于程序，但程序可以描述算法。算法具有以下五个基本特征。

　　(1) 可行性：算法中执行的任何计算步骤都可以被分解为基本的、可执行的操作步骤，即每个计算步骤都可以在有限时间内完成(也称之为有效性)。

(2) 确定性：算法中的每一个步骤都必须有明确的定义，不允许有模棱两可的解释和多义性。

(3) 有穷性：算法必须在有限时间内做完，即在执行有限个步骤之后终止。

(4) 输入性：一个算法有 0 个或多个输入，用以刻画运算对象的初始情况。0 个输入是指算法本身给出了初始条件。

(5) 输出性：一个算法有一个或多个输出，以反映对输入数据加工后的结果。没有输出的算法是毫无意义的。

2) 算法的基本要素

一个算法一般由两种基本要素构成：一是对数据对象的运算和操作，二是算法的控制结构。

(1) 算法对数据对象的运算和操作。

每个算法实际上是按照解题要求，从环境能进行的所有操作中选择合适的操作所组成的一组指令序列。计算机可以执行的基本操作是以指令的形式描述的。一个计算机系统能执行的所有指令的集合，称为该计算机系统的指令系统。计算机程序就是按解题要求，从计算机指令系统中选择合适的指令，从而组成指令序列。计算机系统中基本的运算和操作有以下四类：

■ 算术运算：包括"加""减""乘""除"等运算。

■ 逻辑运算：包括"与""或""非"等运算。

■ 关系运算：包括"大于""小于""等于""不等于"等运算。

■ 数据传输：包括"赋值""输入""输出"等操作。

(2) 算法的控制结构。

一个算法的功能不仅仅取决于所选用的操作，而且还与各操作之间的执行顺序有关。算法中各操作之间的执行顺序称为算法的控制结构。

算法的控制结构给出了算法的基本框架，它不仅决定了算法中各操作的执行顺序，而且也直接反映了算法的设计是否符合结构化原则。描述算法的工具通常有传统流程图、N-S 结构化流程图、算法描述语言等。一个算法一般都由顺序、选择、循环三种基本控制结构组合而成。

3) 算法设计的基本方法

要使计算机能完成人们预定的工作，首先必须为如何完成预定的工作设计一个算法，然后再根据算法编写程序。计算机算法不同于人工处理的方法，下面是工程上常用的几种算法设计，在实际应用中，各种方法之间往往存在着一定的联系。

(1) 列举法：列举法是计算机算法中的一个基础算法。列举法的基本思想是，根据提出的问题，列举所有可能的情况，并用问题中给定的条件检验哪些是满足条件的，哪些是不满足条件的。

(2) 归纳法：归纳法的基本思想是，通过列举少量的特殊情况，经过分析，最后找出一般的关系。从本质上讲，归纳就是通过观察一些简单而特殊的情况，最后总结出一般性的结论。

(3) 递推法：递推是指从已知的初始条件出发，逐次推出所要求的各中间结果和最后结果。其中初始条件或是问题本身已经给定，或是通过对问题的分析与化简而确定。递推本质上也属于归纳法，工程上许多递推关系式实际上是通过对实际问题的分析与归纳而得到的，因此，递推关系式往往是归纳的结果。

(4) 递归法：在解决一些复杂问题时，为了降低问题的复杂程度(如问题的规模等)，一般总是将问题逐层分解，最后归结为一些最简单的问题。这种将问题逐层分解的过程，实际上并没有对问题进行求解，而只是当解决了最后那些最简单的问题后，再沿着原来分解的逆过程逐步进行综合，这就是递归的基本思想。

(5) 减半递推技术：所谓"减半"，是指将问题的规模减半，而问题的性质不变；所谓"递推"，是指重复"减半"的过程。

(6) 回溯法：有些实际问题很难归纳出一组简单的递推公式或直观的求解步骤，也不能进行无限的列举。对于这类问题，只能采用试探的方法，通过对问题的分析，找出一个解决问题的线索，然后沿着这个线索逐步试探。若试探成功，就得到问题的解；若试探失败，就逐步回退，换别的路线再逐步试探，这种方法即称为回溯法。

2．算法的复杂度

算法的复杂度是指当算法在编写成可执行程序后，运行时所需的资源。不同的算法可以用不同的时间、空间或效率来完成同样的任务。一个算法的优劣可以用时间复杂度与空间复杂度来衡量。

1) 算法的时间复杂度

算法的时间复杂度，是指执行算法所需要的计算工作量，即算法在执行过程中所需的基本运算的执行次数，算法的时间复杂度是衡量一个算法好坏的重要指标，它依据算法编制的程序在计算机上运行时所消耗的时间来度量，通常有事后统计法和事前分析估算法。

同一个算法用不同的语言实现，或者用不同的编译程序进行编译，或者在不同的计算机上运行，效率均不同，这表明使用绝对的时间单位衡量算法的效率是不合适的。撇开这些与计算机硬件、软件有关的因素，可以认为一个特定算法"运行工作量"的大小，只依赖于问题的规模(通常用整数 n 表示)，它是问题的规模函数。即

$$算法的工作量=f(n)$$

其中 n 表示问题的规模，该表达式表示随着问题规模 n 的增大，算法执行时间的增长率和 f(n)的增长率相同。

在同一个问题规模下，算法执行所需要的基本运算次数还与某一特定的输入有关，即输入不同时，算法所执行的基本运算次数也不同。在分析这类算法时，可以采用以下两种方法来分析。

(1) 平均性态。平均性态是指各种特定输入下的基本运算次数的加权平均值，它用来度量算法的工作量。

(2) 最坏情况复杂性。最坏情况复杂性是指在规模为 n 时，算法所执行的基本运算的最大次数。

2) 算法的空间复杂度

算法的空间复杂度指执行这个算法所需要的内存空间。

一个上机执行的程序除了需要存储空间来寄存本身所用的指令、常数、变量和输入数据外，也需要一些对数据进行操作的工作单元和存储一些为实现计算所需信息的辅助空间。所以，一个算法执行期间所占用的存储空间包括算法程序本身所占的空间、输入的初始数据所占的存储空间以及算法执行中所需要的额外空间。其中额外空间包括算法程序执行过程中的工作单元以及某种数据结构所需要的附加存储空间。如果额外空间取决于问题规模本身，和算法无关，那么只需要分析该算法在实现时所需的辅助单元即可，如果额外空间量相对于问题规模来说是常数，则称该算法是原地(In Place)工作的。

在许多实际问题中，为了减少算法所占的存储空间，通常采用压缩存储技术，以尽量减少不必要的额外空间。

7.1.2 数据结构的基本概念

1. 数据结构的定义

数据结构(Data Structure)是指相互之间存在一种或多种特定关系的数据元素的集合,即数据的组织形式。它包含两个要素,即"数据"和"结构"。这些数据元素具有某个共同的特征,"结构"是指数据元素之间存在的关系,分为逻辑结构和存储结构。

对数据的讨论不单单是数据本身,还包括数据与数据之间的关系。数据结构的主要任务就是通过分析数据对象的结构特征,包括逻辑结构及数据对象之间的关系,然后把逻辑结构表示成计算机可实现的物理结构,从而便于计算机处理。数据结构主要研究和讨论以下两个问题。

1) 数据的逻辑结构

数据的逻辑结构是指数据元素之间的相互关系,与它们在计算机中的存储位置无关。数据元素之间不同的逻辑关系构成了以下4种结构类型。

■ 集合结构。集合结构是指数据结构中的元素之间除了"同属一个集合"的相互关系外,别无其他关系。

■ 线性结构。线性结构是指数据结构中的元素存在一对一的相互关系,并且是一种先后的秩序。

■ 树形结构。树形结构是指数据结构中的元素存在一对多的相互关系。

■ 图形结构。图形结构也称网状结构,数据结构中的元素存在多对多的相互关系。

2) 数据的存储结构

数据的存储结构也称物理结构,是指数据的逻辑结构在计算机中的存储形式。数据的存储结构一般可以反映数据元素之间的逻辑关系,分为顺序存储结构、链式存储结构、索引存储结构和散列存储结构等。

■ 顺序存储结构。顺序存储结构是指把数据元素存放在一组存储地址连续的存储单元里,其数据元素间的逻辑关系和物理关系是一致的。

■ 链式存储结构。链式存储结构是指把数据元素存放在任意的存储单元里,这组存储单元可以是连续的,也可以是不连续的;数据元素的存储关系并不能反映其逻辑关系,因此需要借助指针来表示数据元素之间的逻辑关系。

■ 索引存储结构。索引存储结构是指为了加速检索而创建的一种存储结构,它把所有的存储结点存放在一个区域内,另设置一个索引区域存储结点之间的关系。除建立存储结点信息外,它还建立附加的索引表来标识结点的地址。

■ 散列存储结构。散列存储结构又称 hash 存储,是一种力图将数据元素的存储位置与关键码之间建立确定对应关系的存储结构。

2. 数据结构的表示方式

数据元素之间最基本的关系是前后件关系。数据的逻辑结构可以采用数据形式定义为一个二元组

$$B=(D, R)$$

其中,B 表示数据结构,D 表示数据元素的集合,R 是 D 上关系的集合,它反映了 D 中各数据元素之间的前后件关系。前后件关系也可以用一个二元组来表示,如 (a,b),a 表示前件,b 表示后件。

例如:一年四季的数据结构,可以表示成

B=(D，R)

D={春，夏，秋，冬}

R={(春，夏)，(夏，秋)，(秋，冬)}

一个数据结构除了可用二元关系表示外，还可以用图形来表示。用中间标有元素值的方框表示数据元素，一般称为数据结点，简称结点。用一条有向线段从前件结点指向后件结点(注意：有时可以省略箭头)来表示元素之间的前后件关系。

例如：同样是一年四季的数据结构，若用图形方法表示则如图 7.1 所示。

图 7.1　一年四季数据结构的图形表示

图形表示数据结构具有简单易懂的特点，在不引起歧义的情况下，前件结点到后件结点连线上的箭头可以省略。如树形结构中，通常用无向线段来表示前后件的关系。

3．线性结构和非线性结构

如果一个数据结构中没有数据元素，则称该数据结构为空数据结构。在只有一个数据元素的数据结构中，删除该数据元素就得到一个空的数据结构。根据数据结构中各数据元素之间前后件关系的复杂程度，一般将数据结构划分为两大类，即线性结构和非线性结构。

如果一个非空的数据结构满足有且只有一个根结点，并且每一个结点最多有一个前件，也最多有一个后件，则称该数据结构为线性结构，又称为线性表。简单地说，线性结构就是表中各个结点具有线性关系。如果从数据结构的语言来描述，线性结构的特点应该包括如下几点：

- 线性结构是非空集。
- 线性结构有且仅有一个结点。
- 线性结构每一个结点最多有一个前件，也最多有一个后件。

一个线性表是 n 个数据元素的有限序列。至于每个元素的具体含义，在不同的情况下各不相同，它可以是一个数或一个符号，也可以是书的一页，甚至其他更复杂的信息。线性表就是典型的线性结构，还有栈、队列和串等都属于线性结构。

如果不满足上述条件的数据结构则称为非线性结构，非线性结构主要是指树形结构和网状结构。简单地说，非线性结构就是表中各个结点之间具有多个对应关系。如果从数据结构的语言来描述，非线性结构的特点应该包括如下几点：

- 非线性结构是非空集。
- 非线性结构的一个结点可能有多个直接前件和多个直接后件。

在实际应用中，数组、广义表、树形结构和图形结构等数据结构都属于非线性结构。

7.1.3　线性表

1．线性表的概念

在数据结构中，线性结构也称线性表，是最基本、最简单，也是最常用的一种数据结构。线性表是 n (n≥0)个具有相同特性的数据元素的有限序列，数据元素之间是一对一的关系，如前面提到的一年四季数据结构就是线性表。

表中除了第一个元素外的每一个元素，有且只有一个前件，除最后一个元素外，有且只有一个后件，即除了第一个和最后一个数据元素之外，其他数据元素都是首尾相接的。

线性表元素的个数 n 定义为线性表的长度，当 n=0 时，称为空表。线性表的长度是有限的，n 不能无穷大。线性表是包含 n 个具有相同特征的结点 a_1，a_2，…，a_n 构成的集合，表示为

$$(a_1, a_2, \cdots, a_i, \cdots, a_n)$$

其中，a_i(i=1, 2, …, n)是线性表中的数据元素，通常也称其为线性表中的一个结点，每个数据元素在不同情况下其具体含义各不相同，它可以是一个数字或一个字符，也可以是一个具体的事物，甚至是更复杂的信息。在这个集合中，除了 a_1 和 a_n 外，每个元素都有唯一的前件和后件。对于每个 a_i，它的前件是 a_{i-1}，它的后件是 a_{i+1}。a_1 只有后件没有前件，a_n 只有前件没有后件。

在非空表中每个数据元素都有一个确定的位置，如 a_1 是第一个数据元素，a_n 是最后一个数据元素，a_i 是第 i 个数据元素，称 i 为数据元素 a_i 在线性表中的位序。非空线性表有如下一些结构特征。

(1) 有且只有一个根结点，即结点 a_1，它无前件。

(2) 有且只有一个终端结点，即结点 a_n，它无后件。

(3) 除根结点与终端结点外，其他所有结点有且只有一个前件，也有且只有一个后件。

线性表具有如下特点：

(1) 同一性。线性表由同类数据元素构成，如线性表(a_1, …, a_i, …, a_n)中每一个 a_i 必须属于同一类数据类型。

(2) 有穷性。线性表由有限个数据元素组成，表的长度就是数据元素的个数，如线性表(a_1, …, a_i, …, a_n)元素个数为 n。

(3) 有序性。线性表相邻元素之间存在序列关系，如用(a_1, …, a_{i-1}, a_i, a_{i+1}, …, a_n)表示一个顺序表，则表中 a_{i-1} 领先于 a_i，a_i 领先于 a_{i+1}，称 a_{i-1} 是 a_i 的直接前驱元素，a_{i+1} 是 a_i 的直接后继元素。

2. 线性表的顺序存储结构

线性表在实际应用中是被广泛采用的一种数据结构，在逻辑结构上属于线性结构，有两种物理存储结构，分别是顺序存储结构和链式存储结构，而采用顺序存储结构是线性表最简单的方法。

线性表的顺序存储结构指的是用一段地址连续的存储单元依次存储线性表的数据元素。具体做法是：将线性表中的元素一个接一个地存储在一片相邻的存储区域中。这种顺序表示的线性表也称为顺序表。顺序表具有以下两个基本特征：

(1) 线性表中的所有元素所占的存储空间是连续的。

(2) 线性表中各数据元素在存储空间中是按逻辑顺序依次存放的。

假设线性表的每个元素需要占用 k 个存储单元，则其所占的存储位置 $ADR(a_{i+1})$ 和第 i 个数据元素的存储位置 $ADR(a_i)$ 之间满足下列关系：

$$ADR(a_{i+1})=ADR(a_i)+k$$

线性表第 i 个元素 a_i 的存储位置为

$$ADR(a_i)=ADR(a_1)+(i-1)\times k$$

式中，$ADR(a_i)$ 是线性表的第一个数据元素 a_1 的存储位置，通常称作线性表的起始位置或基址。

线性表的这种表示称作线性表的顺序存储结构或顺序映像，这种存储结构的线性表为顺序表。表中每一个元素的存储位置都和线性表的起始位置相差一个和数据元素在线性表中的位序成正比例的常

数，如图 7.2 所示。

存储地址　　　　　逻辑地址

$ADR(a_1)$　　　　　a_1

$ADR(a_1)+k$　　　　a_2

…　　　　　…

$ADR(a_1)+(i-1)x$　　a_i

…　　　　　…

$ADR(a_1)+(n-1)x$　　a_n

图 7.2　顺序表存储

由此只要确定了存储线性表的起始位置，线性表中任一数据元素都可以随机存取，所以线性表的顺序存储结构是一种随机存取的存储结构。

在程序设计语言中，通常定义一个一维数组来表示线性表的顺序存储空间。在用一维数组存放线性表时，该一维数组的长度比线性表的实际长度大一些，以便对线性表进行各种运算，特别是插入运算。在线性表的顺序存储结构下，可以对线性表作以下运算。

(1) 在线性表的指定位置处加入一个新的元素(即线性表的插入)；

(2) 在线性表中删除指定的元素(即线性表的删除)；

(3) 在线性表中查找某个(或某些)特定的元素(即线性表的查找)；

(4) 对线性表中的元素进行整序(即线性表的排序)；

(5) 按要求将一个线性表分解成多个线性表(即线性表的分解)；

(6) 按要求将多个线性表合并成一个线性表(即线性表的合并)；

(7) 复制一个线性表(即线性表的复制)；

(8) 逆转一个线性表(即线性表的逆转)。

3．线性表的插入运算

线性表的插入运算是指在表的第 $i(1 \leqslant i \leqslant n+1)$ 个位置上，插入一个新结点 x，使长度为 n 的线性表

$$(a_1, \cdots, a_{i-1}, a_i, \cdots, a_n)$$

变成长度为 n+1 的线性表

$$(a_1, \cdots, a_{i-1}, x, a_i, \cdots, a_n)$$

线性表的插入运算中，在第 i 个结点前插入一个新结点，则完成插入操作，主要有以下 3 个步骤。

(1) 把线性表中原来第 i 个节点至第 n 个结点依次往后移一个结点位置。

(2) 把新结点放在第 i 个位置上。

(3) 修正线性表的结点个数。

现在分析算法的复杂度。这里的问题规模是表的长度，设它的值为 n。该算法的时间主要花费在循环节点后移语句上，该语句的执行次数(即移动节点的次数)是 $n-i+1$。由此可看出，所需移动节点的次数不仅依赖于表的长度，而且还与插入位置有关。

当 i=n+1 时，由于循环变量的终值大于初值，结点后移语句将不进行。这是最好的情况，其时间复杂度为 O(1)；当 i=1 时，结点后移语句将循环执行 n 次，需移动表中所有结点。这是最坏的情况，

其时间复杂度为 O(n)。

由于插入可能在表中任何位置上进行，因此需分析算法的平均复杂度。

在长度为 n 的线性表中第 i 个位置上插入一个结点，令 Eis (n)表示移动结点的期望值(即移动的平均次数)，则在第 i 个位置上插入一个结点的移动次数为 n-i+1，p_i 表示在表中第 i 个位置上插入一个结点的概率，则有

$$Eis(n) = \sum_{i=1}^{n+1} p_i(n-i+1)$$

故不失一般性。假设在表中任何位置($1 \leqslant i \leqslant n+1$)上插入结点的机会是均等的，则有

$$p_1 = p_2 = p_3 = \cdots = p_{n+1} = 1/(n+1)$$

因此，在等概率插入的情况下，有

$$Eis(n) = \frac{1}{n+1} \sum_{i=1}^{n+1} (n-i+1) = \frac{n}{2}$$

因此，插入位置与需要移动的结点个数之间存在着一定的关系。在等概率插入的情况下，在顺序表上做插入运算，平均要移动表上一半的结点。当表长 n 较大时，算法的效率相当低。虽然 Eis (n)中 n 的系数较小，但就数量级而言，它仍然是线性级的。算法的平均时间复杂度为 O(n)。

由此可得，如果需要在线性表末尾进行插入运算，则只需在表的末尾增加一个元素即可，不需要移动线性表中的其他任何元素；如果在第一个元素之前插入新元素，则需要移动表中所有的元素；如果插入位置在第 i($1 \leqslant i \leqslant n$)个元素之前，则原来的第 i 个元素之后(包括第 i 个元素)的所有元素都必须移动。在一般情况下，要在线性表中插入一个新元素，则需要移动线性表中一半的元素。

4．线性表的删除运算

线性表的删除运算是指将表的第 i($1 \leqslant i \leqslant n$)个结点删除，使长度为 n 的线性表

$$(a_1, \cdots, a_{i-1}, a_i, a_{i+1}, \cdots, a_n)$$

变成长度为 n-1 的线性表

$$(a_1, \cdots, a_{i-1}, a_{i+1}, \cdots, a_n)$$

在线性表的删除运算中，删除第 i 个位置的元素，要从第 i+1 个元素开始，直到第 n 个元素之间，共有 n-i 个元素依次向前移动一个位置。完成删除运算操作主要有以下几个步骤。

(1) 把第 i 个元素之后(不包括第 i 个元素)的 n-i 个元素依次前移一个位置。

(2) 修正线性表的结点个数。

该算法的时间分析与插入算法相似，结点的移动次数也是由表长 n 和位置 i 决定的。若 i=n，则由于循环变量的初值大于终值，前移语句将不执行，无需移动结点；若 i=1，则前移语句将循环执行 n-1 次，需移动表中除开始结点外的所有结点。这两种情况下算法的时间复杂度分别为 O(1)和 O(n)。

删除算法的平均性能分析与插入算法相似。在长度为 n 的线性表中删除一个结点，令 Ede(n)表示所需移动结点的平均次数，删除表中第 i 个节点的移动次数为 n-i，p_i 表示删除表中第 i 个结点的概率，则有

$$Ede(n) = \sum_{i=1}^{n} p_i(n-i)$$

故不失一般性。假设在表中任何合法位置($1 \leqslant i \leqslant n$)上的删除结点的机会是均等的，则有

$$p_1=p_2=\cdots=p_n=1/n$$

因此，在等概率删除的情况下，有

$$Ede(n) = \frac{1}{n}\sum_{i=1}^{n}(n-i) = \frac{n-1}{2}$$

故在顺序表上做删除运算，平均要移动表中约一半的结点，平均时间复杂度也是 O(n)。

由此可得，如果删除运算在线性表的末尾进行，即删除第 n 个元素，则不需要移动线性表中的元素；如果要删除第 1 个元素，则需要移动表中的所有数据；一般情况下，要删除线性表中的一个元素，需要移动表中的(n − 1)/2 个元素。

7.1.4　栈和队列

1．栈的定义

栈(Stack)又名堆栈，它是一种特殊的线性表，即限定只能在表的一端进行插入与删除操作。在栈中，一端是封闭的，既不允许插入元素，也不允许删除元素；另一端是开口的，允许插入和删除元素。通常称允许插入和删除的一端称为栈顶，而不允许插入和删除的另一端称为栈底，处于栈顶位置的数据元素称为栈顶元素，处于栈底位置的数据元素称为栈底元素。当栈中没有元素时，称为空栈。

假设栈 S=(a_1，a_2，a_3，$\cdots$，a_n)，则 a_1 被称为栈底元素，a_n 为栈顶元素。栈中元素按 a_1，a_2，a_3，$\cdots$，a_n 的次序进栈，进栈的第一个元素 a_1 为栈底元素，出栈的第一个元素 a_n 为栈顶元素。也就是说，栈的操作是按后进先出的原则进行的，因此，栈也称为先进后出（First In Last Out，FILO）表或后进先出（Last In First Out，LIFO）表。栈结构示意图如图 7.3 所示。

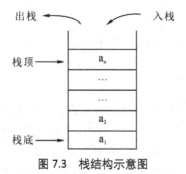

图 7.3　栈结构示意图

栈作为一种数据结构，是一种只能在一端进行插入和删除操作的特殊线性表。它按照"先进后出"或"后进先出"的原则组织数据，先进入的数据被压入栈底，最后进入的数据在栈顶，需要读数据的时候从栈顶开始弹出数据(最后一个数据被第一个读出来)。栈具有以下特点：

(1) 栈顶元素总是最后被插入的元素，也是最先被删除的元素。

(2) 栈底元素总是最先被插入的元素，也是最后才能被删除的元素。

(3) 栈具有记忆作用。

(4) 栈的插入和删除操作都不需要改变栈底指针。

(5) 栈顶指针 top 动态反映了栈元素的变化情况。

2．栈的顺序存储及其运算

由于栈是操作受限制的线性表，所以线性表的顺序存储结构和链式存储结构同样适用于栈，下面讨论栈的顺序存储结构及其运算。

1) 栈的顺序存储

栈的顺序存储结构称为顺序栈，可将逻辑上相邻的数据元素存储在物理上相邻的存储单元里。类似于顺序表的类型定义，顺序栈是用一个预设的足够长度的一维数组和一个记录栈顶元素位置的变量来实现的。

假设用一维数组 S(1：m)作为栈的顺序存储结构，其中 m 为栈的最大容量。通常定义指针变量 top 来指示栈顶元素在数组中的位置，指针 top 反映了栈的状态变化。当 top=0 时为空栈，当 top 等于数组的最大下标值 m 时则栈满。

2) 栈的基本运算

栈的基本运算有入栈、出栈、读栈顶元素等。

(1) 入栈运算。

入栈运算是指在栈顶位置插入一个新元素。入栈运算的基本步骤是：首先判断栈是否已满，若栈满(即 top=n)，出现上溢错误，则不能进行插入操作；否则，将栈顶指针加 1(即 top+1)；然后将新元素插入到栈顶指针指向的位置。

(2) 出栈运算。

出栈运算是指取出栈顶元素并赋给一个指定的变量。出栈运算的基本步骤是：首先判断栈是否为空，若为空(即 top=0)，出现下溢错误，则不能进行出栈操作；否则，将栈顶元素(栈顶指针指向的元素)赋给一个指定的变量，然后将栈顶指针减 1(即 top − 1)。

(3) 读栈顶元素运算。

读栈顶元素运算是指将栈顶元素赋给一个指定的变量。读栈顶元素并不删除栈顶元素，只是将它的值赋给一个变量，因此栈顶指针不会改变。当栈顶指针为 0 时，说明栈空，读不到栈顶元素。

3．队列的定义

队列是一种只允许在一端进行插入，而在另一端进行删除的线性表，它也是一种特殊的线性表。允许插入的一端称为队头，通常用一个头指针(front)指向头元素的前一个位置；允许删除的一端称为队尾，通常用一个尾指针(rear)指向队尾元素。队列的数据元素又称为队列元素，当队列中没有元素时称为空队列，往队列队尾插入一个元素称为入队，从队列的队头删除一个元素称为退队。

假设有队列 Q=(a₁, a₂, …, aₙ)，那么 a₁是队头元素，aₙ是队尾元素。队列中的元素按照 a₁, a₂, …, aₙ 的顺序进入，退出也只能是 a₁, a₂, …, aₙ 的顺序依次退出。因此队列又称为先进先出(First In First Out，FIFO)表，或后进后出(Last In Last Out，LILO)表。队列示意图如图 7.4 所示。

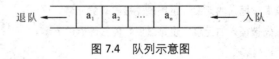

图 7.4　队列示意图

4．循环队列及其基本运算

在实际应用中，队列的顺序存储结构一般采用循环队列的形式。所谓循环队列，就是将队列存储空间的最后一个位置绕到第一个位置，形成逻辑上的环状空间，供队列循环使用。

在循环队列中，用队尾指针 rear 指向队列中的队尾元素，用队头指针 front 指向队头元素的前一个位置。因此，从队头指针 front 指向的后一个位置直到队尾指针 rear 指向的位置之间所有的元素均为队列中的元素。

循环队列的初始状态为空，即 rear=front=m，如图 7.5 所示。

图 7.5　循环队列初始状态示意图

由于入队时尾指针向前追赶头指针，出队时头指针向前追赶尾指针，故队空和队满时头尾指针均相等。因此，我们无法通过 front=rear 来判断队列"空"还是"满"。 在实际使用循环队列时，为了能区分是队列满还是队列空，通常还需增加一个标志 s，s 值的定义如下：

■ 当 s=0 时，表示队列空；

■ 当 s=1 且 front=rear 时，表示队列非空，即队满。

循环队列的基本运算有入队、退队等运算。

1) 入队运算

入队运算是指在循环队列的队尾加入一个新元素。首先将队尾指针加 1(即 rear=rear+1)，并当 rear=m+1 时置 rear=1；然后将新元素插入到队尾指针指向的位置。

当循环队列非空(s=1)且队尾指针等于队头指针时，说明循环队列已满，不能进行入队运算，这种情况称为"上溢"。

2) 退队运算

退队运算是指在循环队列的队头位置退出一个元素并赋给指定的变量。首先将队头指针加 1(即 front=front +1)，并当 front = m+1 时，置 front=1；然后将队头指针指向的元素赋给指定的变量。

当循环队列为空(s =0)时，不能进行退队运算，这种情况称为"下溢"。

7.1.5　线性链表

1．线性链表的基本概念

1) 线性链表

线性表的链式存储结构称为线性链表。为了适应线性链表的链式存储结构，计算机存储空间被划分为一个一个小块，每个小块占若干个字节，通常称这些小块为存储结点。线性链表的存储结构如图 7.6 所示。

图 7.6　线性链表存储结构

在线性链表中，第一个元素没有前件，指向链表中的第一个结点的指针是一个特殊的指针，称为这个链表的头指针(HEAD)。最后一个元素没有后件，因此，线性链表最后一个结点的指针域为空，用

NULL 或 0 来表示。当 HEAD 等于 NULL 或 0 时，称为空表。

对于线性链表，可以从头指针开始，沿着各个结点的指针扫描到链表中的所有结点。

2) 带链的栈

栈是一种特殊的线性表，也可以采用链式存储结构表示，把栈组织成一个单链表，称为带链的栈，如图 7.7 所示。在实际应用中，带链的栈可以用来收集计算机存储空间中所有空闲的存储结点，这种带链的栈称为可利用栈。当计算机系统需要存储结点时，退栈；当计算机系统释放存储结点时，入栈。

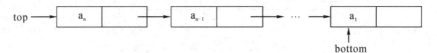

图 7.7　带链的栈

3) 带链的队列

队列也是一种特殊的线性表，与栈相似，队列也可以采用链式存储结构表示。带链的队列就是用一个单链表来表示队列，队列中的每一个元素对应链表中的一个结点。带链的队列如图 7.8 所示。

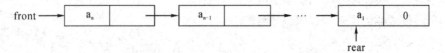

图 7.8　带链的队列

2. 线性链表的基本运算

线性链表的基本运算包括查找、插入和删除等运算。

1) 在线性表中查找指定元素

在对线性链表进行插入或删除的运算中，首先需要找到插入或删除的位置，这就需要对线性链表进行扫描查找，在线性链表中寻找包含指定元素的前一个结点。当找到包含指定元素的前一个结点后，就可以在该结点后插入新结点或删除该结点后的一个结点。

例如，在非空线性链表中寻找包含指定元素值 x 的前一个结点 p 的基本方法如下：

从头指针指向的结点开始往后沿指针进行扫描，直到后面已没有结点或下一个结点的数据域为 x 为止。在查找时，往往需要记录该结点的前一个结点。因此，由这种方法找到的节点 p 有两种可能：

(1) 当线性链表中存在包含元素 x 的结点时，找到的 p 为第一次遇到的包含元素 x 的前一个结点序号；

(2) 当线性链表中不存在包含元素 x 的结点时，找到的 p 为线性链表中的最后一个结点号。

2) 线性链表的插入

线性链表的插入是指在链式存储结构下的线性链表中插入一个新元素。为了要在线性链表中插入一个新元素，首先要给该元素分配一个新结点，以便用于存储该元素的值。新结点可以从栈中取得，然后将存放新元素值的结点链接到线性链表中指定的位置。例如，在线性链表中包含 x 的结点之前插入一个新元素 b。其插入过程如下：

(1) 可利用栈取得一个结点，设该结点号为 p(即取得结点的存储序号存放在变量 p 中)，并置结点 p 的数据域为插入的元素值 b。

(2) 在线性链表中寻找包含元素 x 的前一个结点，设该结点的存储序号为 q。

(3) 将结点 p 插入到结点 q 之后。为了实现这一步，只要改变两个结点的指针域内容即可。

■　使结点 p 指向包含元素 x 的结点(即结点 q 的后件结点)。

■　使结点 q 的指针域内容改为指向结点。

由线性链表的插入过程可以看出，由于插入的新结点取自于可利用栈，因此，只要可利用栈不空，在线性链表插入时总能取到存储插入元素的新结点，不会发生"上溢"的情况。而且，由于可利用栈是公用的，多个线性链表可以共享它，从而很方便地实现了存储空间的动态分配，不会造成存储空间的浪费。另外，线性链表在插入过程中不发生数据元素移动的现象，只要改变有关结点的指针即可，从而提高了插入的效率。

3) 线性链表的删除

为了在线性链表中删除包含指定元素的结点，首先要在线性链表中找到这个结点，然后将要删除结点放回到可利用栈。例如，在线性链表中删除包含元素 x 的结点，其删除过程如下：

(1) 在线性链表中寻找包含元素 x 的前一个结点，设该结点序号为 q。

(2) 将结点 q 后的结点 p 从线性链表中删除，即让结点 q 的指针指向包含元素 x 的结点 p 的指针指向的结点。

(3) 将包含元素 x 的结点 p 送回可利用栈。

从以上的删除操作可见，删除一个指定的元素，不需要移动其他的元素即可实现，这是顺序存储的线性表所不能实现的。同时，此操作还可更有效地利用计算机的存储空间。

3．双向链表

在单链表中，从某个结点出发可以直接找到它的直接后件，但无法直接找到它的直接前件。在数据查找时，单链表只能是一个方向，每次从头开始，会大大浪费时间，于是出现了双向链表的概念。

双向链表也称双链表，它的每个结点都设置两个指针，分别指向直接前件和直接后件。这两个指针，一个指针域存放前件地址，称为左指针(Llink)；一个指针域存放后件的地址，称为右指针(Rlink)。从双向链表中的任意一个结点开始，都可以很方便地找到它的前件结点和后件结点。双向链表如图 7.9 所示。

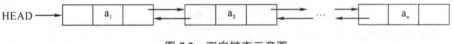

图 7.9　双向链表示意图

4．循环链表

从单链表可知，最后一个结点的指针域为 NULL，表示单链表已经结束。如果将单链表的第一个结点前增加一个表头结点，队头指针指向表头结点，最后一个结点的指针域的值由 NULL 改为存放表头结点的地址，使得整个链表形成一个环状链，称这样的链表为循环链表，如图 7.10 所示。

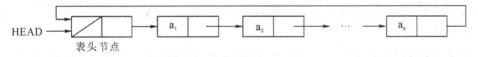

图 7.10　循环链表

由此可以看出，循环链表具有以下两个特点：

(1) 在循环链表中增加一个表头结点，其数据域为任意或者根据需要来设置，指针域指向线性表的第一个元素的结点，循环链表的头指针指向表头结点。

(2) 循环链表中最后一个结点的指针域不是空，而是指向表头结点，即在循环链表中，所有结点的指针构成了一个环状。

在循环链表中，只要指出表中任何一个结点的位置，就可以从它出发访问到表中其他所有的结点。由于在循环链表中设置了一个表头结点，因此，在任何情况下，循环链表中至少有一个结点存在，从而使空表的运算统一。

7.1.6　树与二叉树

1．树的基本概念

树是由 n(n≥0)个结点组成的有限集合。当 n=0 时，树称为空树；当 n>0 时，树中的结点应满足以下两个条件：

■ 有且仅有一个有直接后件，没有直接前件的结点，称为树的根；

■ 除根结点外，其余结点被分成 m(m>0)个互不相交的子集 T_1，T_2，…，T_m，每个子集又是一棵树，称 T_1，T_2，…，T_m 为根结点的子树。每棵子树的根结点有且仅有一个直接前件，但可以有 0 个或多个直接后件。

树的表示如图 7.11 所示。

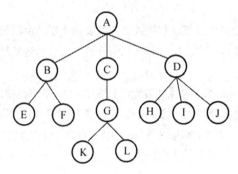

图 7.11　树的表示

在树的结构中，有以下几个概念。

(1) 在树结构中，每个结点只有一个前件，称为父结点，没有前件的结点只有一个，称为树的根结点，简称为树的根。在图 7.11 中，结点 A 是树的根，A、B、C、G 是父结点。

(2) 在树结构中，每一个结点可以有多个后件，它们都称为该结点的子结点。没有后件的结点称为叶子结点。图 7.11 中，E、F、H、I、J、K、L 是叶子结点。

(3) 在树结构中，每个结点所拥有的后件个数称为该结点的度，所有结点中最大的度称为树的度。图 7.11 中，结点 A 和 D 的度为 3，结点 B 和 G 的度为 2，结点 C 的度为 1，叶子结点 E、F、H、I、J、K、L 的度为 0，则树的度为 3。

(4) 树的最大层次称为树的深度。树是一种层次结构，在树结构中，一般定义树的根结点所在的层次为第 1 层，其他结点所在的层次为父结点所在的层次加 1。图 7.11 中，结点 A 在第 1 层，结点 B、C、D 在第 2 层，结点 E、F、G、H、I、J 在第 3 层，结点 K、L 在第 4 层，则树的深度为 4。

(5) 在树中，以某结点的子结点为根构成的树称为该结点的一棵子树。图 7.11 中，结点 A 有 3 棵子树，分别是 B、C、D；结点 B 有 2 棵子树，分别是 E、F。

2．二叉树

1) 二叉树的定义

二叉树(Binary Tree)是一种非线性结构，是 n(n≥0)个结点的有限集合，该集合或者为空集，或者由一个根结点和两棵互不相交的左右子树组成，并且左右子树都是二叉树。当集合为空时，称该二叉树为空二叉树。

二叉树不是树的特殊情况，它们是两个概念。二叉树具有以下特点：

- 二叉树可以为空，空的二叉树没有结点，非空二叉树有且只有一个根结点。
- 每一个结点最多有两棵子树，所以二叉树中不存在度大于 2 的结点。
- 二叉树的子树有左右之分，称为左子树或右子树，其次序不能任意颠倒。

2) 满二叉树与完全二叉树

满二叉树是指除最后一层外，每一层上的所有结点都有两个子结点的二叉树，如图 7.12 所示。即满二叉树在其第 k 层上有 2^{k-1} 个结点，深度为 m 的满二叉树有 2^m-1 个结点。

一棵深度为 k，具有 n 个结点的二叉树，当且仅当其每一个结点都与深度为 k 的满二叉树中编号从 1 至 n 的结点一一对应时，称之为完全二叉树，如图 7.13 所示。

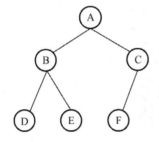
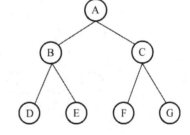

图 7.12　满二叉树　　　　　　图 7.13　完全二叉树

完全二叉树除最后一层之外，每一层上的结点数均达到了最大值，在最后一层上只缺少右边的若干个结点。结点的排列顺序遵循从上到下、从左到右的规律。所谓从上到下，表示本层结点数达到最大后，才能放入下一层。从左到右，表示同一层结点必须按从左到右排列，若左边空一个位置时不能将结点放入右边。

完全二叉树是由满二叉树而引出的，满二叉树一定是完全二叉树，完全二叉树不一定是满二叉树。完全二叉树具有如下特点：

- 叶子结点只可能在最后两层出现。
- 对任一结点，如果其右子树的最大层次为 m，则其左子树的最大层次为 m 或 m+1。

3) 二叉树的性质

性质 1：在二叉树的第 k 层上，最多有 $2^{k-1}(k≥1)$个结点。例如，图 7.12 所示一棵 3 层二叉树，第 2 层(k=2)，有 2^{2-1}=2 个结点；第 3 层(k=3)，有 2^{3-1}=4 个结点。

性质 2：深度为 m 的二叉树最多有 $2^m-1(m≥1)$个结点。例如，图 7.12 所示的二叉树的深度为 3，有 2^3-1=7 个结点。

性质 3：在任意一棵二叉树中，度为 0 的结点(即叶子结点)总是比度为 2 的结点多一个。 如果叶子结点数为 n_0，度为 2 的结点数为 n_2，则 $n_0=n_2+1$。例如，图 7.13 所示的二叉树度为 2 的结点有 A、B、C 共 3 个，度为 0 的结点有 D、E、F、G 共 4 个，度为 0 的结点比度为 2 的结点多一个。

性质 4：具有 n 个结点的二叉树，其深度至少为[lbn]+1。其中[lbn]表示取 lbn 的整数部分。

性质 5：在完全二叉树中，具有 n 个结点的完全二叉树的深度为[lbn]+1，其中[lb_2n]表示取 lbn 的整数部分。例如，图 7.14 所示是具有 12 个结点的完全二叉树，其深度为[lb12]+1=4。

性质 6：设完全二叉树共有 n 个结点。如果从根结点开始，按层序(每一层从左到右)用自然数 1，2，3，…n 给结点进行编号。对于编号为 k(k=1，2，3，…，n)的结点有以下结论。

① 若 k=1，则该结点为根结点，它没有父结点；若 k>1，则编号为 k 的结点的父结点为[k/2]。

② 若 2k≤n，则编号为 k 的结点的左子结点编号为 2k，否则该结点无左子结点，当然也没有右子结点。

③ 若 2k+1≤n，则编号为 k 的结点的右子结点编号为 2k+1，否则该结点无右子结点。

例如，图 7.14 所示的完全二叉树，深度为 4，当 k=1 时，是树的根，无父结点；其左子结点为 2*k=2，右子结点为 2*k+1=3 。当 k=6 时，其父结点为[k/2]= 3；其左子结点为 2*k=12；因为 2*k+1=13>12，所以该结点无右子结点。当 k=9 时，其父结点为[k/2]=4；因 2*k=18>12，2*k+1=19>12，所以该结点无左、右子结点。

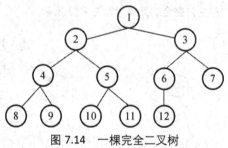

图 7.14　一棵完全二叉树

4) 二叉树的存储结构

常见的二叉树的存储结构有两种：顺序存储结构和链式存储结构。

(1) 顺序存储结构。顺序存储结构是指用一组连续的存储单元存放二叉树中的结点。一般按照二叉树结点从上至下、从左至右的顺序存储。

(2) 链式存储结构。链式存储结构是指用链表来表示一棵二叉树，即用链来指示元素的逻辑关系。

对于完全二叉树，采用顺序存储结构比较方便，但对于非完全二叉树，采用顺序存储结构空间浪费很大，所以通常采用链式存储结构。

链表中用于存储二叉树中元素的存储结点由数据域、左指针域和右指针域三个域组成，数据域用于存放结点的数据信息，左右指针域分别给出该结点左子树和右子树所在链结点的存储地址。二叉树结点的存储结构如图 7.15 所示。

左指针域	数据域	右指针域
Lchild	Data	Rchild

图 7.15　二叉树结点的存储结构

5) 二叉树的遍历

遍历是树形结构的一种重要运算。二叉树的遍历是指不重复地访问二叉树中的所有结点，每个结点仅被访问一次。在遍历二叉树的过程中，要遵循某种次序，一般先遍历左子树，再遍历右子树。按照这种原则，根据访问根结点的次序不同，二叉树的遍历可分为 3 种：前序遍历(DLR)、中序遍历(LDR)和后序遍历(LRD)。

(1) 前序遍历。

前序遍历是指在访问根结点、遍历左子树与遍历右子树这三者中，首先访问根结点，然后遍历左子树，最后遍历右子树，并且在遍历左右子树时，仍然先访问根结点，然后遍历左子树，最后遍历右子树。

(2) 中序遍历。

中序遍历是指在访问根结点、遍历左子树与遍历右子树这三者中，首先遍历左子树，然后访问根结点，最后遍历右子树，并且在遍历左、右子树时，仍然先遍历左子树，然后访问根结点，最后遍历右子树。

(3) 后序遍历。

后序遍历是指在访问根结点、遍历左子树与遍历右子树这三者中，首先遍历左子树，然后遍历右子树，最后访问根结点，并且在遍历左、右子树时，仍然先遍历左子树，然后遍历右子树，最后访问根结点。

提示

> 如果已知一棵二叉树的前序遍历序列和中序遍历序列，可以唯一确定这棵二叉树；已知一棵二叉树的后序遍历序列和中序遍历序列，也可以唯一确定这棵二叉树；已知一棵二叉树的前序遍历序列和后序遍历序列，不能唯一确定这棵二叉树。

【例 7-1】根据如图 7.16 所示的一棵二叉树，写出对应的遍历序列。

对二叉树进行前序遍历的序列为：ABDGEHCF；

对二叉树进行中序遍历的序列为：GDBEHACF；

对二叉树进行后序遍历的序列为：GDHEBFCA。

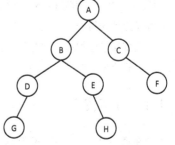

图 7.16　二叉树的结构

7.1.7　查找技术

查找是指在一个给定的数据结构中查找某个指定的元素，若找到了满足条件的元素，则称查找成功，否则称查找失败。查找是数据处理中的重要环节，一般认为查找的效率将直接影响到数据处理的效率。衡量一个查找算法的主要标准是查找过程中对被查元素进行的平均比较次数。通常，根据不同的数据结构，应采用不同的查找方法。常见的查找方法有两种：顺序查找和二分查找。

1．顺序查找

顺序查找也称线性查找，一般是指在线性表中查找指定的元素。它是一种最简单、最基本的查找技术。其基本思想是：从线性表的一个元素开始，依次将线性表中的元素与被查元素进行比较，若相等，则表示查找成功；若将所有元素都与被查元素进行比较，但不相等，则查找失败。

顺序查找有以下三种情况：

■ 最好的情况：查找的元素是线性表的第一个元素，则只比较 1 次。

■ 最坏的情况：查找的元素是线性表的最后一个元素或者在线性表中根本没有查找到的元素，则需要与线性表中的所有元素比较，比较次数为 n 次。

■ 平均情况：查找时需要与线性表中一半的元素进行比较，比较次数为 n/2 次。

对于庞大的线性表来说，顺序查找的效率是很低的，但是在下列两种情况下只能采用顺序查找：

(1) 线性表是无序表，即表中元素的排列是无序的，无论是顺序结构还是链式结构，都只能用顺序查找；

(2) 即使是有序线性表，如果采用链式存储结构，也只能用顺序查找。

2. 二分查找

二分查找也称折半查找，它是一种效率较高的查找方法。但二分查找的线性表必须满足以下两个条件：

■ 线性表采用的是顺序存储结构；

■ 线性表是有序表，即线性表中的元素值按非递减排列(即从小到大排列，但允许相邻元素相等)。

二分查找的基本思想是：先将被查元素与线性表中间位置的元素比较，若相等则查找成功；否则从中间位置将线性表分为前、后两个子表，如果被查元素小于中间元素，则进一步查前一子表，否则进一步查后一子表。重复上述过程，直至查找成功或子表长度为 0，查找失败。

设有序线性表的长度为 n，被查找的元素为 x，则利用二分查找法查找的过程如下：

(1) 将 x 与线性表中的中间项进行比较；

(2) 若中间项的值等于 x，则查找成功，查找结束；

(3) 若 x 小于中间项的值，则在线性表的前半部分(即中间项以前的部分)以相同的方法继续查找；

(4) 若 x 大于中间项的值，则在线性表的后半部分(即中间项以后的部分)以相同的方法继续查找。

顺序查找法每一次查找，只将查找范围减小 1，而二分查找法，每一次查找范围减少为原来的一半，大大提高了查找效率。对于长度为 n 的有序线性表，在最坏情况下，顺序查找需要比较 n 次，则二分查找只需要比较 lbn 次。

7.1.8　排序技术

排序是指将一个无序序列整理成按值递减(或递增)顺序排列的有序序列。排序的对象一般是顺序存储的线性表。根据排序序列的规模以及数据处理的要求，可以采用不同的排序方法。

1. 交换类排序法

交换类排序法是指借助数据元素之间的相互交换进行排序的一种方法。典型交换类排序法有两种：冒泡排序法和快速排序法。

1) 冒泡排序法

冒泡排序法是交换排序中一种简单的方法，基本思想是：通过两两相邻数据元素之间的依次比较和交换，逐步将线性表的所有数据元素变成有序。

冒泡排序的具体方法如下：

(1) 比较相邻的两个数据元素，如果前一个数据元素比后一个数据元素大，则交换它们。

(2) 第一趟排序将第一个和第二个组成一对并比较大小，如果第一个大于第二个，则将它们交换，随后第二个和第三个组成一对、比较并交换，这样直到倒数第二个和最后一个，将最大的数移动到最后一位。

(3) 除了最后一个元素外，对剩余所有元素重复以上的步骤。

冒泡排序是相邻的两个元素进行比较，交换也发生在这两个元素之间。如果两个元素相等，是不会再交换的；如果两个相等的元素没有相邻，那么即使通过前面的两两交换使两个元素相邻，这时候也不会交换，因为相同元素的前后顺序并没有改变，所以冒泡排序法是一种稳定的排序算法。假设线性表的长度为 n，则在最坏情况下，第一趟需要比较 n－1 次，第二趟需要比较 n－2 次，依次类推，得出冒泡排序需要比较的次数为 n(n－1)/2。

2) 快速排序法

快速排序法是对冒泡排序法的一种改进，基本思想是：通过一趟排序将要排序的数据分割成独立的两部分，其中一部分的所有数据都比另外一部分的所有数据小，然后再按此方法对这两部分数据分别进行快速排序，整个排序过程可以递归进行，以此达到整个数据变成有序序列。

快速排序算法通过多次比较和交换来实现排序，其排序流程如下：

(1) 先设定一个分界值，通过该分界值将线性表分成左右两部分。

(2) 将大于或等于分界值的数据集中到线性表右边，小于分界值的数据集中到线性表的左边。此时，左边部分各元素都小于或等于分界值，而右边部分各元素都大于或等于分界值。

(3) 对于左侧的线性表数据，又可以取一个分界值，将该部分数据分成左右两部分，同样在左边放置较小值，右边放置较大值。右侧的线性表数据也可以做类似处理。

(4) 重复上述过程，通过递归将左侧部分排序好后，再递归排好右侧部分的顺序。当左、右两个部分各数据排序完成后，整个数组的排序也就完成了。

快速排序有两个方向，在每次排序过程中，都会将前面元素的稳定性打乱，所以快速排序是一种不稳定的排序算法。假设线性表的长度为 n，先设定一个分界值，依次进行比较，把数据元素分成前 (n－1)/2 序列和后 (n－1)/2 序列；又分别在前后序列设定分界值，依次进行比较。依次类推，则在最坏情况下，快速排序也能比较 n(n－1)/2 次，实际的排序效率比冒泡排序法高得多。

2. 插入类排序法

插入排序法是一种简单直观的排序算法，它是指将无序列表中的各元素依次插入到已经有序的线性表中。插入排序适用于少量元素的排序，典型的插入类排序有：简单插入排序法和希尔排序法。

1) 简单插入排序法

简单插入排序法也称直接插入排序法，是最简单的排序算法。基本思想是：每次将一个待排序的元素，按其元素值的大小插入到前面已排序好的子表中的适当位置，直到全部元素插入完为止。

简单插入排序的过程是：把 n 个待排序的元素看成是一个有序表和一个无序表，开始时，有序表只包含一个元素，而无序表包含 n－1 个元素，每次取无序表中的一个元素插入到有序表中的正确位置，使之成为增加一个元素的新的有序表。插入元素时，插入位置及其后的记录依次向后移动。最后有序表的长度为 n，无序表为空，此时排序完成。

简单插入排序法每次比较后最多移动一个元素，排序效率与冒泡排序相同，所以简单插入排序是一种稳定的排序算法。假设线性表的长度为 n，则在最坏情况下，简单插入排序需要比较 n(n − 1)/2 次。

2) 希尔排序法

希尔排序法是由 D.L.Shell(希尔)于 1959 年提出而得名的，它是简单插入排序法的改进，基本思想是：将整个无序序列分割成若干个小的子序列并分别进行插入排序。

希尔排序过程是：先取一个整数(称为增量)$d_1<n$，把所有数据元素分成 d_1 个组，将所有相隔增量 d_1 的元素放一组，组成一个子序列，对每个子序列分别进行简单插入排序；然后取 $d_2<d_1$，重复上述分组和排序操作，直至 $d_i=1$，即所有记录放进一个组中排序为止。

希尔排序法中相同的元素可能在各自的插入排序中移动，使其稳定性被打乱，所以希尔排序是不稳定的排序算法。希尔排序的效率与所选取的增量序列有关，当刚开始元素很无序的时候，增量最大，所以插入排序的元素个数很少，速度很快；当元素基本有序了，增量很小，插入排序对于有序的序列效率很高，在最坏情况下，希尔排序法需要比较的次数是 $n^r(1<r<2)$。

3. 选择类排序法

选择类排序法是一种简单直观的排序算法，基本思想是从待排序序列中找到最小元素，将它交换到前面已排好的有序序列后面，直到全部元素排序完成。下面介绍选择类排序法中的简单选择排序法和堆排序法。

1) 简单选择排序法

简单选择排序法的基本思想是：先从待排序的数据元素中选出最小的一个元素，存放在序列的起始位置，然后再从剩余的未排序元素中寻找到最小元素，放到已排序的序列后面。以此类推，直到全部待排序的数据元素的个数为零。

在简单选择排序中，如果当前元素比一个元素小，而该小的元素又出现在一个和当前元素相等的元素后面，那么交换后稳定性就被破坏了，所以，简单选择排序法是不稳定的排序算法。简单选择排序过程中需要进行的比较次数与初始状态下待排序的数据元素的排列情况无关。假设线性表的长度为 n，第一次找出最小元素需要比较 n − 1 次，第二次在剩余元素中找出最小元素需要比较 n − 2 次，以此类推，共需要进行的比较次数是(n − 1)+(n − 2)+⋯+2+1=n(n − 1)/2。

2) 堆排序法

堆是一种特殊的数据结构，通常是指一个可以被看作一棵树的数组对象，具体定义是：有 n 个元素的序列{k_1, k_2, k_i, ⋯, k_n}，当且仅当满足下列条件时，称之为堆。

$$k_i\leq k_{2i} \text{且} k_i\leq k_{2i+1} \quad \text{或} \quad k_i\geq k_{2i} \text{且} k_i\geq k_{2i+1}$$

其中，i=1, 2, 3, …, n/2。堆可以分为大根堆和小根堆，所有结点的值都大于或等于左右子结点的值，称为大根堆；所有结点的值都小于或等于左右子结点的值，称为小根堆。

堆排序是一种树形选择排序方法，是简单选择排序的改进算法。基本思想是：将待排的 n 个元素构造成一个大根堆(升序用大根堆，降序用小根堆)，此时，序列的最大值就是大根堆的根结点，将大根堆的根结点与堆中最后一个元素交换,则末尾为最大值;然后将剩余 n − 1 个元素重构一个新大根堆，重复上面步骤，直到所有元素有序为止。

堆排序的交换过程是不连续的，所以堆排序是不稳定的排序算法。堆排序的整个过程中充分利用了二分思想，它的最好、最坏和平均比较次数都是 O(nlbn)。

7.2　程序设计基础

7.2.1　程序设计方法与风格

程序设计是指用某种程序设计语言进行程序设计、编制、调试的过程，程序设计方法有面向过程的结构化程序设计和面向对象的程序设计。

程序设计风格是指编写程序时所表现出的特点、习惯和逻辑思路。在程序设计中要使程序结构合理、清晰，形成良好的编程习惯，程序不仅仅是能在机器上执行，还要便于测试和维护。

要形成良好的程序设计风格，主要应注重和考虑下述一些因素：

(1) 源程序文档化：用便于程序功能理解的符号命名；以便于读者理解程序的注释。

(2) 数据说明方法：数据说明次序规范；变量安排有序；复制数据结构添加注释。

(3) 语句的结构：不要一行多个语句；不同层次的语句采用缩进形式，使程序的逻辑结构和功能特征更加清晰；要避免复杂的判定条件，避免多重的循环嵌套。

(4) 输入和输出：输入操作步骤和格式简单；对输入数据要检验数据的合法性；交互式输入时，提供可用的选择和边界值；输入一批数据时，最好使用输入结束标志。

7.2.2　结构化程序设计

结构化程序设计方法是按照模块划分原则以提高程序可读性和易维护性、可调性和可扩充性为目标的一种程序设计方法。

1．结构化程序设计的原则

结构化程序设计的主要原则可以概括为自顶向下，逐步求精，模块化，限制使用 goto 语句。

(1) 自顶向下。程序设计时，应先考虑总体，后考虑细节；先考虑全局目标，后考虑局部目标。不要一开始就过多追求众多的细节，先从最上层总目标开始设计，逐步使问题具体化。

(2) 逐步求精。对复杂问题，应设计一些子目标作过渡，逐步细化。

(3) 模块化。一个复杂问题，肯定是由若干稍简单的问题构成的。模块化是把程序要解决的总目标分解为分目标，再进一步分解为具体的小目标，把每个小目标称为一个模块。

(4) 限制使用 goto 语句。goto 语句是有害的，程序的质量与 goto 语句的数量呈反比。

2．结构化程序设计的基本结构

采用结构化程序设计方法编写的程序结构清晰，易于阅读、测试、排错和修改。结构化程序设计有 3 种基本结构，即顺序结构、选择结构和循环结构，其流程如图 7.17 所示。

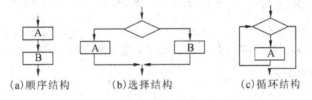

(a)顺序结构　　　(b)选择结构　　　(c)循环结构

图 7.17　程序设计基本结构

(1) 顺序结构。顺序结构是简单的程序设计，它是最基本、最常用的结构，所谓顺序执行，就是按照程序语句行的自然顺序，一条语句一条语句地执行程序。

(2) 选择结构。选择结构又称为分支结构，它包括简单选择结构和多分支选择结构，这种结构可以根据设定的条件，判断应该选择哪一条分支来执行相应的语句序列。

(3) 循环结构。循环结构又称为重复结构，它根据给定的条件，判断是否需要重复执行某一相同的或类似的程序段，利用循环结构可简化大量的程序行。循环结构又分为两类：一是先判断后执行的称为当型循环，二是先执行后判断的称为直到型循环。

7.2.3 面向对象程序设计

1．面向对象程序设计方法简介

面向对象程序设计方法是主张从客观世界固有的事物出发来构造系统，使得软件的开发方法与过程尽可能地接近人类认识世界、解决现实问题的方法和过程，也使得描述问题的问题空间与解决问题的方案空间在结构上尽可能一致，把客观世界中的实体抽象为问题域中的对象。

面向对象程序设计方法有以下几个方面的优点：

(1) 与人类思维习惯一致：主要强调模拟现实世界中的概念而不强调算法。

(2) 稳定性好：当对系统功能的需求发生变化时并不会引起软件结构的整体变化，往往仅需要作一些局部性的修改即可。

(3) 可重用性好：传统算法中的重用技术是利用标准库函数；在面向对象方法中有两种方法可以重复使用一个对象类，一是创建该类的实例，二是继承。

(4) 易于开发大型软件产品。

(5) 可维护性好：软件性能稳定，便于测试和调试。

2．面向对象程序设计方法的基本概念

面向对象程序设计方法主要包括：对象、类和实例、消息、继承、多态性等概念，通过这些概念面向对象的思想得到了具体的体现。

1) 对象

对象是面向对象方法中最基本的概念，可以用来表示客观世界中的任何实体，它既可以是具体的物理实体的抽象，也可以是人为的概念，或者是任何有明确边界和意义的东西。对象由属性和方法组成，属性即对象的特征描述，方法即对象所能执行的功能或具有的行为。

2) 类和实例

将属性、操作相似的对象归为类，也就是说，类是具有共同属性、共同方法的对象的集合。所以，类是对象的抽象，它描述了属于该对象类型的所有对象的性质，而一个对象则是其对应类的一个实例。

3) 消息

消息是指一个实例与另一个实例之间传递的信息，它请求对象执行某一处理或回答某一要求的信息，统一了数据流和控制流。

4) 继承

继承是一种在多个类之间共享属性和操作的机制，它是使用已有的类定义作为基础建立新的类定

义的技术。使用已经定义好的类来定义一个新类，原类与新类的关系是一般类与特殊类的关系、被继承与继承的关系。

5) 多态性

对象根据所接收的消息而做出动作，同样的消息被不同的对象接收时可导致完全不同的行为，该现象称为多态性。在面向对象的软件技术中，多态性是指类对象可以像父类对象那样使用，同样的消息既可以发送给父类对象也可以发送给子类对象。

7.3　软件工程基础

7.3.1　软件工程的基本概念

1．软件的概念

软件是程序、数据及与程序相关的文档的集合。程序是软件开发人员为解决某一具体问题，使用程序设计语言编写的能被计算机识别和执行的有序指令的集合。数据是程序能正常运行的数据结构。文档是与程序开发、维护和使用相关的图文资料的总称。其中程序和数据是计算机可执行的，文档是计算机不能执行的。

计算机软件根据功能分为系统软件、应用软件和介于两者之间的中间软件(支持软件)。

(1) 系统软件：系统软件是计算机管理自身资源，提高计算机使用效率并为计算机用户提供各种服务的软件。例如，操作系统、数据库管理系统、编译程序等都是系统软件。

(2) 应用软件：应用软件是为解决特定领域的应用而开发的软件。例如，办公软件 Office、设计软件 AutoCAD、网页制作软件 Dreamweaver 等都是应用软件。

(3) 支持软件：支持软件是介于两者之间，协助用户开发软件的工具性软件。例如，计划进度管理软件、过程控制工具软件。

2．软件生命周期

软件生命周期又称为软件生存周期或系统开发生命周期，是指从软件开始产生到报废的整个过程，一般包括问题定义、可行性分析、需求分析、总体设计、详细设计、程序编码、软件测试和运行维护八个阶段。

(1) 问题定义。问题定义就是确定要解决的问题，通过对用户的访问调查，得出一份双方都满意的关于问题性质、工程目标和规模的书面报告。

(2) 可行性分析。可行性分析就是分析上一个阶段所确定的问题到底是否可行，对系统进行更进一步的分析，更准确、更具体地确定工程规模与目标，论证在经济上和技术上是否可行，从而在理解工作范围和代价的基础上做出软件计划。

(3) 需求分析。需求分析就是对用户要求进行具体分析，明确目标系统要做什么，把用户对软件系统的全部要求以需求说明书的形式表达出来。

(4) 总体设计。总体设计就是把软件的功能转化为所需要的体系结构，也就是决定系统的模块结构，并给出模块的相互调用关系、模块间传达的数据及每个模块的功能说明。

(5) 详细设计。详细设计就是决定模块内部的算法与数据结构，也是明确具体怎样实现这个系统。

(6) 程序编码。程序编码就是选取适合的程序设计语言对每个模板进行编码，并进行模块调试。

(7) 软件测试。软件测试就是通过各种类型的测试使软件达到预定的要求。

(8) 运行维护。运行维护就是软件交付给用户使用后，对软件不断查错、纠错和修改，使系统持久地满足用户的需求。

3. 软件工程

软件工程(Software Engineering，SE)是一门研究用工程化方法构建和维护有效的、实用的和高质量的软件的学科。它涉及程序设计语言、数据库、软件开发工具、系统平台、标准、设计模式等方面。

软件工程是研究和应用系统性的、规范化的、可定量的过程化方法去开发和维护软件，以及把经过时间考验而证明正确的管理技术和当前能够得到的最好的技术方法结合起来。它借鉴了传统工程的原则和方法，以求高效地开发高质量软件。应用计算机科学和数学构造模型与算法，借鉴工程科学用于制定规范、设计范型、评估成本及确定权衡，把管理科学用于计划、资源、质量和成本的管理。

软件工程包含三个要素：方法、工具和过程。软件工程的方法是完成软件工程项目的技术手段，它包括了多方面的任务，如项目计划与估算、软件系统需求分析、系统总体结构的设计、算法过程的设计、编码、测试以及维护等。软件工具为软件工程方法提供了自动的或半自动的软件支撑环境，目前，已经推出了许多软件工具，这些软件工具集成起来，建立起计算机辅助软件工程(CASE)的软件开发支撑系统。CASE 将各种软件工具、开发机器和一个存放开发过程信息的工程数据库组合起来形成一个软件工程环境。软件工程的过程则是支持软件开发的各个环节的控制和管理。过程定义了方法使用的顺序、要求交付的文档资料、为保证质量和协调变化所需要的管理及软件开发各个阶段完成的标志。

7.3.2 结构化方法

结构化方法(Structured Method)是一种传统的软件开发方法，它的基本思想是把一个复杂问题的求解过程分阶段进行，而且这种分解是自顶向下，逐层分解的，使得每个阶段处理的问题都控制在人们容易理解和处理的范围内。结构化方法由结构化分析方法、结构化设计方法和结构化程序设计方法三部分有机组合而成。

1. 结构化分析方法

结构化分析方法是以自顶向下，逐步求精为基点，以一系列经过实践的考验被认为是正确的原理和技术为支撑，以数据流图、数据字典、结构化语言、判定表、判定树等图形表达为主要手段，强调开发方法的结构合理性和系统的结构合理性的软件分析方法。

结构化分析方法一般利用图形来表达用户需求，常用的工具有数据流图、数据字典、判定树与判定表。

1) 数据流图

数据流图(Data Flow Diagram, DFD)是描述数据处理过程、一种用图形表示逻辑系统模型的工具。它从数据传递和加工的角度来刻画数据流从输入到输出的移动变换过程。数据流图中的主要图形元素及说明如表 7.1 所示。

表 7.1　数据流图中的主要图形元素及说明

图形符号	名　称	说　明
→	数据流	是一组沿箭头方向传递的数据，箭头方向表示数据的流向
○	加工	又称转换，表示数据处理，即输入数据经过加工变换产生输出
═	存储文件	表示处理过程中存放各种数据的文件
▭	数据源点/终点	系统之外的实体，指出数据起源地或数据的目的地

2) 数据字典

数据字典(Data Dictionary, DD)是结构化分析方法的核心，是对数据流图中出现的被命名的图形元素的确切解释，通常包含的信息有名称、别名、使用、内容描述与补充信息等。

3) 判定树

使用判定树进行描述时，应先从问题定义的文字描述中分清哪些是判定的条件，哪些是判定的结论，根据描述材料中的连接词找出判定条件之间的从属关系、并列关系、选择关系，并根据它们构造判定树。

4) 判定表

判定表是分析和表达多逻辑条件下执行不同操作的情况的工具。判定表由基本条件、条件项、基本动作和动作项 4 个部分组成。

2．结构化设计方法

结构化设计方法为软件设计人员提供了一系列在模块层上进行设计的原理与技术。它通常与结构化分析方法衔接起来使用，以数据流图为基础得到软件的模块结构。

1) 软件设计的概念

软件设计就是从软件需求规格说明书出发，把软件需求转化为软件的具体设计过程。软件设计的基本目标是用比较抽象概括的方式确定目标系统如何完成预定的任务，也就是说软件设计是确定系统的物理模型。

软件设计是开发阶段最重要的步骤，从工程管理角度分析，软件设计可以分两步完成，即概要设计和详细设计；从技术观点分析，软件设计包括软件结构设计、数据设计、接口设计和过程设计。

软件设计遵循软件工程的基本目标和原理，其遵循的基本原理有抽象、模块化、信息隐藏以及模块独立性。

2) 概要设计

概要设计也称总体设计，是把系统的功能需求分配给软件结构，形成软件的模块结构图。概要设计主要包括这几个方面：设计软件系统结构；设计数据结构及数据库；编写概要设计文档；概要设计文档的审评。

3) 详细设计

详细设计的任务是为软件结构图中的每个模块确定实现算法和局部数据结构，用某种选定的表达工具表示算法和数据结构的细节。常见的详细设计工具有图形工具，如程序流程图(PFD)、N-S 图、PAD 图、HIPO 图；表格工具，如判定表；语言工具，如过程设计语言 PDL。

7.3.3 软件测试

软件测试(Software Testing)是指在规定的条件下对程序进行操作,以发现程序错误,衡量软件质量,并对其是否能满足设计要求进行评估的过程。简单地说,软件测试是一种实际输出与预期输出之间的审核或者比较过程。软件测试是保证软件质量的重要手段。

1. 软件测试方法

软件的测试方法多种多样,以测试过程中程序执行状态为依据可分为静态测试和动态测试;以具体实现算法细节和系统内部结构的相关情况为依据可分为黑盒测试和白盒测试。

1) 静态测试

静态测试是指被检查的程序不运行,只是通过人工进行分析和检查程序语句、结构、过程等是否有错误,即通过对软件的结构分析和流程图分析,检查代码错误、测试运算方式和算法的正确性等。

2) 动态测试

动态测试主要检测软件运行中出现的问题,就是通常说的上机测试,通过运行软件来检验软件中的动态行为和运行结果的正确性。

3) 黑盒测试

黑盒测试又称功能测试,是对软件已经实现的功能是否满足需求进行测试和验证。黑盒测试是将测试程序看作一个黑盒子,不考虑程序内部的逻辑结构和内部特征,只依据程序的需求和功能规格说明书进行测试,检查程序的功能是否能够按照规范说明准确无误地运行。

黑盒测试方法主要用于软件确认测试,其主要测试方法和技术有等价类划分法、边界分析法、错误推测法、因果图等。

4) 白盒测试

白盒测试又称结构测试,是在程序内部进行的,主要用于检查各个逻辑结构是否合理,对应的模块独立路径是否正常以及内部结构是否有效。白盒测试是将测试程序看作一个打开的盒子,根据软件产品的内部工作过程,检查内部成分,以确认每种内部操作符合设计规格要求。

白盒测试主要完成软件内部操作的验证,常用的测试方法有逻辑覆盖和基本路径测试等。

2. 软件测试的实施

软件测试是在软件设计及程序编码之后、软件运行之前进行最为合适。测试人员在软件开发过程中执行寻找问题、避免软件开发过程中的缺陷、关注用户的需求等任务,所以作为软件开发人员,软件测试要嵌入在整个软件开发的过程中。软件测试的具体实施过程分为 4 个步骤,依次是单元测试、集成测试、系统测试和验收测试。

1) 单元测试

单元测试也称模块测试。模块是软件设计的最小单位,单元测试是将软件分解成各个模块,对模块进行正确性检验,通过测试以发现各模块内部可能存在的编码错误和功能不符合的情况。

单元测试主要在程序编码阶段进行,依据源程序和详细设计说明书,检查各模块可能存在的错误和不足。由于模块功能单一、结构简单,可采用静态测试进行代码审查、模块分析;然后采用动态测试,以白盒测试法测试结构,以黑盒测试法测试功能。

2）集成测试

集成测试也称组装测试，它是把模块按照程序设计要求和标准组装起来同时进行测试，主要目的是明确程序结构组装的正确性，发现和接口有关的问题。

集成测试是软件测试的第二阶段，主要发现设计阶段产生的错误，通常采用黑盒测试，测试依据是概要设计说明书。集成测试时将模块组装成程序通常采用两种方法：非增量方式组装(一次组装在一起再进行整体测试)和增量方式组装(边连接边测试)。

3）系统测试

系统测试是将软件作为整个计算机系统的一个元素，与计算机硬件、外设、支持软件、数据和人员等其他系统元素组合在一起，在实际运行环境下对计算机系统进行一系列的测试，包括健壮性测试、性能测试、功能测试、安装或反安装测试、用户界面测试、压力测试、可靠性及安全性测试等。为了有效保证这一阶段测试的客观性，必须由独立的测试小组来进行相关的系统测试，通常采用黑盒测试。

4）验收测试

验收测试是最后一个阶段的测试操作，是在软件产品投入正式运行前所要进行的测试工作。验收测试的主要目标是验证软件的功能和性能及其他特征是否满足规格说明中确定的各种需求，以及软件配置是否完善、正确。验收测试一般以黑盒测试为主。

7.3.4　程序调试

1．程序调试的基本概念

程序调试是指编制的程序投入实际运行前，用手工或编译程序等方法进行测试，修正语法错误和逻辑错误的过程。程序调试是验证程序的运行是否符合程序的设计，保证计算机信息系统正确性的必不可少的步骤。

软件测试是程序调试过程中的一部分，根据测试时所发现的错误，进一步诊断，找出原因和具体的位置进行修正。程序调试活动由两部分组成：一是根据错误的迹象确定程序中错误的确切性质、原因和位置；二是对程序进行修改、排除错误。

2．程序调试的方法

程序调试从是否跟踪和执行程序的角度分为静态调试和动态调试两种。静态调试是主要的调试手段，通过人的思维来分析源程序代码和排错；动态调试是静态调试的辅助，通常利用程序语言提供的调试功能或专门的调试工具来分析程序的动态行为。程序调试主要有以下几种方法：

(1) 强行排错法。强行排错法也称暴力调试法，它是目前使用较多但效率低下的一种调试方法，因为它不需要过多思考，具体措施如下：

① 在程序中插入打印语句。其优点是能够显示程序的动态过程，比较容易检查源程序的有关信息。缺点是效率低，可能输入大量无关的数据，发现错误带有偶然性。

② 运行部分程序。有时为了测试某些被怀疑有错的程序段，却将整个程序反复运行许多次，在这种情况下，应设法使被测程序只运行需要检查的程序段，以提高效率。

③ 借助调试工具。大多数程序设计语言都有专门的调试工具，可以用这些工具来分析程序的动态行为。

(2) 回溯排错法。程序调试人员确定最先发现错误的地方，人工沿程序的控制流往回追踪源程序代码，直到找到错误或范围。回溯排错法一般用于小程序中的纠错方法。

(3) 归纳排错法。归纳排错法是一种系统化的思考方法，是从个别推断全体的方法，这种方法从线索(错误征兆)出发，通过分析这些线索之间的关系找出故障，具体步骤如下：

① 收集有关数据。收集测试用例，弄清测试用例观察到哪些错误征兆，以及在什么情况下出现错误等信息。

② 组织数据。整理分析数据，以便发现规律，即什么条件下出现错误，什么条件下不出现错误。

③ 导出假设。分析研究线索之间的关系，力求找出它们的规律，从而提出关于错误的一个或多个假设，如果无法做出假设，则应设计并执行更多的测试用例，以便获得更多的数据。

④ 证明假设。假设不等于事实，证明假设的合理性是极其重要的，不经证明就根据假设排除错误，往往只能消除错误的征兆或只能改正部分错误。证明假设的方法是用它解释所有原始的测试结果，如果能圆满地解释一切现象，则假设得到证明，否则要么是假设不成立或不完备，要么是有多个错误同时存在。

(4) 演绎排错法。从一般原理或前提出发，设想可能的原因，用已有的数据排除不正确的假设，通过排除和精化的过程推导出结论。

(5) 二分查找法：如果已知每个变量在程序内若干个关键点上的正确值，则可用赋值语句直接赋值给变量正确的值，然后运行程序并检查程序的输出。如果输出结果是正确的，则表示错误发生在前半部分，否则，错误可能在后半部分。这样反复进行多次，逐渐逼近错误位置。

7.4 数据库设计基础

7.4.1 数据库系统的基本概念

1. 数据与数据处理

数据(Data)是描述现实世界中客观事物的物理符号，数据的表现形式很多，不仅指狭义的数字，还包括文字、图形、图像、音频、视频等。

数据处理是利用计算机对各种数据进行加工，从而获得有价值的数据(信息)的过程。数据处理的核心任务是数据管理，是指用计算机进行数据的收集、组织、分类、存储、编码、检索和维护等。

2. 数据库

数据库(Database，DB)是长期存储在计算机内的、有组织的、可共享的数据的集合。简单地说，数据库就是存储数据的仓库，是由"数据"和"库"两个对象组合而成的。数据库中的数据是按照一定的数据模型组织、描述和存储的，具有较小的冗余度、较高的独立性和易扩展性，并可为各种用户共享。

3. 数据库管理系统

数据库管理系统(Database Management System，DBMS)是对数据库进行操作和管理的软件，是数据库系统的核心，是介于用户和操作系统之间的系统软件。它对数据库进行统一的管理和控制，以保证数据库的安全性和完整性。用户在操作系统的支持下，使用数据库管理系统创建、管理和维护数据库。数据库管理系统的功能包括数据定义，数据操纵，数据库运行管理，数据的组织、存储与管理，数据库的建立和维护。

(1) 数据定义。DBMS 提供数据定义语言(Data Definition Language，DDL)，用于建立、修改数据库的结构。

(2) 数据操纵。DBMS 提供数据操作语言(Data Manipulation Language，DML)，供用户实现对数据的查询、添加、更新和删除等操作。

(3) 数据库运行和管理。DBMS 统一管理、统一控制数据库的数据，以保证数据的安全性和完整性。

(4) 数据的组织、存储与管理。DBMS 实现对数据进行分类、组织、存储和管理。

(5) 数据库的建立和维护。DBMS 提供了一些实用程序，实现对数据库的数据输入、转换、存储、恢复及数据库的重组、性能监视和功能分析等。

4．数据库系统

数据库系统(Database System，DBS)是指引入数据库后的计算机系统。数据库系统一般由数据库、数据库管理系统、数据库管理员、计算机硬件平台和软件平台组成。

5．数据库应用系统

数据库应用系统(Database Application System，DAS)是利用数据库管理系统和数据库开发工具开发出来的应用程序，如财务管理系统、教务管理系统等。

7.4.2 数据库管理技术的发展

数据库技术是现代信息技术的重要组成部分，是计算机数据处理与信息管理的核心。随着数据量的不断增加，数据库的应用越来越普及和深入，数据库技术也在不断发展和完善。随着计算机技术的发展，数据库技术经历了人工管理阶段、文件系统阶段和数据库系统阶段。

1．人工管理阶段

20 世纪 50 年代中期以前，计算机主要应用于科学计算。计算机的软硬件系统还不完善，外部存储器只有磁带、卡片和纸带等，没有磁盘等直接存取存储设备。软件方面只有汇编语言，无操作系统和数据管理方面的软件。数据处理方式基本是批处理，数据的管理都是人工完成。这一阶段的数据管理具有如下特点：

(1) 数据不能保存。当时计算机主要用于科学计算，数据无须长期保存。

(2) 没有专用的软件对数据进行管理。程序员编写程序时，必须考虑好相关的数据，包括数据的存储结构、存取方法和输入方法等。

(3) 数据不能共享。数据是面向程序的，不能单独保存，一组数据只能对应一个程序。

(4) 数据不具有独立性。程序依赖于数据，如果数据逻辑结构或物理结构发生变化，则必须对应用程序做出相应的修改。

2．文件系统阶段

20 世纪 50 年代后期至 60 年代中期，计算机开始应用于数据管理。随着计算机技术的发展，计算机有了磁盘、磁鼓等直接存取的存储设备，软件方面出现了高级语言和操作系统，有了专门管理数据的软件——文件系统。数据处理方式有批处理，也有联机实时处理。这个阶段有如下几个特点：

(1) 数据可长期保存在计算机外存上。计算机可对数据进行反复处理，并支持文件的查询、修改、插入和删除等操作。

(2) 文件系统实现了记录内的结构化，但从文件的整体来看却是无结构的。

(3) 其数据面向特定的应用程序，因此数据共享性、独立性差，且冗余度大，管理和维护的代价也很大。

3．数据库系统阶段

20 世纪 60 年代后期开始，计算机具有了大容量磁盘，广泛应用于管理领域。为了解决多用户、多应用共享数据的需求，使数据为尽可能多的应用服务，出现了数据库技术和统一管理数据的专门软件系统——数据库管理系统。数据库系统阶段的数据管理具有以下特点：

(1) 数据结构化。在描述数据时不仅要描述数据本身，还要描述数据之间的联系。数据结构化是数据库的主要特征之一，也是数据库系统与文件系统的本质区别。

(2) 数据共享性高、冗余少且易扩充。数据不再针对某一个应用，而是面向整个系统，数据可被多个用户和多个应用共享使用，而且容易增加新的应用，所以数据的共享性高且易扩充。数据共享可大大减少数据冗余。

(3) 数据独立性高。数据与应用程序之间不存在依赖关系，而是相互独立的，从而减少了应用程序的开发和维护代价。

7.4.2 数据模型

1．数据模型的基本概念

数据模型(Data Model)是现实世界数据特征的抽象。

1) 数据模型的三要素

数据模型从抽象层次上描述了系统的静态特征、动态行为和约束条件，为数据库系统的信息表示与操作提供了一个抽象的框架。数据模型所描述的内容有三部分：数据结构、数据操作和数据约束。数据结构是数据模型的基础，数据操作和约束都基本建立在数据结构上，不同的数据结构具有不同的数据操作和数据约束。

(1) 数据结构：主要描述数据的类型、内容、性质以及数据间的联系等。

(2) 数据操作：主要描述在相应的数据结构上的操作类型和操作方式。

(3) 数据约束：主要描述数据结构内数据间的语法、词义联系、它们之间的制约和依存关系，以及数据动态变化的规则，以保证数据的正确、有效和相容。

2) 数据模型的类型

数据模型按不同的应用层次分成三种类型，分别是概念数据模型、逻辑数据模型和物理数据模型。

(1) 概念数据模型：也称概念模型，是一种面向用户、面向客观世界的模型。着重于对客观世界中复杂事物的结构描述以及它们之间内在联系的刻画。

(2) 逻辑数据模型：也称数据模型，是一种面向数据库系统的模型。描述数据库中数据整体的逻辑结构，着重于数据库系统一级的实现。

(3) 物理数据模型：也称物理模型，是一种面向计算机物理表示的模型，描述了数据在存储介质上的组织结构。

2．概念模型

1) E-R 模型的概念

E-R(Entity-Relationship Model)模型也称实体联系模型，是广泛使用的概念模型，用特定形式直接表示实体及实体间联系的模型。E-R 模型的基本概念如下：

(1) 实体。现实世界中客观存在并可以相互区别的事物称为实体，实体可以是实际的事物，也可以是抽象的事物。例如，一个人、一个班级、一本书、一次考试、一堂课等都是实体。

(2) 属性。描述实体本身固有的特征称为属性。如一个学生可以用学号、姓名、性别、出生日期、专业、班级等属性来描述。

(3) 实体集。同类型实体的集合称为实体集。例如，一个学生就是一个实体，全体学生就是实体集。

2) 实体间的联系及联系的分类

实体间的对应关系称为实体间的联系，它反映了现实世界中事物之间的相互关联。实体间联系的种类是指一个实体集中可能出现的每个实体和另一个实体集中多少个实体存在的对应关系。两个实体间的联系有以下 3 种类型。

(1) 一对一联系。如果实体集 A 中的每一个实体只与实体集 B 中的一个实体相联系，反之亦然，则称这种联系是一对一联系，记作 1∶1。例如，一个班级只能有一位正班长，一个正班长也只能管理一个班级，则正班长和班级之间就是一对一的联系。

(2) 一对多联系。如果实体集 A 中的每一个实体在实体集 B 中都有多个实体与之对应；而实体集 B 中的每一个实体在实体集 A 中只有一个实体与之对应，则称这种联系是一对多联系，记作 1∶n。例如，一个班级由多名学生组成，而每一个学生只能在一个班级学习，则班级和学生之间就是一对多的联系。

(3) 多对多联系。如果实体集 A 中的每一个实体在实体集 B 中都有多个实体与之对应，反之亦然，则称这种联系是多对多联系，记作 n∶m。例如，一名学生可以选修多门课程，而一门课程也可以被多名学生选修，则学生和课程之间就是多对多的联系。

3) E-R 图

E-R 模型可以用图形来表示，称为 E-R 图。E-R 图可以直观地表达出 E-R 模型。在 E-R 图中分别用不同的几何图形表示实体、属性及联系，如图 7.18 所示。

图 7.18　E-R 图的四种基本元素

(1) 矩形：用矩形来表示实体，矩形框内写上实体名称。

(2) 椭圆：用椭圆来表示属性，椭圆框内写上属性名称，并用无向边将其与相应实体连接起来。

(3) 菱形：用菱形来表示联系，在菱形框内写上联系名，并用无向边将其与相应实体连接起来，同时，在无向边旁标上联系的类型。例如，学校有多名学生，每名学生可以同时选修多门课程，则 E-R 图如图 7.19 所示。

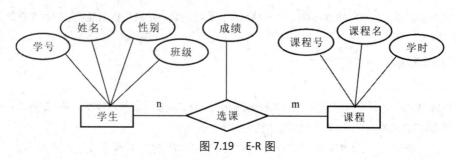

图 7.19　E-R 图

3. 逻辑数据模型

逻辑数据模型简称逻辑模型，也就是我们通常说的数据模型，是数据库中数据的结构形式。一个具体的数据模型应当正确反映出数据之间存在的整体逻辑关系，任何一个数据管理系统都是基于某种数据模型设计的。根据数据的组织形式，常见的数据模型有层次模型、网状模型、关系模型。

1) 层次模型

用树形结构表示实体及其之间联系的模型称为层次模型。层次模型是数据库中最早出现的数据模型，它是将数据组织成一对多关系的结构。层次模型如图 7.20 所示，它具有如下特征。

(1) 有且仅有一个结点，无根结点。

(2) 除根结点外，其他任意结点有且仅有一个父结点。

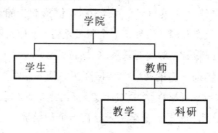

图 7.20　层次模型

层次模型的优点是结构简单、容易理解、数据处理方便。缺点是结构缺乏灵活性，容易引起数据冗余。

2) 网状模型

用网状结构表示实体及实体之间联系的模型称为网状模型。网状模型中结点不受层次的限制，可以任意建立联系，描述实体间多对多的联系。网状模型如图 7.21 所示，具有以下特征。

(1) 有一个以上的结点无父结点。

(2) 允许一个结点有多个父结点。

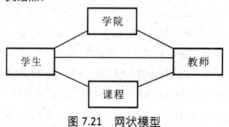

图 7.21　网状模型

网状模型的优点是数据冗余小。缺点是结构复杂、数据修改与扩充不方便。

3) 关系模型

用二维表结构表示实体及实体之间联系的模型称为关系模型。关系模型中的每个关系对应一张二维表，由行和列组成。用二维表表示数据及其联系，如图 7.22 所示。

学号	姓名	性别	出生日期	政治面貌	专业班级	联系电话
20200101	张小涵	女	2002-10-25	团员	财务 2001	18708080016
20200102	刘东方	男	2001-12-10	党员	计科 2002	15866997711
20200103	李强	男	2003-01-15	团员	英语 2001	13981108166
20200104	王小超	男	2002-06-20	群众	财务 2002	18981108166

图 7.22 关系模型

关系模型具有以下特征。

(1) 关系中的每一个数据项不可再分。

(2) 每列数据项具有相同的属性且数据类型必须相同。

(3) 行和列的顺序是任意的。

(4) 关系中不允许有相同的字段名，也不允许有完全相同的元组。

7.4.3 关系代数

关系代数是指关系与关系之间的运算。在关系代数中，进行运算的对象都是关系，运算结果也是关系。关系的基本运算分为两类：传统的集合运算和专门的关系运算。

1. 传统的集合运算

传统的集合运算都是二目运算，要求两个关系具有相同的结构。传统的集合运算包括并、交、差和笛卡尔积四种运算。

设关系 R 和关系 S 都具有 n 个属性，且相应的属性取自同一个域，t 是元组变量，t∈R 表示 t 是 R 的一个元组，R 和 S 分别如图 7.23 和图 7.24 所示，则可以定义并、交、差和笛卡尔积运算。

A	B	C
a1	b1	c1
a2	b2	c2
a3	b3	c3

图 7.23 关系 R

A	B	C
a1	b1	c1
a2	b2	c2
a3	b2	c3

图 7.24 关系 S

1) 并运算

关系 R 和关系 S 的并是由属于 R 或属于 S 的元组组成的，记作

$$R \cup S = \{ t \mid t \in R \vee t \in S \}$$

则 R 和 S 并运算结果如图 7.25 所示。

A	B	C
a1	b1	c1
a2	b2	c2
a3	b3	c3
a3	b2	c3

图 7.25　R∪S

2) 交运算

关系 R 与关系 S 的交由既属于 R 又属于 S 的元组组成，记作

$$R \cap S = \{t \mid t \in R \wedge t \in S\}$$

则 R 和 S 交运算结果如图 7.26 所示：

A	B	C
a1	b1	c1
a2	b2	c2

图 7.26　R∩S

3) 差运算

关系 R 与关系 S 的差由属于 R 而不属于 S 的所有元组组成，记作

$$R - S = \{t \mid t \in R \wedge t \notin S\}$$

则 R 和 S 差运算结果如图 7.27 所示。

A	B	C
a3	b3	c3

图 7.27　R−S

4) 笛卡尔积运算

两个分别具有 n 和 m 个属性的关系 R 和 S 的笛卡尔积是一个(n+m)列的元组的集合。元组的前 n 列是关系 R 的一个元组，后 m 列是关系 S 的一个元组。若 R 有 k1 个元组，S 有 k2 个元组，则关系 R 和关系 S 的笛卡尔积有 k1×k2 个元组。记作

$$R \times S = \{\widehat{t_r t_s} \mid t_r \in R \wedge t_s \in S\}$$

则 R 和 S 的笛卡尔积运算结果如图 7.28 所示。

R.A	R.B	R.C	S.A	S.B	S.C
a1	b1	c1	a1	b1	c1
a1	b1	c1	a2	b2	c2
a1	b1	c1	a3	b2	c3
a2	b2	c2	a1	b1	c1
a2	b2	c2	a2	b2	c2
a2	b2	c2	a3	b2	c3
a3	b3	c3	a1	b1	c1
a3	b3	c3	a2	b2	c2
a3	b3	c3	a3	b2	c3

图 7.28　R×S

2．专门的关系运算

专门的关系运算包括选择、投影、连接和除四种运算，其中选择和投影为一目运算；连接和除为二目运算。

1) 选择

选择是指从关系中找出满足给定条件的元组的操作。选择的条件是逻辑表达式，操作的结果是使逻辑表达式的值为真的结果，是一个新的关系。选择操作记作

$$\sigma F(R) = \{\, t \mid t \in R \wedge F(t) = '真' \,\}$$

其中，F 表示选择条件，它是一个逻辑表达式，取逻辑值'真'或'假'。

【例 7-2】从关系 S1 中选择成绩大于等于 90 分的元组，组成关系 S2，如图 7.29 所示。

关系 S1

学号	姓名	课程	成绩
20200101	张小涵	语文	85
20200102	刘东方	数学	92
20200103	李强	英语	90
20200104	王小超	物理	78

关系 S2

学号	姓名	课程	成绩
20200102	刘东方	数学	92
20200103	李强	英语	90

图 7.29　选择运算示例

2) 投影

投影是指从关系中指定若干属性组成新的关系。投影操作记作

$$\prod_A(R) = \{\, t[A] \mid t \in R \,\}$$

【例 7-3】从关系 S1 中选择学号、姓名组成新关系 S2，如图 7.30 所示。

关系 S1

学号	姓名	课程	成绩
20200101	张小涵	语文	85
20200102	刘东方	数学	92
20200103	李强	英语	90
20200104	王小超	物理	78

关系 S2

学号	姓名
20200101	张小涵
20200102	刘东方
20200103	李强
20200104	王小超

图 7.30　投影运算示例

3) 连接

连接也称为 θ 连接。它是从两个关系的笛卡尔积中选取属性满足一定条件的元组。记作

$$R\underset{A\theta B}{\bowtie}S = \{\, t_r t_s \mid t_r \in R \wedge t_s \in S \wedge t_r[A]\,\theta\,t_s[B] \,\}$$

其中 A 和 B 分别为 R 和 S 上度数相等且可比的属性组，θ 是比较运算符。

连接运算从关系 R 和关系 S 的笛卡尔积 R×S 中，选取关系 R 在 A 属性组上的值与关系 S 在 B 属性组上值满足 θ 关系的元组。连接运算中有两种最为常见的连接，即等值连接和自然连接。

比较运算符 θ 为"="的连接运算称为等值连接。它是从关系 R 和关系 S 的笛卡尔积中选取 A 和 B 属性值相等的元组，记作

$$R\bowtie S=\{\ t_r t_s\ |\ t_r\in R\wedge t_s\in S\wedge t_r[A]=t_s[B]\ \}$$
$$_{A\theta B}$$

【例 7-4】将关系 R 和关系 S 进行等值连接，连接条件是"成绩=分数"，如图 7.31 所示。

关系 R

学号	姓名	课程	成绩
20200101	张小涵	语文	85
20200102	刘东方	数学	92
20200103	李强	英语	90
20200104	王小超	物理	78

关系 S

$R\bowtie S$
$A=B$

分数	等级
80	良
92	优
88	良
78	中

$R\bowtie S$
$A=B$

学号	姓名	课程	成绩	分数	等级
20200102	刘东方	数学	92	92	优
20200104	王小超	物理	78	78	中

图 7.31 等值连接运算示例

在实际应用中，有一种特殊的等值连接，称为自然连接。它要求两个关系中进行比较的属性组必须是相同的属性组，并且要在结果中把重复的属性去掉，即若关系 R 和关系 S 具有相同的属性组 A，则自然连接可记作：

$$R\bowtie S=\{\ t_r t_s\ |\ t_r\in R\wedge t_s\in S\wedge t_r[A]=t_s[A]\ \}$$
$$_{A\theta B}$$

【例 7-5】将关系 R 和关系 S 进行自然连接，如图 7.32 所示。

关系 R

学号	姓名	课程	成绩
20200101	张小涵	语文	85
20200102	刘东方	数学	92
20200103	李强	英语	90
20200104	王小超	物理	78

关系 S

$R\bowtie S$

分数	等级
80	良
92	优
88	良
78	中

$R\bowtie S$

学号	姓名	课程	成绩	分数	等级
20200102	刘东方	数学	92	92	优
20200104	王小超	物理	78	78	中

图 7.32 自然连接运算示例

4) 除

除运算可以看作笛卡尔积的逆运算。给定关系 R(X, Y)和关系 S(Y, Z)，其中 X、Y、Z 为属性组。R 中的 Y 与 S 中的 Y 可以有不同的属性名，但必须来自相同的域。R 与 S 的除运算得到一个新的关系 P(X)，P 是 R 中满足下列条件的元组在 X 属性列上的投影：元组在 X 上取值 x 的象集 Y_x 包含 S 在 Y 上投影的集合。记作

$$R÷S=\{ t_r[X] | t_r \in R \wedge \Pi_Y(S) \subseteq Y_x \}$$

其中，Y_x 为 x 在 R 中的象集，可表示为 $x=t_r[X]$，表示 R 中属性组 X 上值为 x 的诸元组在 Y 上的取值得到的分量的集合，即

$$Y_x=\{ t[Y] | t \in R，t[X]=x \}$$

【例 7-6】在关系 R 中找出同时选修了"语文"和"数学"课程的学生信息，如图 7.33 所示。

关系 R

学号	姓名	课程
20200101	张小涵	语文
20200101	张小涵	数学
20200102	李强	语文
20200102	李强	数学

÷

关系 S

课程
语文
数学

=

R÷S

学号	姓名
20200101	张小涵
20200102	李强

图 7.33　除运算示例

7.4.4　数据库设计

1．数据库设计概述

数据库设计是根据用户的需求，在特定的数据库管理系统上设计和建立数据库的过程，是软件系统开发过程中的关键技术之一。数据库设计的目的是把软件系统中大量的数据按一定的模型组织起来，以实现方便、及时地存储、维护和检索等功能，是软件系统开发和建设的关键及重要组成部分之一，因此数据库设计往往比较复杂，最佳设计不可能一蹴而就，而是需要一个"反复探寻，逐步求精"的过程。

2．数据库设计原则

数据库的设计要考虑和遵循下列基本原则，以建立稳定、安全、可靠的数据库。

(1) 一致性原则：对数据来源进行统一、系统的分析与设计，协调好各种数据源，保证数据的一致性和有效性。

(2) 完整性原则：数据库的完整性是指数据的正确性和相容性。要防止非法用户使用数据库时向数据库加入不合语义的数据，对输入到数据库中的数据要有审核和约束机制。

(3) 安全性原则：数据库的安全性是指保护数据，防止非法用户使用数据库或合法用户非法使用数据库造成数据泄露、更改或破坏。要有认证和授权机制。

(4) 可伸缩性与可扩展性原则：数据库结构的设计应充分考虑发展与移植的需要，具有良好的扩展性、伸缩性和适度冗余。

(5) 规范化原则：数据库的设计应遵循规范化原则，基本满足第三范式，最大限度消除数据冗余，减少数据库插入、删除、修改等操作时的异常和错误。

3．数据库设计过程

1) 需求分析

需求分析是在用户调查的基础上，通过分析，逐步明确用户对系统的需求，包括数据需求和围绕这些数据的业务处理需求。

需求分析的任务，是通过详细调查现实世界要处理的对象，充分了解原系统工作概况，明确用户的各种需求，然后在此基础上确定新的系统功能。新系统还得充分考虑今后可能的扩充与改变，不仅仅按当前应用需求来设计。

2) 概念结构设计

概念结构设计是整个数据库设计的关键，它通过对用户需求进行综合、归纳与抽象，形成一个独立于具体 DBMS 的概念模型。数据库概念设计的目的就是面向现实世界来对应用领域中的数据需求进行理解和描述，分析并确定系统需要存储和处理什么数据。

3) 逻辑结构设计

数据库逻辑结构设计是将现实世界的概念数据模型(概念设计阶段基本 E-R 图)设计成一种适应于某种特定数据库管理系统所支持的逻辑数据模式，然后根据逻辑设计的准则、数据的语义约束、规范化理论等对数据模型进行适当的调整和优化，形成合理的全局逻辑结构。

4) 物理结构设计

物理结构设计是指根据特定数据库管理系统所提供的多种存储结构和存取方法等，依赖于具体计算机结构的各项物理设计措施，为具体的应用任务选定最合适的物理存储结构(包括文件类型、索引结构和数据的存放次序与位逻辑等)、存取方法和存取路径等。

5) 数据库实施

数据库实施是根据物理结构设计的结果，建立一个具体的数据库，将原始数据载入数据库中，根据数据库语言，编制和调试应用程序，并进行试运行，即进入数据库实施阶段。

6) 数据库运行与维护

数据库维护是指当一个数据库被创建以后，所有的工作都叫作数据库维护，包括备份系统数据、恢复数据库系统、产生用户信息表，并为信息表授权、监视系统运行状况、及时处理系统错误、保证系统数据安全、周期更改用户口令等。

参 考 文 献

[1] 巨春飞. 大学计算机基础(微课版). 北京：人民邮电出版社，2018.

[2] 杨东慧，高璐. 大学计算机应用基础. 上海：上海交通大学出版社，2018.

[3] 丁爱萍. Windows 10 应用基础. 北京：电子工业出版社，2018.

[4] 冯宇，邹劲松，白冰. Word 2010 文档处理项目教程. 上海：上海科学普及出版社，2015.

[5] 许芸. 计算机应用技术(Office 2010)实验指导. 杭州：浙江工商大学出版社，2014.

[6] 雷建军，万泽润. 大学计算机基础(Windows 7+Office 2010). 北京：科学出版社，2014.

[7] 王宇. 计算机应用基础实训指导教程. 长沙：湖南师范大学出版社，2015.

[8] 李玉虹.办公自动化教程.北京:人民邮电出版社，2017.

[9] 付长青，魏宇清. 大学计算机基础(Windows 7+Office 2010). 北京：清华大学出版社，2014.

[10] 刘云翔，刘胤杰，郭文宏，等. 计算机应用基础实验指导. 北京：清华大学出版社，2011.

[11] 郭刚. Office 2010 应用大全. 北京：机械工业出版社，2010.

[12] 袁津生，吴砚农. 计算机网络安全基础.5 版. 北京：人民邮电出版社，2018.

[13] 雷震甲. 网络工程师教程.5 版. 北京：清华大学出版社，2018.

[14] 李霞. 大学计算机基础. 西安：西安电子科技大学出版社，2017.

[15] 教育部考试中心. 计算机基础及 MS Office 应用. 北京：高等教育出版社，2018.